☆高等学校电子信息类专业系列教材

计算机软件技术基础教程

（第二版）

主编　刘彦明

参编　赵　克　邵小鹏　李兵兵

　　　荣　政　韩　高　黎剑兵

西安电子科技大学出版社

内 容 简 介

本书是根据新的教学计划和教学实践编写而成的,其最大特点是实用、易懂,特别适合自学。

全书内容包括软件技术基础、数据结构、软件技术实践三部分,共 15 章。第 1 部分包含第 1~5 章:第 1 章介绍了计算机软件的概念、分类、发展,以及计算机软件技术的主要范畴、现状、发展趋势等;第 2~5 章分别对软件工程概述、结构化开发方法、面向对象的系统分析和设计、并发程序开发技术进行了介绍。第 2 部分包含第 6~13 章:第 6 章介绍了数据结构的基本概念、算法的描述与算法分析;第 7~13 章分别对线性表、栈和队列、数组、树、图、排序和查找进行了介绍。第 3 部分包含第 14、15 章,分别介绍了数据库基本概念和应用程序设计、互联网软件开发实践等知识。

本书适合作为高等院校非计算机专业的本、专科教材,也可供自学计算机基础知识的读者参考。

图书在版编目(CIP)数据

计算机软件技术基础教程/刘彦明主编.—2 版.—西安:西安电子科技大学出版社,2022.9(2023.6 重印)
ISBN 978-7-5606-6641-9

Ⅰ. ①计… Ⅱ. ①刘… Ⅲ. ①软件—教材 Ⅳ. ①TP31

中国版本图书馆 CIP 数据核字(2022)第 161166 号

策   划 马乐惠
责任编辑 马乐惠
出版发行 西安电子科技大学出版社(西安市太白南路 2 号)
电   话 (029)88202421 88201467   邮   编 710071
网   址 www.xduph.com   电子邮箱 xdupfxb001@163.com
经   销 新华书店
印刷单位 陕西天意印务有限责任公司
版   次 2022 年 9 月第 2 版   2023 年 6 月第 2 次印刷
开   本 787 毫米×1092 毫米 1/16 印 张 21
字   数 494 千字
印   数 1001~2000 册
定   价 51.00 元
ISBN 978-7-5606-6641-9/TP
XDUP 6943002-2
如有印装问题可调换

前　言

本书自 2000 年出版后，经国内众多高校使用，受到广泛好评。随着技术发展，许多内容有了更新，需要对全书进行修订和补充。

这次再版保留了软件工程、数据结构和数据库系统等内容，并按照章节内容的相关性分为类成软件技术基础、数据结构、软件技术实践三部分。本次修订主要的修改如下：

在第 1 章"绪论"中，根据近年来互联网技术和国产操作系统等方面的发展近况，更新了计算机软件的分类、计算机软件的发展，以及计算机软件技术的主要范畴、现状和发展趋势等内容。

在第 2 章"软件工程概述"中，增加 2.2 小节内容，介绍了软件开发的过程模型等内容。

在第 3 章"结构化开发方法"中，对旧版的"需求分析""总体设计"和"软件检验"等章节内容进行了修订和合并。

在第 14 章"数据库基本概念与应用程序设计"中，对旧版的"关系数据库基本理论"和"客户/服务器数据库设计"章节内容进行了删减，增加了 14.4 节内容，介绍了常见数据库操作，如 MySQL 数据库、SQL Server 数据库、Oracle 数据库和国产数据库等。

增加第 15 章"互联网软件开发实践"内容，介绍了互联网 Web 编程基础、互联网 Web 框架和移动应用 APP 开发等相关知识，并在最后提供了软件案例。

除上述修改内容以外，还对每一章的习题进行了更新和补充。

本书第一版主编是刘彦明，参编有赵克、邵小鹏、李兵兵、荣政。参加本书修订工作的有刘彦明、韩高、黎剑兵。其中，韩高负责第 1～3 章、第 14～15 章内容的修订，黎剑兵负责第 6～13 章习题的修订，刘彦明对全书进行了修订和统稿。全书的网络资源可通过扫描二维码(见下方)获取。

本书的出版得到了西安电子科技大学空间科学与技术学院以及西安电子科技大学出版社的大力支持，在此表示衷心感谢。

书中难免有一些不妥之处，恳请读者批评指正。

刘彦明

2022 年 6 月

第一版前言

计算机软件技术基础是掌握计算机知识的必学内容。目前计算机软件技术基础的内容还没有统一的定义。作者在多年从事计算机软件技术基础课教学的实践过程中，经过不断的总结，认为计算机软件技术基础的内容应包括软件工程、程序设计方法、程序设计语言、操作系统的基本原理、常见操作系统的使用、数据库系统、常用数据库语言、计算机网络、数据结构和面向对象技术等。对于非计算机专业的学生来说，有些内容是不适宜放在一本书中介绍的。鉴于这种原因，在编写本书的过程中，作者对计算机软件技术基础的内容进行了适当的取舍，保留了软件工程、数据结构和数据库系统等三部分内容，同时增加了面向对象的系统分析和设计、并发程序设计和基于 C/S 计算模式的数据库开发技术（以 SQL Server 平台为基础）。

本书根据西安电子科技大学非计算机专业计算机课程指导委员会研究确定的教学内容编写，内容主要包括软件工程、面向对象的系统分析和设计、并发程序设计和基于 C/S 计算模式的数据库开发技术、数据结构（用 C 语言描述算法）和数据库系统。软件工程主要介绍了开发大型软件的全过程，使读者对开发大型软件系统有一个清楚的认识；面向对象的系统分析与设计主要介绍了基于面向对象的软件系统的开发过程；数据结构主要介绍了常见的数据结构（线性表、数组、队列、栈、树、图）以及查找、排序等算法，其中的算法都是用 C 语言实现的；数据库系统主要介绍了数据库系统的基本概念、关系数据库的基本理论、数据库的设计以及基于客户/服务器的数据库开发技术。

参加本书编写工作的有刘彦明、李兵兵、荣政、赵克、邵小鹏等，并由刘彦明对全书进行统稿。

本书的出版得到了西安电子科技大学通信工程学院、教材科各位领导的大力支持，特别是傅丰林（现任西安电子科技大学副校长）、曾兴雯副院长的大力支持和关怀，在此表示衷心感谢。

本书在编写过程中，得到了许多教授和朋友的支持，他们提出了不少宝贵意见，在此一并表示衷心感谢。

书中难免有一些不妥之处，恳请读者批评指正。

刘 彦 明
2000 年 12 月

目　　录

第1部分　软件技术基础

第2部分　数 据 结 构

第 3 部分　软件技术实践

第 1 部分

软件技术基础

第 1 部分主要从计算机软件的概念、分类、发展，以及计算机软件技术的主要范畴、现状和发展趋势等内容讲起，说明软件技术基础应包含的内容；接着介绍软件危机、软件过程和软件质量评价等软件工程知识；最后描述了广泛使用的面向过程和面向对象的软件开发方法，即结构化开发方法和面向对象的系统分析和设计，以及软件开发中重要的并发程序开发技术。

第 1 章 绪论

第 2 章 软件工程概述

第 3 章 结构化开发方法

第 4 章 面向对象的系统分析和设计

第 5 章 并发程序开发技术

第1章 绪 论

从广义上讲，计算机软件包括系统软件和应用软件两大类；从其分支学科的内涵来讲，它所包含的内容可概括为：软件基础理论和算法、构造计算机软件的方法学、软件开发工具以及与此相关的各种软件技术。计算机软件技术在整个计算机科学技术领域中，有着极其重要的地位。国际上许多专家都认为，软件技术将成为未来科学技术领域中最大的突破点。我国也把计算机软件技术列为信息与通信领域的重大关键技术。因此，学习和掌握软件技术基础知识意义深远。

1.1 计算机软件及其发展

1.1.1 计算机软件的概念

简单地说，计算机软件就是程序，但这一概念不够准确。严格地讲，计算机软件是指计算机程序和与之相关的文档资料的总和。文档资料是指编制程序所使用的技术资料和使用该程序的说明性资料(使用说明书等)，即开发、使用和维护程序所需的一切资料，如图1.1所示。

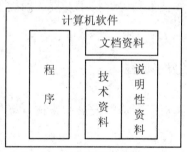

图 1.1 计算机软件概念示意图

从功能上讲，计算机软件是指利用计算机本身提供的逻辑功能，合理地组织计算机的工作流程，简化或替代人们使用计算机过程中的各个环节，供给用户一个便于操作的工作环境的"程序集"。因此，不论是支持计算机工作，还是支持用户应用的"程序集"，都是计算机软件。

1.1.2 计算机软件的分类

计算机软件种类繁多，概括起来分为两类：系统软件和应用软件。系统软件是指操作系统及与之相关的各种软件；应用软件是指为用户的特殊目的而开发的软件。

系统软件包括操作系统、语言开发系统和测试工具等。操作系统按照应用领域分为个人桌面操作系统、移动端操作系统、服务器操作系统、嵌入式操作系统和分布式操作系统。常见的个人桌面操作系统包括：Windows、macOS、Ubuntu 和 Fedora 等。严格地说，Ubuntu 和 Fedora 是基于开源 Linux 内核开发的桌面系统。国产个人桌面操作系统也多是以 Linux 内核为基础开发的操作系统，目前认知度较高的国产个人桌面操作系统有中标麒麟、银河麒麟和红旗 Linux 等。移动端操作系统主要面向智能手机或平板电脑等，目前主流系统包括 Android、iOS 和鸿蒙 OS 等。服务器操作系统是指安装在服务器上的操作系统，比如安装在 Web 服务器、应用服务器和数据库服务器等上的操作系统，是企业信息化系统的基础架构平台，常见的包括 Windows Server、Netware、Ubuntu Server 等。嵌入式操作系统指用于嵌入式系统的操作系统，目前广泛使用的嵌入式操作系统包括嵌入式实时操作系统 μC/OS-Ⅱ、嵌入式 Linux、VxWorks 和鸿蒙 LiteOS 等。分布式操作系统具有跨设备、跨终端和分布式等特性，它管理的不仅是本机物理连接的输入输出设备、存储器和 CPU 等，而且是同一用户账号下所有设备的输入输出设备、存储器和 CPU，比如鸿蒙 OS 系统就是面向万物互联的全场景分布式操作系统。

语言开发系统按照程序执行方式分为编译型、解释型和混合型。编译型包括 C、C++、FORTRAN、PASCAL、Lisp、Ada 等；解释型包括 JavaScript、Html5、SQL、R 和 Python 等，混合型包括 Java、C#和 Visual BASIC 等。

测试工具是指测试软件正确性的工具。测试工具主要有两种类型的工具：一类是调试工具，用来帮助软件设计人员排除软件错误，如汇编调试工具 Debug， 以及 Web 开发调试工具 Livepool、AlloyLever 等；另一类是测试工具，用来检验软件的正确性和可靠性。

1.1.3　计算机软件的发展

计算机软件是在计算机软件技术和硬件技术发展的前提下得到发展的，其发展主要从以下两个过程来体现：

(1) 操作系统的发展过程；

(2) 计算机软件开发系统的发展过程。

1. 操作系统的发展

操作系统是随着计算机的发展而形成且发展起来的。概括地讲，其发展过程经历了四个阶段。

1) 操作系统的酝酿阶段

在第一代计算机中，操作系统尚未出现，那时人们使用计算机都必须手工操作。每个程序员都必须亲自动手操作计算机，装入卡片叠或纸带，按按钮，查看存储单元等。这种操作方法给程序员带来许多不便。为了摆脱人的手工操作，使计算机自动进行，人们在计算机中装入了批处理软件，这样就可以成批处理程序员的成批输入。虽然这一进步克服了手工操作的缺点，但一些根本问题没有得到解决，例如系统保护性差、错误处理和恢复能力差，更为严重的是有可能因为程序的错误而导致系统瘫痪。

随着硬件技术的发展，新的硬件不断出现，如通道、中断，这就迫使要对计算机上安装的软件做进一步的改进，因此就出现了系统程序。它负责整个计算机系统的硬件和软件的管理，是操作系统的雏形。

2) 操作系统的形成阶段

由于计算机的硬件十分昂贵，因此人们就提出了多道程序设计技术，即在单一的 CPU 下，并发运行多个程序的技术，随之出现了分时系统。为了满足新技术的需要，人们对系统程序进行了进一步的改进，形成了现在的操作系统。可以这样说，多道程序设计技术和分时系统的出现标志着操作系统的形成。

3) 操作系统理论化和标准化阶段

随着操作系统的形成，许多新的操作系统又出现了，如实时操作系统、网络操作系统和分布式操作系统等。为了设计操作系统时有一个指导性理论，人们对操作系统进行了理论化，其主要工作如下：

(1) 对过去的成果进行了总结和精选；

(2) 对操作系统的结构进行了研究，并获得了几种较成熟的结构设计方法，如层次结构法、模块结构法、面向对象法等；

(3) 对进程通信进行了研究，并开发了 P、V 通信和高级通信机构；

(4) 对死锁问题和各种调度算法进行了研究，取得了许多成果；

(5) 对可靠性问题进行了研究。

4) 操作系统的进化阶段

随着万物互联时代的到来，软件及硬件设备发生了翻天覆地的变化。首先，作为交互入口的移动终端、桌面电脑、智能手表，以及涉及的智能汽车、摄像头和智能家居等设备都会不同程度地受到操作系统的覆盖，这就需要操作系统具备跨平台的部署能力。其次，对操作系统在时延及多任务处理方面提出了更高的要求。最后，在多终端互动下，安全问题比以前更突出，操作系统需要在底层确保受到网络攻击时的安全性。

2. 计算机软件开发系统的发展

计算机软件开发系统的发展主要体现在计算机语言的发展过程中，它经历了以下四个阶段：

1) 机器语言阶段

计算机能够执行的指令是二进制形式的指令，这些指令组成了机器指令系统。在这一阶段，程序设计人员用机器指令来编写程序。然而机器指令记忆起来较困难，这给程序员的编程增加了许多困难。

2) 汇编语言阶段

为了帮助程序员摆脱记忆机器指令的困难，人们开发了用指令符号来代替机器指令的汇编指令，这样就出现了汇编语言。但是计算机只能识别机器指令，因此必须把汇编指令翻译成机器指令。

3) 高级语言阶段

采用汇编语言编制程序，仍要记住机器指令的助记符——汇编指令，且编制的程序只能针对某一类机器，可移植性差。为了解决这一问题，高级语言应运而生。

4) 面向对象语言和可视化语言阶段

为了给用户提供方便的编程接口并提高编程效率，人们又开发了面向对象语言和可视化语言。

1.2 计算机软件技术

计算机软件技术是指开发计算机软件所需的所有技术。

1.2.1 计算机软件技术的主要范畴

按照计算机软件分支学科的内容划分，计算机软件技术相应有以下八个领域。

1. 软件工程技术

软件工程是计算机软件的一个分支学科，它主要研究软件开发全过程中的各种技术，包括：

(1) 软件开发的原则与策略；

(2) 软件开发方法与软件过程模型；

(3) 软件标准与软件质量的衡量；

(4) 软件开发的组织与项目管理；

(5) 软件版权。

2. 程序设计技术

程序设计技术包括：

(1) 程序的结构与算法设计；

(2) 程序设计风格；

(3) 程序设计语言；

(4) 程序设计方法和程序设计自动化；

(5) 程序的正确性证明；

(6) 程序的变换(高效率和可读性不可兼得，将可读性高但效率不太高的程序，变为一个不太直观但效率较高的正确程序的过程称为程序的变换)。

3. 软件工具环境技术

软件工具环境技术包括：

(1) 人机接口技术；

(2) 软件自动生成；

(3) 软件工具的集成和软件开发环境；

(4) 软件的复用；

(5) 逆向工程。

4. 系统软件技术

系统软件技术包括：

(1) 操作系统；

(2) 编译方法；

(3) 分布式系统的分布处理与并行计算；

(4) 并行处理技术；

(5) 多媒体软件处理技术。

5. 数据库技术

数据库技术包括：

(1) 数据模型；

(2) 数据库与数据库管理系统；

(3) 分布式数据库；

(4) 面向对象的数据库技术；

(5) 工程数据库；

(6) 多媒体数据库。

6. 实时软件技术

实时软件技术即嵌入式实时软件技术。

7. 网络软件技术

网络软件技术包括：

(1) 协议工程；

(2) 网络管理；

(3) 局域网技术；

(4) 网络互连技术；

(5) 智能网络；

(6) 大型高并发系统架构；

(7) 移动互联网软件技术。

8. 与实际工作相关的软件技术

实际工作中所需要的软件技术与书本上学到的软件技术往往是脱节的。在实际工作中常常需要以下软件技术：

(1) 软件使用时间的延长和软件性能的不断增强；

(2) 软件质量的控制；

(3) 管理和配置记录的改变；

(4) 用户的在线帮助文档和图标的设计；

(5) 软件规模控制、软件评估和软件开发计划的制定；

(6) 软件需求的表示和软件规格说明书的确定。

软件技术还渗透到计算机科学技术的其他领域，如人工智能、CAD、办公自动化、计算机仿真等。

1.2.2 计算机软件技术的现状

在国外，计算机软件技术的发展主要体现在系统软件、数据库和软件工具环境三个方面，它在并行分布处理、操作系统(Windows、Android 等)、移动互联网应用、系统互连与集成、分布式数据库、软件开发支撑环境、软件开发自动化等方面取得了重大成果。在国内，计算机软件技术也有很大的发展，在软件工程、软件工具环境、并行处理算法、软件形式化等方面都取得了一系列成果。在软件应用层面，国产操作系统的研制、面向对象技术的研究、网络互连技术和移动互联网技术的开发等都呈现出一派欣欣向荣的景象。

值得注意的是，互联网应用的发展十分迅速。随着移动商城、手机搜索、移动游戏、视频应用、手机支付、位置服务等丰富多彩的移动互联网应用迅猛发展，移动互联网正逐渐渗透到人们生活、工作的各个领域，正深刻改变信息时代的社会生活。目前，移动终端用户群(如手机、平板电脑)已超过了传统的桌面电脑用户群，这说明以移动终端为载体的移动互联网应用技术已成为目前重要的软件技术。

1.2.3　计算机软件技术的发展趋势

在软件工程技术方面，各种软件开发方法的评价、比较、条理化剪裁以及新思想和新策略的进一步完善，软件过程模型的规范化和形式化的软件组合技术，软件的定性评估和定量测量，软件开发工具的实用性、通用性等，使软件工程方法真正成为人们构造软件过程中所接受的理论、原则、规范和方法。

在程序设计技术方面，面向对象的方法及其与面向过程和逻辑方法的结合，成为主要研究内容。

在软件工具环境技术方面，统一的规范和接口标准、支持软件开发全过程及各阶段的各种工具的研制以及如何将它们统一集成到 CASE 环境之中，都是研究的课题。

在系统软件技术方面，原来的个人机操作系统向高功能发展，大型机操作系统则朝着更高档次的性能和个人化两极发展。各种操作系统的互补、操作系统与编译的并行化、应用软件环境的集成和优化等，成为主要研究内容。

在数据库技术方面，数据库设计方法与软件设计方法的结合，面向非结构数据的声音、图形、图像等多媒体数据库，面向对象数据库，分布式数据库的设计，以及人工智能与数据库技术的结合等，成为主要研究内容。

随着计算机科学基础理论和计算机硬件技术的发展以及计算机应用的有力推动，计算机软件技术还会不断出现新的问题、新的方向。

1.3　软件技术基础

前一节已对计算机软件技术的主要范畴进行了简要介绍，它包括计算机软件开发的所有技术。我们认为，作为非计算机专业的学生和计算机应用人员，应掌握以下几种软件技术：软件工程，程序设计方法和程序设计语言，算法和数据结构，数据库基本概念与应用程序设计，计算机网络基本概念与互联网程序设计，等等，这些内容就构成了软件技术基础。

1) 软件工程

软件工程主要介绍软件工程的概念和利用软件工程方法开发软件的全过程。

2) *程序设计方法和程序设计语言*

本书主要介绍结构化和面向对象两种程序设计方法。传统的结构化设计方法的基本点是面向过程，系统被分解成若干个过程。而面向对象的方法采用构造模型的观点，在系统的开发过程中，各个步骤的共同的目标是建造一个问题域的模型。程序设计语言在关于程序设计的书中有详细介绍，故本书不涉及这一内容。

3) 算法和数据结构

任何软件都是对数据进行处理，为此，软件设计者就必须很好地组织待处理的数据。那么，如何有效地组织数据呢？这就是数据结构所要介绍的内容，本书还将讨论在不同数据结构上的常用算法。

4) 数据库基本概念与应用程序设计

数据库是软件开发中必不可少的，几乎所有的应用软件的后台都需要数据库。本书将主要介绍数据库基本概念。

5) 计算机网络基本概念与互联网程序设计

计算机网络是当前计算机领域的一个重要课题，由于这一内容在有关计算机网络的书中有专门介绍，因此本书不做进一步讨论。互联网是一个由各种不同类型和规模的、独立运行和管理的计算机网络组成的世界范围的巨大计算机网络。本书将介绍互联网程序设计相关的基础知识，提供互联网软件的设计和开发案例。理论结合实践将有助于读者快速理解软件的开发过程和掌握基本的编程技巧。

根据上述的内容规划，本书主要包括三部分内容：软件技术基础，数据结构，软件技术实践。

习　　　题

1. 操作系统的发展分为哪几个阶段？
2. 计算机软件技术开发系统的发展包括哪几个阶段？
3. 计算机软件技术的主要范畴是什么？
4. 从计算机软件技术的现状来看，哪些问题值得我们注意？
5. 请简要叙述计算机软件技术的发展趋势。
6. 你认为非计算机专业的学生和计算机应用人员应掌握哪些软件技术？

第 2 章　软件工程概述

软件工程(Software Engineering)是从"编程"演变过来的，编程一般考虑小型程序的编制，软件工程则考虑大型软件系统的开发。

开发大型软件系统和编制小型程序之间是有差别的，具体表现在以下两个方面：

(1) 从所需人力来看，小型程序从确定要求、编制、使用直至维护，往往是由同一个人完成的；而大型软件系统则必须由许多人(包括用户、项目负责人、分析员、初高级程序员、资料员、操作员等)组成一支开发队伍来协同完成，因此人与人之间必须准确地进行协商讨论。

(2) 从产品使用情况来看，小型程序往往是一次性的，即如果需进行大的修改，人们通常丢弃旧的程序而重新编制；但大型软件系统的开发耗费了大量的人力与物力，所以人们一般不会轻易将其抛弃，而总是在旧程序的基础上一改再改，希望延长它的使用期，因而大型软件系统是"多版本"的。

大型软件系统的开发提出了许多新的问题，例如：如何将一个系统分解成若干个部分，以便人们分工开发；如何精确地说明每个部分的规格要求；怎样才能使软件产品易于修改维护……

2.1　软 件 危 机

随着计算机性能的提高，其应用越来越广泛，而计算机软件系统的开发也变得越来越复杂。随之而来的问题是：大型软件系统开发成本高、可靠性差，甚至有时人的大脑无法理解、无法驾驭人类本身所创造出来的复杂逻辑系统。人们把伴随着软件系统日益复杂化而发生的这一系列现象称为"软件危机"。

1. 软件危机

简单地说，软件危机是指在计算机软件开发过程中遇到的一系列问题，如开发周期延长、成本增加、可靠性降低等。软件危机包含下列问题及与之相关的问题：

(1) 如何开发软件？

(2) 怎样做才能满足对软件不断增长的需求？

(3) 如何维护现有的、容量又在不断增加的软件？

软件危机以许多缺陷为表征，例如：

(1) 对软件成本、开发成本和开发进度的估计常常不够准确；

(2) 用户对"已完成的"软件系统不满意的现象经常发生；

(3) 软件产品的质量往往不可靠；

(4) 软件常常是不可维护的；

(5) 软件通常没有适当的文档资料；

(6) 软件成本在计算机系统总成本中所占的比例连年上升；

(7) 软件开发生产率的提高速度远远跟不上计算机应用的普及和发展的速度。

但是，对于负责软件开发的管理人员来说，他们往往将注意力集中于进度和成本上，这就更易使软件出现"缺陷"，使软件危机进一步加深。

2. 解决软件危机的途径

解决软件危机必须具有以下两方面的支持：

(1) 技术支持，包括：

① 有关的软件工程技术、程序设计方法、程序设计技术等；

② 计算机硬件知识、相关应用领域的知识、有关软件开发历史的知识等。

(2) 管理支持，即在开发软件过程中如何组织和管理众多的各类人员协同作业。

但是，软件危机仅靠这些还不能解决其根本问题。于是人们又提出了基于知识的软件工程方法，力求将软件工程与知识工程、人工智能技术结合起来，以构造基于知识的软件开发环境。

3. 软件工程的相关概念

软件工程是指用工程的概念、原理、技术和方法来开发和维护软件，把经过时间考验而证明正确的管理技术和当前能够得到的最好的技术方法结合起来，指导计算机软件的开发和维护的工程学科。

软件工程主要包括软件开发技术和软件项目管理。软件开发技术包括软件开发方法、软件工具和软件工程环境。软件项目管理包括软件度量、项目估算、进度控制、人员组织、配置管理和项目计划等。软件开发方法是指在软件开发的过程中必须遵循的普遍行为和规则，目前使用最广泛的是结构化开发方法、面向对象方法和形式化方法。

简单地说，软件工程也可看成一个包含过程、一系列方法和工具的工程学科。

2.2 软 件 过 程

软件过程是指软件开发实践中所执行的一系列活动、动作和任务的集合。一个软件项目的开发，从需求获取、需求分析、设计、实现、测试、发布和维护都应当遵循一系列可规范化的步骤，而软件过程解决的就是"路线图"的问题。本节将对这一系列过程、步骤及主要的一些软件开发模型进行介绍。

2.2.1 软件生命周期

软件生命周期是指软件的产生直到报废的生命周期。早期软件开发中采用的生命周期方法学是指从时间的角度对软件开发和维护的复杂问题进行分解，把软件生存的漫长周期依次划分为若干阶段，每个阶段都有相对独立的任务，然后逐步完成每个阶段的任务。

软件生命周期可划分为八个阶段：问题定义、可行性研究、需求分析、总体设计、详细设计、编码和单元测试、综合测试以及软件维护。各个阶段的关键问题和结束标志如表2.1所示。

表 2.1　生命周期方法学的阶段任务

阶　段	关键问题	结　束　标　志
问题定义	问题是什么	关于规模和目标的报告
可行性研究	有无可行的解，是否值得去解	系统的实际模型，数据流图(信息流动和处理情况)，成本/效益分析
需求分析	系统必须做什么	系统逻辑模型，数据流图，数据词典，算法描述，需求说明书
总体设计	如何解决此问题	可行的解法，系统流程图，成本/效益分析，推荐的系统结构，层次图/结构图
详细设计	如何实现此系统	编码的规格说明
编码和单元测试	如何获取正确的程序模块	程序清单，单元测试方案和结果
综合测试	软件是否符合要求	综合测试方案和结果，完整一致的系统配置
软件维护	如何持久地满足用户	完整准确的维护记录，需求的软件

在长期的软件工程实践中，人们提出并发展了各种软件过程模型。其中瀑布模型、增量模型、演化过程模型和敏捷开发是最为典型的几种。

2.2.2　瀑布模型

瀑布模型于1970年由温斯顿·罗伊斯(Winston Royce)提出，是软件工程中最早的软件过程模型范例，在软件工程中占有重要的地位。图2.1所描述的瀑布模型是基于软件生命周期而建立的，其核心思想是以按工序将问题简化，采用预见性的方法，遵循预先计划的需求分析、设计、编程、测试的步骤顺序进行，因其整个过程如同瀑布流水一般地自上而下而得名。

瀑布模型特点如下：

(1) 顺序性和依赖性。

在软件开发中，上一阶段的工作完成以后，下一阶段才能开始。文档是用来衔接各阶段工作的关键和接口。

(2) 推迟实现。

在需求分析和设计阶段，不考虑软件的实现，而只专注于目标软件的逻辑过程。

(3) 质量保证。

质量保证的关键是文档。通过对文档的评审，能主动地发现问题和消除隐患。每一个阶段都要完成规定的文档，如果没有完成该阶段的文档，就认为该阶段的任务没有完成。

所以，瀑布模型是一次性确定需求，一次性完成设计和编程等所有开发任务。其开发过程示意见图 2.1。瀑布模型适用于需求明确的项目。在开发过程中，合格性测试与需求分析，设计和编码均相对独立，不仅人员独立，而且过程分离。软件在进入测试之前，只产生一个版本。

　　由于瀑布模型必须是顺序的，上一阶段的输出作为下一阶段的输入，这种方式容易造成"阻塞"。在实际开发中，开发人员很少遵守瀑布模型规定的顺序。虽然瀑布模型允许采用间接的方式来加入一些迭代的工作，但是这种方式会造成软件频繁变更，导致混乱。此外，客户难以一次性地清楚描述所有的需求，造成许多软件项目在开发中存在很多不确定性。最后，客户必须有耐心，因为只有在项目接近尾声时，他们才能得到可执行的程序。对于系统中存在的重大缺陷，如果在可执行程序评审之前没有被发现，将可能造成惨重损失。

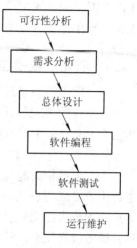

图 2.1　瀑布模型

2.2.3　增量模型

　　增量模型是以迭代的方式进行的软件开发过程。不同于瀑布模型的顺序性和依赖性，增量模型把软件产品看作由一系列的增量构件(或模块)组成，增量构件的开发包括设计、编程、集成和测试等任务，而且每个增量构件由多个相互作用的模块构成，能够完成特定的功能。一般情况下，第一个增量构件需要实现软件产品的基本需求，后面的增量构件陆续提供附加特性和完善产品的功能。增量模型的开发过程如图 2.2 所示。

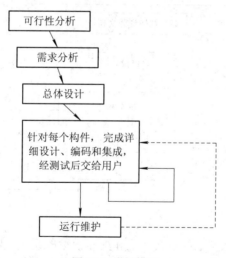

图 2.2　增量模型

　　所以，增量模型的特点是一次确定需求，分多次设计和编程。在确定需求后，才开始开发新的增量构件。每当一个增量构件完成后，交付客户使用或评价，根据评价结果制订下一个增量计划，以便更好地满足客户的要求。

　　增量模型适用于软件需求明确的项目，但为了满足客户的迫切需要，可先快速开发一套功能有限的软件产品，然后通过加入增量构件逐步完成系统功能，因此软件体系结构必须是开放的，即向现有产品加入增量构件的过程要简单和方便，所以软件体系的结构设计比瀑布模型的要求更高。由于开发人员很难一次性就完全清楚系统需求而完成精准的设计工作，且在开发过程中，客户也可能变更需求，因此最终导致软件产品难以实现。

2.2.4 演化过程模型

演化过程模型是迭代的软件开发方法，不同于增量模型，演化过程模型是一种专门应对不断演变的需求的软件过程模型。演化过程模型能够循环、反复、不断调整当前系统以适应需求变化，主要包括快速原型法、螺旋模型。

如图 2.3 所示，快速原型法包括两个步骤。

第一步：快速建立一个能反映客户主要需求的原型，让客户试用并进行评价。该原型主要用于实现用户的可见部分，而不具有实际功能，例如人机接口、可视化界面等。根据客户的评价来细化软件，进而更新原型后继续让客户评价。通过不停地迭代，直到客户满意并确定最终原型，开发人员才开始编写规格说明文档的工作。

第二步：根据规格说明文档开发软件，完成总体设计、详细设计、编码和集成、测试、运行维护等后续任务。

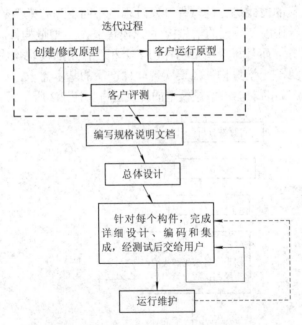

图 2.3 快速原型法

螺旋模型兼顾了快速原型法的迭代特征和瀑布模型的系统化特征，并加入了风险分析。螺旋模型从圆心开始，沿着螺线顺时针方向旋转，开发人员每执行螺旋模型上的一圈任务，即产生一个新的软件演进版本。螺旋模型更适用于周期长、成本高的大规模软件项目。

综上，演化过程模型的特点是多次确定需求，且多次设计和编程实现。

2.2.5 敏捷开发

敏捷开发是一种循序渐进、快速响应和持续迭代的软件开发方法。在敏捷开发中，以用户不停变化的需求为导向，将软件划分成多个子项目，而每个子项目的成果是具有可视、可集成和可运行的软件构件。

　　在传统软件开发中，测试与开发是互相独立的，测试人员与程序开发人员分开工作，其交叉点仅出现在一个软件构件的交付前后，由程序开发人员提交一个待交付的软件构件，测试人员进而分析软件需求文档，然后制定测试计划并完成测试。由于测试是一个独立阶段，编写代码阶段会占用比预期更长的时间，从而严重压缩测试时间，影响测试质量。相比之下，为了使开发人员在一个极短的发布周期内交付具有业务价值的软件构件，敏捷开发是以测试作为驱动，进行多构件版本的迭代开发。首先，由需求分析人员、设计人员、编码人员和测试人员组成开发团队。在需求分析阶段，开发团队通过分析设计一组有价值的用例，并针对这组用例设定迭代周期。当开发人员编写完成一个软件单元便启动一个软件单元的测试。当所有软件单元完成编写和测试后，便启动部件测试。当全部部件完成测试后，便启动面向用例的集成测试。当全部用例测试过后，就可以发布一个构件版本。

　　敏捷开发的过程示意如图 2.4 所示，在每一个迭代周期(t_1、t_2、t_3、t_4)内，开发人员发布一个构件版本，每个构件版本可以实现不同的软件用例(A、B、C、D 等)。

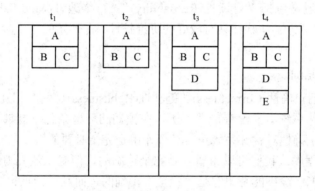

图 2.4　敏捷开发的过程示意

　　与传统的软件开发方法比较，敏捷开发不仅是增量的和迭代的，更重要的是以测试为驱动。测试人员作为开发团队成员一开始便要参与软件需求分析，并在编码未启动之前，便设计出测试用例，而这些测试用例需要覆盖功能、性能、接口、压力、安全、人机交互友好性等功能需求(用例)。为此，程序开发人员需要参考测试用例，考虑好代码对异常情况的处理，以及编写易于测试的代码。因此，程序开发人员和测试人员的工作在每个迭代周期内都是交叉进行的，可规避传统的软件开发方法产生的问题。以瀑布模型为例，程序开发人员占用一段时间编码，测试人员再用后续一段时间进行测试，开发周期长。

2.3　软件质量的评价

　　软件工程的最终目标是获得高质量的软件，所以如何评价软件质量是一个重要的问题。以前，对小型程序，人们一般比较强调程序的正确性和效率。近年来随着软件规模的增大和复杂性的增加，对问题的看法已发生了变化。一般来说，倾向于从可维护性、可靠性、可理解性和效率等方面对软件进行较全面的评价，下面分别加以讨论。

1. 可维护性(Maintainability)

软件在运行阶段尚需不断"修正"，因为软件虽经测试但不可避免地隐含着各种错误，这些错误在运行阶段会逐步暴露出来，所以就要进行排错。

软件在运行阶段尚需不断"完善"，因为软件经过一个时期的使用后，用户必然会逐步提出一些更改或扩充要求，所以软件就需要相应地不断进行修改。

软件在运行阶段往往还需进行"适应性"修改，因为近年来计算机行业发展迅速，一般在1～3年内，硬件或软件就会出现更新换代的新产品，所以软件也需要进行相应的调整或移植。

在运行期中，对软件所做的上述修改，总称为"维护"，它涉及再分析、再设计、再编程、再测试等活动。因为大型软件系统的运行期可达10年以上，所以维护的工作量是非常大的。

由于软件逻辑上的复杂性，修改软件往往会带来新的错误，因此软件维护是很困难的，也是很冒险的。

"可维护性"通常包括"可读性(Readability)""可修改性(Modifiability)""可测试性(Testability)"等含义。为了使软件具有较好的可维护性，在开发的各个阶段就应采取一系列技术措施。

2. 可靠性(Reliability)

可靠性通常包括正确性(Correctness)和健壮性(Robustness)这两个相互补充的方面。

正确性是指软件系统本身没有错误，所以在预期的环境条件下能够正确地完成期望的功能。毋庸置疑，正确性对软件系统正常发挥作用是完全必要的。

对于一个小型程序，我们可以希望它是完全正确的，但对长达几万行甚至几十万行的大型软件系统，我们一般不能奢望它是"完全"正确的，而且这一点也是无法证实的。

有的软件系统虽然是正确的，但是它非常"脆弱"，一旦发生"异常"情况，就可能遭到意想不到的破坏。这就产生了一个新的概念——"健壮性"，其含义是指，当软件系统遇到意外时(具体是什么意外，事先是很难预料的)，软件系统能按某种预定的方式做出适当的处理，能保护好重要的信息，隔离故障区，以防止事故蔓延等，事后从故障状态恢复到正常状态比较容易。所以健壮的软件系统应该能避免出现灾难性的后果。

总的来说，可靠的软件系统在正常情况下能够顺利工作，在意外情况下，亦能适当地做出处理，因而不会造成严重的损失。

3. 可理解性(Understandability)

在相当长一段时间中，人们一直认为程序只是提供给计算机的，而不是给人阅读的，所以只要它逻辑正确，计算机能按其逻辑正确执行就足够了，至于它是否易于被人理解则是无关紧要的。但是随着软件规模的增大，人们逐步可以看到，在整个软件生命周期中，为进行测试、排错或修改，开发人员经常需要阅读本人或他人编写的程序和各种文档。如果软件易于理解，无疑将提高开发和维护的工作效率，而且出现错误的可能性也会大大降低。所以，可理解性应该是评价软件质量的一个重要方面。

可理解性通常是指简单性和清晰性。对于同一用户要求，解决的方案可以有多个，其中最简单、最清晰的方案往往被认为是最好的方案。

4．效率(Efficiency)

效率是指软件系统能否有效地使用计算机资源，如时间和空间等。这一点以前一直是着重强调的，这是过去硬件价格昂贵造成的结果。由于以下一些因素，目前人们对效率的看法已有了变化。

首先，硬件价格近年来大幅度下降，所以效率已不像以前那样举足轻重了。

其次，人们已认识到，程序员的工作效率比程序的效率更为重要，程序员工作效率的提高不仅能减少开支，而且也会降低出错率，从汇编语言发展到高级语言再到面向对象语言和可视化语言就是一个很好的说明。

最后，追求效率和追求可维护性、可靠性等往往是相互抵触的。例如，片面地强调节省时间和空间，设计出来的系统可能结构复杂，难以理解和修改；又如高效的程序中一般需要含有冗余，如为一种账目保存几个副本等，这就要以一定的时间和空间作代价。

所以，效率虽然是衡量软件质量的一个重要方面，但在硬件价格下降、人工费用上升的情况下，人们有时也宁可牺牲效率来换取其他方面的益处。

除了这里讨论的可维护性、可靠性、可理解性和效率之外，软件系统还有许多其他性质也反映了其质量。

综上所述，一个大型软件系统的质量应该从可维护性、可靠性、可理解性、效率等多个目标全面地进行评价。这些目标既有联系又有矛盾，例如，可理解性是可维护性的必需前提，可维护性、可靠性与效率往往有抵触，而效率中时间和空间两个因素又往往是冲突的，等等。对于不同的软件系统来说，各个目标的重要程度是不同的，而每个目标要求达到什么程度又受经费、时间等因素的限制。例如，游戏程序同空中交通控制系统的质量要求显然是不同的。因此在开发具体软件系统的过程中，开发人员应该充分考虑各种不同的方案，在各种矛盾的目标之间进行权衡，并在一定的限制条件下(经费，时间，可用的软、硬件资源等)使可维护性、可靠性、可理解性和效率等要求最大限度地得到满足。

必须强调的是，为了保证软件质量，在软件开发过程的各个阶段，尤其是在分析阶段和设计阶段，就应该采取多种有效的技术和一系列质量保证措施，精益求精，一丝不苟，绝对不能急于求成，也不能存有侥幸心理，开发过程中任一环节的疏忽，到后期都可能造成无法弥补的缺陷，甚至是"终生"遗憾。因此，"先苦后甜"与"先忧后乐"都可以作为软件工作者的座右铭。

习　　题

1. 什么是软件危机？软件危机的表现有哪些？
2. 软件危机产生的原因是什么？
3. 常见的软件过程模型有哪些？
4. 如何对软件质量进行评价？

第3章 结构化开发方法

结构化开发一般从用户提出问题开始，就用结构化分析对软件进行需求分析，用结构化设计方法进行总体设计，最后软件编程是结构化编程。这种开发方法主要是按照功能划分软件结构，把软件系统的功能看作数据处理的过程，即给定的输入数据，通过算法的运算输出结果的过程。结构化开发方法使得开发步骤清晰，需求分析、总体设计和软件编程相辅相成，下面先介绍这方面的内容。

3.1 问题定义和可行性研究

软件开发一般涉及用户和开发人员，即先由用户提出问题，然后由开发人员给出问题的解答。但用户和开发人员往往缺乏共同的语言，用户熟悉本身的业务(如飞机订票)但不熟悉计算机技术，开发人员熟悉计算机技术但不了解用户的业务，开发人员习惯用数据结构、程序结构、编程语言等方式来讨论问题，而用户不能确切地理解这些概念，所以双方交流时存在着隔阂。更有甚者，用户本身也不知道他究竟要计算机做些什么。这时如果开发人员急于求成，在未明确软件系统应该"做什么"的情况下就开始进行设计、编程，直至系统完成交付给用户之后，才发现它不符合要求，这时已太迟了。这一类教训，国内、国外都不少见，用户与开发人员之间交流困难是软件危机的重要原因之一。

由此人们认识到，为了开发出满意的软件系统，开发过程应该分为两大阶段进行。第一阶段是正确地确定问题，即明确地确定用户所要解决的问题是什么，并形成关于目标系统的规模和报告；第二阶段才是为问题寻找合适的解答。

作为软件开发团队，其开发软件的目的是为了利益，因此，必须对该软件项目进行可行性研究。可行性研究主要从两方面进行：一方面，从技术角度对目标系统进行可行性分析，以确定目标系统是否有可行的解；另一方面，从成本/效益角度对目标系统进行可行性分析，以确定目标系统是否值得去解，并形成有关目标系统的高层逻辑模型的报告。该模型是用某种描述方法，对问题进行逻辑上的描述，抽象出问题的实际模型，并对项目的可行性给出明确说明。

3.2 需 求 分 析

在可行性研究的基础上，开发人员必须明确软件系统应该"做什么"，并形成有关目标系统的需求说明书，这就是需求分析(Requirement Analysis)，该阶段又称需求分析阶段，其目的是明确用户的需求。这个阶段的基本任务是：用户和开发人员双方一起来充分地理解用户要求，并把双方共同的理解明确地表达成一份书面文档——需求说明书(Requirement Specification)。所以需求分析阶段的两大任务也就是"分析"和"表达"。"分析"就是理解问题，"表达"就是按某种标准的方式把问题表达出来。

在软件生命周期的各个阶段中，需求分析阶段是面向"问题"的，它主要是对用户的业务活动(如飞机订票)进行分析，明确在用户的业务环境中，软件系统应该"做什么"。后面的设计、编程阶段则是面向"解答"的，这时考虑的是如何构造一个满足用户要求的软件系统。所以，在需求分析阶段，我们应集中考虑软件系统"做什么"，而尽可能少考虑软件系统将怎样具体实现的问题，实现问题应尽量推迟到以后的阶段去解答。

那么什么是"用户要求(Requirement)"呢？在软件工程中，所谓"用户要求"(或称"用户需求")是指软件系统必须满足的所有性质和限制。用户要求通常包括功能要求、性能要求、可靠性要求、安全保密要求、开发费用、开发周期以及可使用的资源等方面的要求，其中功能要求是最基本的，它又包括数据要求和加工要求两方面。

用户和开发人员充分地理解了用户要求之后，要将共同的理解明确地写成一份文档——需求说明书，所以需求说明书就是"用户要求"的明确表达。

需求说明书主要有以下三个作用：

(1) 作为用户和开发人员之间的合同，为双方相互了解提供基础。

(2) 反映出问题的结构，可以作为开发人员进行设计和编程的基础。

(3) 作为验收的依据，即作为选取测试用例(如进行形式验证)的依据。

这三个作用对需求说明书提出了不同的、有些矛盾的要求。

作为设计的基础和验收的依据，需求说明书应该是精确而无二义的，这样才不致被人误解。需求说明书越精确，以后出现错误、混淆、反复的可能性就越少。例如"本系统应能令人满意地处理所有的输入信息"是一种含糊不清的描述，验收时无法检查这一要求是否满足。又如"响应时间足够快"也是不明确的，而"响应时间小于 3 秒"则是精确的描述，在测试时可以检查系统"满足"还是"不满足"这个要求。

用户能看懂需求说明书，并能发现和指出其中的错误是保证软件系统质量的关键，所以需求说明书必须简明易懂，尽量不包含计算机技术中的概念和术语，使用户和开发人员双方都能接受它。

由于用户往往不是一个人，而是企业组织中各个部门的好几个工作人员，他们可能提出相互冲突的要求，需求分析阶段必须协调和解决这些冲突，最后在需求说明书中表达的用户要求应该是一致的、无矛盾的。

由于用户要求时时会发生变化，需求说明书也就需进行相应的修改，所以需求说明书的表达方式必须是易于修改和维护的。

总之，需求说明书应该既完整、一致、精确、无二义，又要简明易懂并易于修改和维护。显然，要达到这样的目标并不容易。

需求分析阶段是保证软件系统质量的第一步，如何分析用户要求，需求说明书用什么形式表示等都需要有一定的技术来指导。由于需求分析阶段是同用户进行讨论，因此这个阶段的方法、模型、语言和工具都必须考虑到用户的特点。20 世纪 70 年代以来，逐步出现了多种适用于需求分析阶段的技术，但是至今还没有出现既能完整精确地描述大型系统的用户要求，又能简单易懂地被广大用户接受的形式语言，目前大多数软件系统的需求说明书还是用非形式化的方式(例如用图形或自然语言等)描述的。

3.2.1 结构化分析(SA 方法)

在众多的分析方法中，结构化分析(Structured Analysis)，简称 SA 方法，是一个简单、实用、使用很广的方法。SA 方法由美国 Yourdon 公司在 20 世纪 70 年代提出，它适用于分析大型的数据处理系统，特别是企事业管理方面的系统。这个方法通常与设计阶段的结构化设计方法(SD 方法)衔接起来使用。

1. 由顶向下逐层分解

软件工程技术中，控制复杂性的两个基本手段是"分解"和"抽象"。对于一个复杂的问题，由于人的理解力、记忆力均有限，所以人不可能触及问题的所有方面以及全部的细节。为了将复杂性降低到人可以掌控的程度，可以把大问题分割成若干个小问题，然后分别解决，这就是"分解"。分解也可以分层进行，即先考虑问题最本质的属性，暂把细节略去，以后再逐层添加细节，直至涉及最详细的内容，这就是"抽象"，SA 方法也是采用了这两个基本手段。

对于一个复杂的系统(例如银行管理系统)，如何理解和表达它的功能呢? SA 方法使用了"由顶向下逐层分解"的方式。图 3.1 中系统 S 很复杂，为了理解它，可以将它分解成 S_1 和 S_2 两个子系统；如果子系统 S_1 仍然很复杂，可以将它再分解成 $S_{1.1}$ 和 $S_{1.2}$ 等子系统，如此继续下去，直到子系统足够简单，能够清楚地被理解和表达为止。

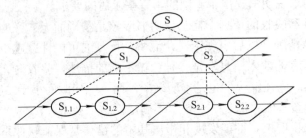

图 3.1　由顶向下逐层分解示例

对系统做了合理的逐层分解后,我们就可分别理解系统的每一个细节(如图 3.1 中的 $S_{1.1}$、$S_{1.2}$、$S_{2.1}$、$S_{2.2}$ 等)，并为每个细节写下说明(称为"小说明")，再将所有这些"小说明"组织起来，就获得了整个系统 S 的需求说明书。

"逐层分解"体现了分解和抽象的原则，它使人们不至于一下子陷入细节，而是有控制地逐步了解更多的细节，这是有助于理解问题的。

图 3.1 的顶层抽象地描述了整个系统，底层具体地画出了系统的每一个细节，而中间层则是从抽象到具体的逐步过渡。按照这样的方式，无论系统多么复杂，分析工作都可以有计划、有步骤并有条不紊地进行。系统规模再大，分析工作的复杂程度也不会随之增大，只是多分解几层而已，所以 SA 方法有效地控制了复杂性。

2. 描述方式

由于目前还没有出现既能精确地描述大型系统的用户要求，又能简明易懂地被广大用户接受的形式语言，因此 SA 方法采用了介于形式语言和自然语言之间的描述方式。它虽然不如形式语言精确，但是简明易懂，所表达的意义也比较明确。

用 SA 方法获得的需求说明书由以下几部分组成：

(1) 一套分层的数据流图；

(2) 一本数据词典；

(3) 一组小说明；

(4) 补充材料。

该需求说明书中，"数据流图"描述系统的分解，即描述系统由哪些部分组成、各部分之间有什么联系等；"数据词典"描述系统中的每一个数据；"小说明"则详细描述系统中的每一个加工所完成的操作。上述资料再加上视系统而定的各种补充材料就可明确而完整地描述一个系统的功能。

SA 方法在描述方式上的特点是尽量采用图形表示，因为图形比较形象、直观、易于理解，一张图的表达效果可能比几千字的叙述效果还要好。

3.2.2 数据流图

数据流图(Data Flow Diagram)主要用来描述目标系统的逻辑模型。下面分析数据流图的基本成分。

SA 方法采用"分解"的方式来理解一个复杂的系统，"分解"需要有描述的手段，数据流图就是作为描述"分解"的手段而引进的。

对大多数数据处理系统来说，从数据流的角度来描述一个企事业组织的业务活动是比较合适的。数据流图描述了一个组织有哪几个组成部分，也描述了来往于各部分之间的数据流。下面先看一个例子。

假定要为某培训中心开发一个计算机管理系统。我们首先需分析这个系统应该做些什么，为此必须分析培训中心的业务活动。培训中心是一个功能很复杂的系统，它为在职人员开设许多门课程，有兴趣的人可以来电或来函报名选修某门课程，也可以来电或来函查询课程计划等有关事宜，培训中心要收取一定的费用，学员通过支票付款。

培训中心的日常业务是，将学员发来的电报、信件、电话收集分类后，按几种不同情况处理：如果是报名的，则将报名数据送给负责报名事务的职员，他们要查阅课程文件，检查某课程是否满额，然后在学生文件、课程文件上登记，并开出报名单交财务部门，财务人员再开出发票经复审后通知学员；如果是付款的，则由财务人员在账目文件上登记，再经复审后发给学员一张通知单；如果是查询的，则交查询部门查阅课程文件后给出答复；如果是想注销原来已选修的课程，则由注销人员在课程、学生、账目文件上做相应修改，经复审后通知学员。对一些要求不合理的函电，培训中心将拒绝处理。

我们可以用图 3.2 的数据流图描述这个系统的"分解"。这张图告诉我们：系统分解成"收集""分类""报名"等八个部分，这些部分之间通过图中所示的数据流进行联系，要理解整个系统只需分别理解这八个部分就可以了。由于每个部分比整个系统小得多，所以分析工作就可以简化。

从图 3.2 中看出，数据流图有四种基本成分：

(1) 数据流(用箭头表示)；

(2) 加工(用圆表示)；

(3) 文件(用直线段表示);

(4) 数据流的源点或终点(用方框表示)。

数据流图中的每个成分都有一个互不相同的名字来加以区分。下面分别讨论各种成分。

1. 数据流

数据流由一组固定成分的数据组成。在图 3.2 中,数据流"报名请求"由姓名、单位名、年龄、性别、课程名等成分组成,数据流"发票"由姓名、单位名、金额组成,它们的组成成分都是确定的。

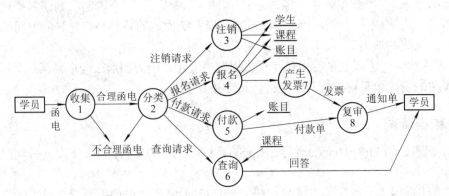

图 3.2　数据流图

数据流可以从加工流向加工,也可以从加工流向文件或从文件流向加工,也可以从源点流向加工或从加工流向终点。

一般来说,除了流向文件或从文件流出的数据流不必命名之外(在这种情况下,有文件名已足够了),每个数据流都必须有一个合适的名字。名字一方面是为了区别,另一方面也是给人一个直观的印象,使人容易理解这个数据流的含义。

应该注意的是,数据流图中描述的是数据流而不是控制流。图 3.3 中"取下一张卡片"是一个控制流而不是数据流,因为并没有任何数据沿着这个箭头流动,所以这个箭头应该从图中删去。习惯使用框图(程序流程图)的开发人员特别应该注意不要犯这种错误。

图 3.3　数据流和控制流

2. 加工

加工是对数据进行的操作。在图 3.2 中,"报名""产生发票""查询"等都是加工,加工的名字也应适当地反映这个加工的含义,使之容易理解。

3. 文件

文件是暂时存储的数据。图 3.2 中有"学生""课程""账目"等文件。文件的名字也应适当地选择,以便理解。

我们还应注意加工与文件之间数据流的方向,如果加工要读文件,则数据流是从文件流出的;如果加工要写文件或修改文件(虽然写文件一般先要读文件,但其本质是写),则数据流是流向文件的；如果加工既要读文件(除了修改文件之外)又要写文件，则数据流是双向的。在图 3.4 中，加工"检查拼写的正确性"对输入的词进行检查。当在词汇表中查不到这个词时，则认为这个词是错误词并加以拒绝，由于这个加工只读词汇表，所以这个数据流从文件流出。如果这个加工从词汇表中查不到输入的词时，认为这是一个新的词，并将它增添到词汇表中，则加工与文件间的箭头应画成双向的。

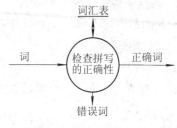

图 3.4　数据流的方向

4. 源点和终点

一个数据处理系统的内部用数据流、文件和加工三种成分表示一般已足够了，然而为了便于理解，有时还可以画出数据流的源点和终点来说明它的来龙去脉。

源点和终点通常是存在于系统之外的人员或组织，如图 3.2 中"学员"是数据流"函电"的源点，也是数据流"通知单"的终点。

画出源点和终点只是起到注释、帮助理解而已，由于它们是系统之外的事物，我们对此是不大关心的，所以源点和终点的表达不必很严格。

总之，数据流图从"数据流"和"加工"这两个相互补充的方面来表达一个数据处理系统。它从数据的角度描述它们作为输入，进入系统，经过某个加工，再经过某个加工……，或者合并，或者分解，或者存储，最后成为输出，离开系统。经验证明，对数据处理系统来说，从数据角度观察问题一般能够较好地抓住问题的本质，并描述出系统的概貌。但是，数据流图只描述了系统的"分解"，它并没有表达出每个数据和加工的具体含义，这些信息需在"数据词典"和"小说明"中表达出来。

数据流图的优点是直观、容易理解，容易被一组人同时进行审查。如果图中有错误，一般也比较显眼，容易被人们发现。实践证明，从事数据处理工作的人(包括用户和开发人员)都很容易接受这个描述方式。

3.2.3　数据词典

1. 数据词典与数据流图的联系

数据流图描述了系统的"分解"，即描述了系统由哪几部分组成、各部分之间有什么联系等，但是并没有说明系统中各个成分是什么含义，因此仅仅一套数据流图并不能构成系统的需求说明书，人们只有为数据流图中出现的每一个成分都给出明确定义之后，才较完整地描述一个系统。数据流图中所有名字的定义就构成了一本数据词典，同日常使用的数据词典一样。SA 方法所用的数据词典也是这样一个工具，当我们不知道某个名字的含义时，借助它就可查出这个名字的含义。数据词典中所有条目应该按一定次序排列起来，这样才能供人们方便地查阅。

数据流图与数据词典是密切联系的，两者结合在一起才构成了"需求说明书"，单独一套数据流图或单独一本数据词典都是没有任何意义的。数据流图中出现的每一个数据流名、每一个文件名和每一个加工名在数据词典中都应有一个条目给出这个名字的定义。此外，在定义数据流、文件和加工时，又要引用到它们的组成部分，所以每一个组成部分在数据词典中也应有一个条目给出其定义。

2. 数据词典条目的各种类型

数据词典中包含以下四种类型的条目：

(1) 数据流；

(2) 文件；

(3) 数据项(指不能再分解的数据单位)；

(4) 加工。

数据流、文件和数据项等数据型条目构成了数据词典。

1) 数据流条目

数据流条目给出某个数据流的定义，它通常是列出该数据流的各组成数据项。如图 3.2 中的数据流"报名请求"由姓名、单位名、年龄、性别和课程名等数据项组成，数据词典中"报名请求"这个条目就可写成

报名请求＝姓名＋单位名＋年龄＋性别＋课程名

有些数据流的组成很复杂，一下子列出它所有的数据项可能不易使人理解，此时同样可采用"由顶向下逐步分解"的方式来说明，例如某学校管理系统中，有个名为"课程"的数据流，它由"课程名""教员""教材"和"课程表"组成，而"课程表"又由"星期几""第几节"和"教室"组成，则数据词典中可以建立"课程"及"课程表"两个条目，它们分别是

课程＝课程名＋教员＋教材＋课程表
课程表＝｛星期几＋第几节＋教室｝

这样，只要依次查阅这两个条目，就可确切地理解"课程"这个名字的含义。

给出数据流的定义时，需要使用一些简单的符号，如：

＋：表示"与"；

［｜］：表示"或"，即选择括号中的某一项；

｛｝：表示"重复"，即括号中的项要重复若干次，重复次数的上、下限也可在括号边上标出；

()：表示"可选"，即括号中的项可能没有。

开发人员可根据自己的习惯，选择使用类似的符号。其中自定义的符号应说明其功能。

下面再给出一个数据流条目的例子：

数据流"发票"由 1～5 个"发票行"组成，而每个"发票行"又由"货名""数量""单位"和"总价"组成，则数据词典中的"发票"条目是

发票＝｛货名＋数量＋单价＋总价｝

也可分别建立"发票"和"发票行"两个条目，它们是

发票＝｛发票行｝
发票行＝货名＋数量＋单价＋总价

2) 文件条目

文件条目给出某个文件的定义，同数据流一样，文件的定义通常是列出其记录的组成数据项。此外，文件条目还可指出文件的组织方式，如"按账号递增次序排列"等。下面

是一个例子：

$$账目=账号+户名+地址+款额+日期$$

组织：按账号递增次序排列。

3) 数据项条目

数据项条目给出某个数据项的定义，这通常是该数据项的值类型、允许值等，例如"账号"这个数据项的值可以是 00 000～99 999 之间的任意整数，则数据词典条目"账号"可写成

$$账号=00\ 000～99\ 999$$

又如，数据项"日期"可取 1997/1~12/1~31 等值，则数据词典条目"日期"可写成

$$日期=1997/1~12/1~31$$

有了这样的数据词典，我们只要依次查阅"账目""账号""日期"等条目，就可了解文件"账目"的精确含义了。

有些数据项本身名称已足以说明其含义，如数据词典条目"学生"中，

$$学生=姓名+年龄+性别+班级$$

这里"姓名""年龄""性别"等数据项的含义是不言而喻的，所以就不必再解释了，这些名称是"自定义"的，自定义的词在数据词典中就不必再给出条目了。

数据词典条目的具体格式往往因系统而异，它也同用户习惯使用的表达方式有关。

3.2.4 需求分析阶段的其他工作

除了前面讨论的工作之外，需求分析阶段还应完成下列工作：

1) 确定设计限制

软件的设计要受到系统以外许多因素的影响，如成本、进度、可用的软硬件资源等。因此需求分析阶段还必须确定设计的限制，并试图说明每种限制都是合理的。

2) 确定验收准则

在同用户讨论时，开发人员应该提出这样的问题："如果明天就将系统交给你，你凭什么认为这个系统是成功的?"。这个问题和相应的回答便构成了一组验收准则。验收准则应该尽可能具体，用于确定每个主要功能的测试方法。

用户往往会很一般地回答上述问题，而开发人员必须寻求精确的答复，他应该认识到，如果不能精确地确定这些准则，则说明用户需求还是模糊的。验收准则是测试计划的基础，如果被忽视了，就是开发人员的失职。

3) 编写"初步用户手册"

"初步用户手册"为系统的操作员描绘了软件系统的外貌，并能说明需求分析工作是否已确定了软件系统的所有主要输入和输出，该手册还可用来评价系统的人机界面。

用户在审查"初步用户手册"时经常会这样说："我想这不是我们启动这个功能的方式，……这不行，因为……"。这些评论最好在需求分析阶段就给出，到系统验收时才说就太迟了。

4) 复查需求说明书

需求说明书写成之后，用户和开发人员应该对它进行复查，争取系统还只在"纸上"

时就发现其中的错误并及时纠正。开发人员应该复查是否正确地理解了问题的整个含义，仔细评价全部文档的完整性、一致性、正确性和清晰性。

复查的结果几乎总是修改并重新定义某些需求，需求分析中的这些反复正是所期望的，甚至是值得提倡的。

最后，一份能被用户和开发人员双方共同接受的需求说明书终于产生了。需求说明书的篇幅可能较长，我们可将各种图形和文字材料适当装订起来，分成章节，再加上前言、目录等，编成一本易于阅读的手册。需求说明书将为软件系统的设计、实现和验收奠定良好的基础。获得用户和开发人员共同确认的需求说明书，就是需求分析阶段胜利完成的里程碑。

3.3 总 体 设 计

软件工程的需求分析阶段的工作结果是需求说明书，它明确地描述了用户要求软件系统"做什么"。既然明确了"问题"，我们就可以着手寻求"问题的答案"，即建立一个符合用户要求的软件系统。总体设计是指决定软件的结构，包括数据结构和程序结构(本章节只讨论程序结构)。

如果问题较简单，用户要求一旦确定了，立刻就可以编程。但是，对于较大的软件系统来讲，为了保证软件质量，并使开发工作能顺利进行，我们必须为编程制定一个周密的计划，这项工作就称为总体设计。总体设计有许多方法，概括起来有两种类型：结构化设计方法和面向对象的设计方法。接下来将主要讨论结构化设计方法及其相关内容。

3.3.1 模块化概念

1. 模块设计的基本概念

较大的软件系统，一般是由许多具有特定功能的较小的单元组成，这种单元就称为模块。一个模块具有输入和输出、特定功能、内部数据和程序代码等四个特性。输入和输出是需要处理和产生信息的功能模块。输入输出和特定功能构成了一个模块的外貌，即模块的外部特性。程序代码用来完成模块的功能。内部数据是仅供该模块本身引用的数据，内部数据和程序代码是模块的内部特性。对模块的外部环境来说，人们只需了解它的外部特性就足够了。

2. 模块设计的主要任务

模块设计的任务是把一个较大的软件系统分解成许多较小的具有特定功能的模块，由它们共同完成软件系统的整体功能。具体来说，就是：

第一，将软件系统划分成模块；

第二，决定各个模块的功能；

第三，决定模块间的调用关系；

第四，决定模块间的界面。

所以，模块设计的主要任务是完成模块分解，确定软件系统中模块的层次结构。

3.3.2 模块化设计方法

模块设计技术上有相当大的困难，它需要有一定的方法来指导，从而使设计人员可以获得较好的方案。20 世纪 70 年代以来，出现了许多设计方法来支持模块设计．其中具有代表性的有结构化设计、Parnas 方法、Jackson 方法、Warnier 方法等。这些方法都采用了模块化、由顶向下逐步细化的基本思想。它们的差别在于建立模块结构的原则不同。结构化设计方法以数据流图为基础建立模块结构；Parnas 方法以信息隐蔽为原则建立模块结构；而 Jackson 方法则以数据结构为基础建立模块结构。当然这些方法也可以结合起来使用。

1. 结构化设计(SD 方法)

在众多的设计方法中，结构化设计(Structured Design)方法，简称 SD 方法，是最受人注意的、也是使用最广泛的一个。

1) 结构化设计的基本思想

SD 方法的基本思想是将系统设计成由相对独立、单一功能的模块组成的结构。

用 SD 方法设计的程序系统，由于模块之间是相对独立的，所以每个模块可以独立地被理解、编程、测试、排错和修改，这就使复杂的研发工作得以简化。此外，模块的相对独立也能有效地防止错误在模块之间扩散蔓延，因而提高了系统的可靠性。我们可以说，SD 方法的长处来自模块之间的相对独立性，它提高了系统的质量(可理解性、可维护性、可靠性等)，也减少了研发软件所需的人工成本。

2) 块间联系和块内联系

如何衡量模块之间的相对独立性呢? SD 方法提出了块间联系和块内联系这两个标准，如图 3.5 所示。

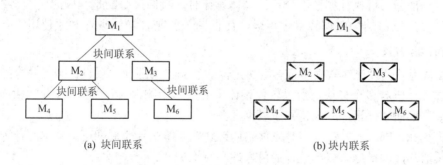

(a) 块间联系　　　　　　　　　　　　　　(b) 块内联系

图 3.5　块间联系与块内联系

块间联系(Coupling,又称耦合度)是指模块之间的联系，它是对模块独立性的直接衡量，如图 3.5(a)所示。块间联系越小就意味着模块的独立性越高，所以这是一个最基本的标准。

块内联系(Cohesion，又称聚合度)是指一个模块内部各成分(语句或语句段)之间的联系，如图 3.5(b)所示。块内联系大了，模块的相对独立性势必会提高。

SD 方法的目标是使块间联系尽量小，块内联系尽量大。事实上，块间联系和块内联系是同一件事的两个方面。程序中各组成成分间是有联系的，如果将密切相关的成分分散在各个模块中，就会造成很大的块间联系；反之，如果密切相关的一些成分组织在同一模块中，块内联系大了，则块间联系势必也就小了。

3) 描述方式

SD 方法使用的描述方式是结构图(Structure Chart)，它描述了程序的模块结构，并反映了块间联系和块内联系等特性。

结构图中的主要成分如下：

模块：用方框表示，方框中写有模块的名字，一个模块的名字应适当地反映这个模块的功能，这就在某种程度上反映了块内联系。

调用：从一个模块指向另一模块的箭头，表示前一模块中含有对后一模块的调用。

数据：调用箭头边上的小箭头，表示调用时从一个模块传送给另一模块的数据，小箭头也指出了数据传送的方向。

设计人员应该为结构图中的每一个成分(模块和数据)适当地命名，使人能直观地理解其含义。如果能在一个开发队伍中约定一些命名规则，将会是有所帮助的。为使读者容易理解，本书有时在模块的方框内用中文说明该模块的功能。

除上述基本符号外，结构图中可以再加上一些辅助性的符号，如有条件地调用符号、循环调用符号、现成的模块符号等。设计人员可根据具体情况决定是否画出这些辅助性的符号。

画结构图的一般习惯是，输入模块在左，输出模块在右，计算模块居中。必须指出："结构图"和"框图"(即程序流程图)是不同的。 一个程序有层次性和过程性两方面的特点，通常"层次性"反映的是整体性质，"过程性"反映的是局部性质，所以我们一般是先决定程序的层次性，再决定其过程性。"结构图"描述的是程序的层次性，即某个模块负责管理哪些模块，这些模块又依次负责管理哪些模块等(结构图也可以用来描述现实生活中的组织管理结构，如学校中的系、教研室、教学小组等层次结构)。"框图"描述的是程序的过程性，即先执行哪一部分，再执行哪一部分等。总体设计时，我们关心的是程序的层次结构而不是执行过程，所以用结构图作为描述手段。而框图一般是在详细设计时才使用。

2. Parnas 方法

Parnas 认为软件设计对软件质量有着决定性的影响，又因为模块设计确定模块的界面，一个界面往往影响着多个模块，所以软件设计中的缺陷影响很大，纠正设计错误所付出的代价也很大，因而软件设计应该特别予以重视。

正因为如此，Parnas 主张设计时应预先估计到软件整个生命周期可能发生的种种情况，以便事先采取相应的措施来提高软件的可靠性和可维护性。

1) 提高可靠性的技术——防护性检查

复杂的软件结构容易隐含错误，尤其是在将来修改时更易造成错误，所以软件结构对可靠性影响很大。在设计时使软件结构尽量简单清晰，是避免错误、提高可靠性的根本手段。Parnas 主张设计时人们应预计到将来可能发生的种种意外，并采取以下措施以提高系统的健壮性：

(1) 考虑到硬件有可能出现意外故障，所以接近硬件的模块应该对硬件的行为进行检查，以便及时发现硬件的错误，例如对磁带中的文件配上检查以供核对，或存储几份副本以供比较等。

(2) 考虑到操作人员有可能失误(也可能有人故意破坏)，负责接收操作人员输入的模块应该对输入数据进行合理性检查，辨认非法、越权的操作要求，同时也要为操作人员提供合适的纠错手段。

(3) 考虑到软件本身也会有错误，所以模块之间要加强检查，防止错误的蔓延。例如开平方根的模块应检查输入的变量是否大于等于零，而不应假设这一点必然成立；又如操作系统中应考虑万一发生死锁，该怎么处理；或者有一个进程发生了故障，连续不断地申请资源而不再归还时，系统如何发现和处理这种异常。

2) 提高可维护性的技术——信息隐蔽

大型软件系统是多个版本的，在整个生命周期中要经历多次修改，设计时如何划分模块，才能使将来修改的影响范围尽量小呢? Parnas 提出了信息隐蔽(Information Hiding)原则。根据信息隐蔽原则，设计时人们应首先列出可能发生变化的因素，在划分模块时将一个可能发生变化的因素包含在某个模块的内部，使其他模块与这个因素无关。这样，将来这个因素发生变化时，人们只需要修改一个模块就够了，而其他模块则不受这个因素的影响。也就是说，在设计模块结构时，将某个因素隔离在某个模块内部，这个因素的变化不至于传播到所在模块的边界之外。

信息隐蔽的目的是使修改造成的影响尽量局限在一个或少数几个模块内部，从而降低软件维护的开支。又因为修改极易引起错误，所以修改影响范围越小，修改引起错误的可能性越小，系统的可靠性也就提高了。

为了达到上述目的，根据信息隐蔽原则，模块分解时应该做到以下几点：

(1) 每个模块功能简单、容易理解。

(2) 修改一个模块的内部实现不会影响其他模块的行为。

(3) 将可能变化的因素在设计方案中做如下安排：

① 最可能发生的变化，不必改动模块界面就能完成；

② 不太可能发生的变化，可以涉及少量模块和不太用的模块的界面；

③ 极不可能发生的变化，才需改动常用模块的界面。

Parnas 在 1972 年提出的信息隐蔽原则已被软件界广泛接受，"信息隐蔽"(也就是"抽象")已成为软件工程学中的一个重要原则，"抽象数据类型"以及诸如 Ada 语言中的 Package 等有关概念就是信息隐蔽原则的体现。

Parnas 的研究工作虽然同 SD 方法的研究是独立的，但其结论颇为接近：将信息隐蔽在模块的内部，就是将模块作为一个黑盒，使其他模块不了解这个模块的内部细节，这同模块之间要相对独立、块间联系要小等想法是一致的。

Parnas 方法对模块分解提出了深刻的见解，但遗憾的是，它没有给出明确的工作步骤，所以这个方法一般仅作为其他方法的补充。

3. Jackson 方法

前文介绍了 SA、SD 方法，这套方法前后衔接，用于需求分析和设计阶段，是面向数据流的。

另一种方法，是面向数据结构的方法，其具有代表性的是 Jackson 和 Warnier 提出的 LCP(Logical Construction of Programs) 方法，这里主要介绍 Jackson 方法。

Jackson 方法是由英国的 M. Jackson 提出的，它在西欧率先流行。 这个方法适用于数据处理类问题,特别是企事业管理类的软件系统。

　　Jackson 方法的目标是获得简单清晰的设计方案,因为这样的方案易于理解,易于修改。为了达到这个目标,Jackson 方法的设计原则是,使程序结构同数据结构相对应。

　　Jackson 方法主张程序结构与问题结构相对应。对一般数据处理系统而言,问题结构可用它所处理的数据结构来表示,大多数处理系统是具有层次的数据结构,如文件由记录组成,记录又由数据项组成(如图 3.6(a)所示,图中"*"号表示重复)。Jackson 方法以此为基础相应地建立具有层次的程序结构,如处理文件的模块要调用处理记录的模块,处理记录的模块又要调用处理数据项的模块,如图 3.6(b)所示。

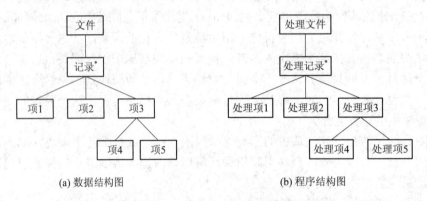

(a) 数据结构图　　　　　　　　　　(b) 程序结构图

图 3.6　文件与记录

　　Jackson 方法用图形描述数据结构和程序结构(如图 3.6 所示),这种图形称为结构图,数据结构图中的方框表示数据,程序结构图中的方框表示模块(过程或函数等),数据结构图中"*"号表示重复。

　　采用 Jackson 方法进行设计的基本步骤如下:

　　(1) 建立数据结构;

　　(2) 以数据结构为基础,对应地建立程序结构;

　　(3) 列出程序中要用到的各种基本操作,再将这些操作分配到程序结构中对应的模块。

　　Jackson 方法的设计过程同结构化方法亦有类似之处,Jackson 方法的第一步是理解并确定用户提出的问题,即把要处理的数据结构确定下来,这相当于 3.2 节讨论的需求分析阶段;第二步完成模块分解,这相当于结构化方法的总体设计阶段;第三步确定每个模块的主要操作,这相当于结构化方法的详细设计阶段。

　　事实上一般程序系统都有输入和输出数据,要理解用户提出的问题必须分别理解程序的输入和输出数据,并认真找出输出数据同输入数据间的对应性。明确输出和输入之间的对应性是设计的关键,也是 Jackson 方法的关键。 所谓"对应性",一般是指数据的内容、数量和顺序上的对应。

　　下面看一个简单的例子。

　　将职工的姓名地址文件和工资文件合并成一个新文件。图 3.7(a)是姓名地址文件和工资文件的数据结构,这两个文件均由"职工记录"重复组成。"职工记录"又由几个数据项顺序组成。图 3.7(b)是新文件的数据结构。根据输入和输出数据结构,我们假定姓名地址文件、工资文件和新文件中的记录个数相同(例如都是 5000 个),其排列次序一致(如都按"工号"

递增排列)，而且新文件中某个"职工记录"的内容来自姓名地址文件和工资文件中相应的那个职工记录的内容(如新文件中第 5 个记录的内容来自姓名地址文件中第 5 个记录和工资文件中第 5 个记录)。由于输入和输出数据结构在内容、数量、次序上是对应的，所以容易用 Jackson 方法设计出程序结构，如图 3.7(c)所示。

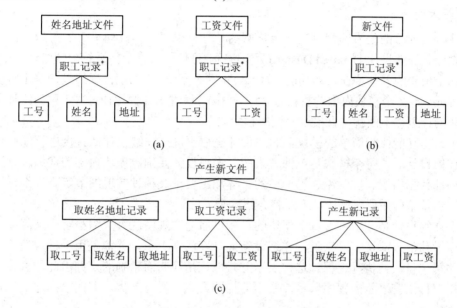

图 3.7　使用 Jackson 方法的程序结构

设计人员应该谨记，即使采用 Jackson 方法，块间联系和块内联系仍然是评价程序结构质量的基本标准。同 SD 方法一样，Jackson 方法也不能机械地使用，设计人员的经验仍然是需要的。使用 Jackson 方法还应注意的是，在软件生命周期中，数据结构往往是会发生变化的，一旦数据结构改变，以数据结构为基础建立的整个程序结构也就都要改变。

3.3.3　总体设计的其他工作

1. 设计文档(Design Document)

在完成模块分解之后，总体设计需交付的文档一般包括下列内容：

(1) 结构图；

(2) 每个模块的描述，包括功能、界面、过程和注释；

(3) 数据库、文件结构和全程数据的描述；

(4) 需求/设计交叉表；

(5) 测试计划。

在每个模块的描述中，功能和界面是该模块的外部特征，注释主要说明该模块的一些限制和约束条件，过程是指模块的内部实现，它通常在该模块的详细设计完成后才补充进来。总体设计完成之后，测试计划就应尽早交出，这样详细设计、编程、测试的准备工作就可并行开展。

2. 总体设计复查

为了尽早发现错误并尽早纠正，总体设计之后要对设计方案做正规的复查，复查一般集中在软件结构的上层，复查重点是从设计到需求的可追溯性、设计方案的清晰性等。

3.4 详 细 设 计

1. 基本概念

设计阶段的目的是为编程制定一个周密的计划。根据"由外向里"的思想，设计通常分总体设计和详细设计(Detailed Design)两步进行。总体设计将软件系统分解成许多个模块，并确定每个模块的外部特征，即功能(做什么)和界面(输入和输出)；详细设计确定每个模块的内部特征，即每个模块内部的执行过程(怎样做)。通过这样的设计过程，可为编程制定了一个周密的计划，下面就可直接过渡到编程阶段了。

对于一些功能比较简单的模块，总体设计之后不进行详细设计而直接进行编程也是可以的。详细设计时，每个模块是单独考虑的。详细设计要确定模块内部的详细执行过程，这包括局部数据组织、控制流、每一步的具体加工要求及种种实现细节等。详细设计采用的典型方法是结构化程序设计，下面将介绍这个方法。

由于详细设计是分别考虑每个模块的，所以问题的规模已大大缩小了，又因为有了结构化程序设计的方法，一般来说，详细设计的难度已不大了，关键是用一种合适的表示方式来描述每个模块的执行过程。这种表示方式应该是简明而精确的，并由此能直接、机械地导出用编程语言表示的程序。目前常用的描述方式一般有三类，即图形描述、语言描述和表格描述。

图形描述包括传统的流程图、盒图和问题分析图等；语言描述主要是种种程序设计语言；表格描述有判定表等。

由于详细设计的难度相对来说已不大了，所以初级软件人员一般可以胜任，但是模块结构图中的上层模块或一些关键模块(如含有新的算法的模块)，最好还是由高级软件人员来做详细设计。

2. 结构化程序设计(SP 方法)

结构化程序设计(Structured Programming)方法，简称 SP 方法，由 E. W. Dijkstra 等人于 1965 年提出，它用于在详细设计和编程阶段指导人们用良好的思想开发出易于理解又正确的程序。SP 方法建立在 Bohm Jacopini 证明的结构定理的基础上。结构定理指出：

(1) 任何程序逻辑都可用顺序、选择和循环等三种基本结构来表示。在结构定理的基础上，E. W. Dijkstra 主张避免使用 GOTO 语句，而仅仅用上述三种基本结构反复嵌套来构造程序。

(2) 一个模块的详细执行过程可按"由顶向下逐步细化"的方式确定。

一开始，模块的执行过程是未确定的，亦模糊不清的，我们可以用下面三种方式对模糊过程进行分解，使不清楚的部分逐步清晰起来：

① 用顺序方式对过程进行分解，确定模糊过程中各个部分的时间顺序。

② 用选择方式对过程进行分解，确定模糊过程中某个部分的条件。

③ 用循环方式对过程进行分解，确定模糊过程的主体部分进行循环的开始和结束条件。

对仍然模糊的部分只需反复使用上述三种方式进行分解，最终可将所有的细节全部确定下来。显然，用 SP 方法设计的结构是清晰的，由此易于编写出结构良好的程序。

总之，SP 方法就是综合运用这些手段来构造高质量程序的一种思想方法。

3.5 软件编程

软件编程(Coding)的任务是为每个模块编写程序，也就是说，将详细设计的结果转换为用某种程序设计语言编写的程序，这个程序必须是无错的，并且应有必要的内部文档和外部文档。考虑到读者已经具备了编程的知识和经验，本节不再讨论怎样编程，而是讨论在软件工程的背景下，怎样编写"良好的"程序。

随着软件系统规模和复杂性的增加，人们逐步认识到程序经常需要被人阅读，而且阅读程序是软件开发工作中的一个重要环节。有人认为读程序的时间恐怕比编写程序的时间还要多。在这种背景下，人们开始认识到：程序实际上也是一种供人阅读的"文章"，只不过它不是用自然语言而是用程序设计语言编写而已。一个逻辑上杂乱无章的程序是没有什么价值的，因为它无法供人阅读，无法再利用。

为此，人们提出了"可读性"(Readablity)这一新观念，可读性主张程序应使人们易于阅读。所以编程的目标是编写出逻辑上正确又易于阅读的程序，这个观念现已得到所有程序设计人员的认可。

3.6 软件检验

目前，软件检验的手段有三类：动态检验、静态检验和正确性证明。

3.6.1 动态检验

动态检验就是指传统的测试，使程序有控制地运行，测试人员从不同角度观察程序运行的行为，以发现其中的错误。

测试的关键是如何设计测试用例。测试方法不同，所使用的测试用例也不同。常用的测试方法有黑盒法和白盒法。黑盒法是指测试人员将程序看成一个"黑盒"，也就是说，他不关心程序内部是怎样做的，而只想检查程序是否符合它的"功能说明"。所以黑盒法测试时，测试用例都是完全根据程序的功能说明来设计的。如果想用黑盒法发现程序中的所有错误，就必须用输入数据的所有可能值来检查程序是否都能产生正确的结果。白盒法是指测试人员必须了解程序的内部结构，此时，测试用例是根据程序的内部逻辑结构来设计的。如果想用白盒法发现程序中的所有错误，就必须使程序中每种可能的执行路径都执行一次。

例如，图 3.8 给出了一个很简单的程序，它有两个输入变量 x、y，一个输出变量 z。假定程序是在字长为 32 位的计算机上运行，且 x、y 都是整数，则输入数据的可能值有 $2^{32} \times 2^{32} = 2^{64}$ 种。

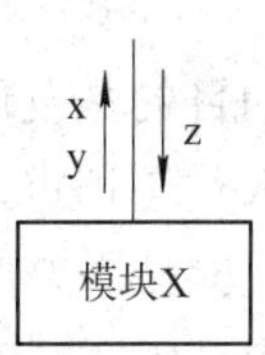

图 3.8　程序的输入变量与输出变量

若这个程序执行一次需 0.5 ms，则执行 2^{64} 次运算将大约需 2.9 亿年!

图 3.9 是一个程序控制流程图。这个程序由一个循环语句组成，循环次数达 20 次，循环体内是一组嵌套的 IF 语句，其可能的路径有多条，所以从 A 到 B 的路径多达 5^{20} 条。若用这么多情况测试它，并假设执行一条路径需 0.5 ms，则完成测试大约需 1512 年!

这两种测试方法在设计测试用例上是不可取的，也是不可行的。为此，设计人员提出了以下几种设计测试用例的方法：随机抽取测试用例、抽取典型测试用例、抽取边界测试用例、抽取混合测试用例。这些设计测试用例的方法各有特点，至于使用哪种，可根据测试对象的不同分别选用一种或联合使用。

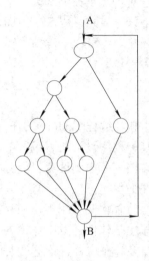

图 3.9　程序控制流程图

3.6.2　静态检验

静态检验是指人工阅读文档和程序，从中发现错误，或用一些辅助工具来完成这种工作，这种技术也称为评审。实践证明它是一种很有效的技术。

评审的种类很多，包括需求复查、总体设计复查、详细设计复查、程序复查和走查等，其正规化的程度、方式和参加的人员有所不同。本节就此概括讨论评审过程和评审条款等问题。

1. 评审过程

为了尽早发现并纠正错误，应将评审工作与开发过程结合起来，使评审成为前一阶段之后必须进行的步骤，这样的模式可用图 3.10 来说明。

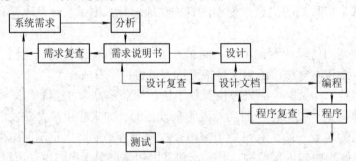

图 3.10　评审模式

评审的目的是发现错误，为了获得较好的评审效果，评审应由开发人员之外的人来主持，开发人员与评审人员相互独立是保证评审质量的重要措施之一。评审人员应在软件开发技术和检验技术方面受过良好的训练，有丰富的软件开发经验。

程序走查(Code Walkthrough)是另一种有效的评审活动。走查的关键在于，以人工运行作为媒介，通过这种方式启发与会者向开发人员提出种种问题，从而发现程序中的错误。

2. 评审条款

评审的目的是尽量快、尽量多地发现错误，所以一般的做法是将软件中常见的各类错误列成清单作为评审条款。评审过程中按评审条款有针对性地进行检查，就可达到多、快、好、省的目的。

评审条款随系统的不同可有所不同，可根据软件系统的性质和评审人员的经验来设定。

3.6.3 正确性证明

动态检验和静态检验的基本问题在于软件一定存在错误，人们所能做到的最好的结果是发现错误，因此自然希望找到某种方法能确切地证明程序是没有错误的，这就出现了程序正确性证明的研究领域。

程序正确性证明最常用的方法是归纳断言法，它对程序提出一组命题，如能用数学方法证明这些命题成立，就可以保证程序不存在错误，即它对所有的输入都会产生预期的正确输出。但是程序正确性证明存在两个问题：其一是如何设置命题和证明命题，其二是在证明中如何定义"错误"。

总之，程序正确性证明是一个鼓舞人心的想法，但距离实用还有一段路要科学技术人员去探索。

3.6.4 测试步骤

软件开发过程经历了分析、设计、编程等阶段，每个阶段都可能产生各种各样的错误。据统计，开发早期犯下的错误(如误解了用户的要求、模块界面之间有冲突等)比编程阶段犯的错误多。为了发现各阶段产生的错误，测试过程应该与分析、设计、编程过程具有类似的结构，以便针对每一阶段可能产生的错误，采用某些特殊的测试技术，所以测试过程通常可以分三步进行：

(1) 模块测试(Module Testing)；

(2) 联合测试(Integration Testing)；

(3) 系统测试(System Testing)。

模块测试是对一个模块进行测试，其目的是根据该模块的功能说明检验模块是否存在错误。模块测试可发现详细设计和编程时犯下的错误，如某个变量未赋值、数组的上下界不正确等。

程序员在完成某个模块的编程之后，一般总是要先对该模块进行私下测试，此时，可以先用白盒法选择一些例子检验程序的内部逻辑，再用黑盒法补充一些例子。程序员本人经私下测试后认为程序基本可行，才会将程序交付出来。程序交付出来之后，由其他人员以黑盒法为主再次对该模块进行测试。

联合测试又称集成测试或联调，其目的是根据模块结构图将各个模块连接起来运行，以便发现问题。联合测试可以发现总体设计时犯的错误，如模块界面上的问题等。与后面的系统测试一样，联合测试的主要目标已不是发现模块内部的错误，所以通常只采用黑盒法。

系统测试将硬件、软件和操作人员等视为一个整体，检验它是否有不符合需求说明书的地方，这一步可以发现设计和分析阶段的错误，如误解了用户的要求、与用户要求有冲突等。系统测试后，软件系统就可由用户来验收。

测试中如发现错误，则需要回到编程、设计、分析等阶段做相应的修改，也就是说，需要进行"再编程""再设计"和"再分析"，软件开发过程可用图 3.11 的示意图表示。

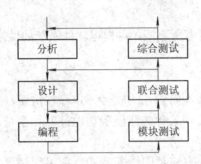

图 3.11　软件开发过程

从上述三步的测试过程可以看出：最早犯下的错误最迟才能发现，如需求分析阶段的错误一直要到验收才能发现。在大多数情况下，纠正这类错误需要对系统做较大的改动，其代价往往也是最大的。这正好说明了需求分析阶段结束时的需求复查和设计阶段结束时的设计复查是多么重要！

习　题

1. 软件可行性研究的目的是什么？软件可行性研究的任务又是什么？
2. 什么是数据流图？
3. 什么是模块化？
4. 结构化程序设计方法的基本要点是什么？
5. 简述黑盒法和白盒法。
6. 软件测试过程要经过哪些步骤？这些测试与软件开发各阶段有什么关系？

第4章 面向对象的系统分析和设计

上一章主要介绍了面向过程的结构化分析和设计，本章将主要介绍另一个软件系统的分析和设计方法——面向对象的系统分析和设计。

4.1 面向对象技术概论

面向对象技术，本质上是一种合理的思维方法，是不依赖于程序设计语言的应用软件开发的基本核心技术。因此，要深刻理解 C++语言和 Java 语言及其他面向对象的软件开发技术，掌握面向对象编程，首先应该学习面向对象技术的基本理论和方法。越是深入理解面向对象技术的理论和方法，就越能让您在自己的应用领域中最大限度地发挥思维能力和创造本领，也就越能高屋建瓴地掌握面向对象的软件系统开发设计。

4.1.1 引论

20 世纪后半叶，人类在文明的发展史上写下了光辉灿烂的一页，这就是计算机的诞生和发展，它比文艺复兴更广泛、更深入地改变了人们的生活。

计算模型研究取得突破性进展是在 20 世纪 30 年代，以阿兰·图灵(A. M. Turing)等人为代表的关于可计算性研究及图灵机概念，深刻地揭示了现代通用数字计算机最核心的内容。图灵机可以动态地描述计算机的整个过程，而且其简洁的构造和运行原理易于被人们所理解。在其后不到 10 年，即 1946 年，冯·诺依曼(Neumann)等创造了世界第一台计算机，现代存储程序式电子数字计算机的基本结构和工作原理也基本确定了，随后是在此基础上的不断完善、丰富和提高。现在，人们已在研究新的计算机模型。

软件是计算机的灵魂。而不带软件的数字电子计算机系统，人们习惯上称其为硬件、裸机。软件是相对于硬件而言的，是事先编制好的具有特定功能和用途的程序系统及其说明文件的统称。一个计算机系统是由计算机硬件及相应软件一起构成的。

当代软件工程的发展正面临着从传统的结构化范型到面向对象范型的转移，这需要有新的语言、新的系统和新的方法学的支持，面向对象技术就是这种新范型的核心技术。

1. 软件开发原理的变革

软件工程技术的目的是提高计算机性能和应用范围，其关键是提高软件质量和生产效率。从汇编语言发展到高级语言，标志着软件工程技术和软件生产效率的一次质的飞跃，促成这次飞跃的技术因素是编译理论和实现方法的完善，实现了从高级源码到机器代码的自动转换。随着应用需求的扩大和变化，软件生产的方式和效率仍然远远跟不上社会发展的需要。

从软件开发原理上看，影响较大的变革有以下三个：

(1) 20 世纪 60 年代开发的规范化设计中，具有代表性的是瀑布方法。它使软件程序设计由个人经验、智慧、技巧等特别定制，逐渐转变为被系统方法所部分代替，使建立软件系统的过程遵从一系列规范化阶段，包括需求分析、总体设计、详细设计等。这也使人们开始将软件设计工作推进到软件工程时代。

(2) 20 世纪 70 年代末开始出现的结构化系统分析和程序设计，是与冯·诺依曼计算机系统的结构特点相一致的。虽然它不能直接反映出人类认识问题的过程，但其所推广的模块化设计方法却是很大的进步。结构化分析与系统规格说明是一种基于模型的软件工程概念。它认为复杂软件系统的创建，首先必须建立系统的书面工作模型。另一个有影响的软件理论是 Nicklaus Wirth 提出的"算法＋数据结构＝程序设计"。软件被划分成若干可单独命名和编址的部分，它们被称作模块。模块化使软件能够有效地进行管理和维护，从而能够有效地分解和处理复杂问题。

(3) 在 20 世纪 80 年代，在软件开发中各种概念和方法积累的基础上，为了超越程序复杂性障碍，在计算机系统中自然地表示客观世界，人们采用了思维科学中的面向对象技术，并采取基于客观世界的对象模型的软件开发方法，按问题论域(Problem Domain)设计程序模块。面向对象技术不是以函数过程、数据结构为中心，而是以对象作为解决问题的中心，它使计算机程序的分析、设计、实现过程和方法有机结合，改变了过去的脱节和跳跃状态，使人们对复杂系统的认识过程与系统的程序设计实现过程尽可能一致。经验证明，对任何软件系统而言，其中最稳定的成分是对应的问题论域。与功能相比，一个问题论域中的对象一般总能保持相对稳定性，因而以面向对象构造的软件系统的主体结构也具有较好的稳定性和可重用性。采用"对象＋消息"的程序设计模式，具有满足软件工程发展需要的更多优势。

面向对象设计方法追求的是现实问题空间与软件系统解空间的近似和直接模拟。从哲学上讲，现实世界空间中的基本问题是物质和意识，映射到面向对象系统解空间就是具体事物(对象)和抽象概念(类)。面向对象技术的封装、继承、多态性等不仅支持软件复用，而且使软件维护工作可靠有效。特别是随着 Internet / Intranet 的发展，网络分布计算的应用需求日益增长，面向对象技术为网络分布计算提供了基础性的核心技术支持。

2. 面向对象语言的三个里程碑

20 世纪 60 年代的 Simula 67 语言，现在被公认是面向对象语言的始祖。虽然它是一种通用的仿真建模语言，但其所使用的对象概念和方法，能给人们进行软件设计以启示。它的对象代表仿真中的一个实体(例如一座楼房、一个工号、一项工程)，在仿真过程中，对象之间可以通过某种方式进行通信。它使用类(Class)的概念，用类作为单元(Unit)描述相似的一组对象的结构和行为，并支持类的层次组织和继承，允许共享结构和行为。故有人把类看作数据抽象之父。类是面向对象程序设计技术和语言的一个主要特征和设施。

面向对象语言发展的主要里程碑是 Smalltalk 语言，它完整地体现并进一步丰富了面向对象的概念。Smalltalk 语言的缺点是人们需要从头学习一门全新的语言。在 20 世纪 80 年代中期，面向对象语言已形成几大类别：纯面向对象的语言，如 Smalltalk 和 Eiffel；混合型的面向对象语言，如 C++和 Objective C；适合网络应用的 Java 语言。

对流行的语言进行面向对象的扩充，其成功代表是 C++，这是一个混合型语言，既支持传统的面向过程的程序设计方法，又支持面向对象的程序设计方法，有广泛的应用基础和丰富的开发环境支持，因而使面向对象程序设计能够得到快速的普及。Java 语言是 Sun 公司于 1995 年推出的一种适用于分布网络环境的面向对象语言，它采用了与 C++语法基本一致的形式，并将 C++中与面向对象无关的部分去掉，其语义是纯面向对象的。Java 使应用程序独立于异构网络上的多种平台，具有能解释执行或编译执行、连接简单、支持语言级的多线程等特点。总之，Java 语言环境使应用变得具有可移植性、高安全性和高性能。

应当指出的是，面向对象语言对程序设计的主要影响并不在于它的语法特征，而在于它所提供的自然问题求解的机制和结构。面向对象编程(OOP)将计算过程看作分类过程加状态转换过程，即将系统逐步划分为相互联系的多个对象并建立这些对象的联系，以引发状态转换，实现系统计算任务。因此，要理解面向对象语言，应首先理解面向对象技术的基本原理和基本思想，然后再学习此类语言。实际上，如果我们能够深刻理解面向对象技术的原理和方法，即使不用面向对象的语言或系统，也能实现 OOP。面向对象语言所起的作用就是给用户提供一些支持面向对象程序设计的环境和管理工具，特别重要的是提供了对象的概念和特性。

4.1.2 面向对象的基本概念

本节着重介绍面向对象的基本概念，同时说明和解释面向对象技术方法。

1. 对象、类、消息

面向对象技术是基于对象(Object)的。下面，我们首先从三个层次上，即社会语言、思维科学和面向对象，来介绍对象的概念。在《现代汉语词典》中，"对象"是行动或思考时作为目标的人或事物。在"Merrian Webster's Ollegiate Dictionary"中，对 object 的解释是 Something mental or physical toward which thought，beeline or action is directed。

在思维科学中，对象是客观世界中具有可区分性的、能够唯一标识的逻辑单元。对象所代表的本体可能是一个物理存在，也可能是一个概念存在，例如，一粒米、一个人、一所学校、一个工程、一架飞机等。

从面向对象的观点来看，现实世界是由各式各样独立的、异步的、并发的实体对象所组成的，每个对象都有各自的内部状态和运动规律，不同对象之间或某类对象之间的相互联系和作用，就构成了各种不同的系统。

面向对象方法是基于客观世界的对象模型化的软件开发方法。在面向对象程序设计中，所谓对象，是一个属性(数据)集及其操作(行为)的封装体。作为计算机模拟真实世界的抽象，一个对象就是一个实际问题论域、一个物理的实体或逻辑的实体。在计算机程序中，一个对象可视为一个"基本程序模块"，因为它包含了数据结构及其提供的相关操作功能。

对象的属性是指描述对象的数据，可以是系统或用户定义的数据类型，也可以是一个抽象的数据类型。对象属性值的集合称为对象的状态(State)。

对象的行为是定义在对象属性上的一组操作方法(Method)的集合。该方法是指响应消息而完成的算法，表示对象内部实现的细节，方法的集合体现了对象的行为能力。

对象的属性和行为是对象定义的组成要素，有人把它们统称为对象的特性。无论对象是有形的或是抽象的、简单的或是复杂的，一般都具有以下特征：

(1) 具有一个状态，由与其相关联的属性值集合所表征。

(2) 具有唯一标识名，可以区别于其他对象。

(3) 有一组操作方法，每个操作方法决定对象的一种行为。

(4) 对象的状态只能被自身的行为所改变。

(5) 对象的操作包括自操作(施于自身)和它操作(施于其他对象)。

(6) 对象之间以消息传递的方式进行通信。

(7) 一个对象的成员仍可以是一个对象。

在上述列举的特征中，进一步严格地讲，前三条是对象的基本特征，后四条是特征的进一步定义说明。

在面向对象系统中，人们并不是逐个描述各个具体的对象，而是将注意力集中于具有相同特性的一类对象，抽象出这样一类对象的共同的结构和行为，进行一般描述，从而避免了数据的冗余。下面我们介绍类的概念和作用。

类是对象的抽象及描述，是具有共同属性和操作的多个对象的相似特征的统一描述体。类也是对象，是一种集合对象，我们称之为对象类(Object Class)，简称为类，它有别于基本的对象实例(Object Instance)。

在类的描述中，每个类有一个名字，要表示一组对象的共同特征，还必须给出一个生成对象实例的具体方法。类中的每个对象都是该类的对象实例，也就是说，系统运行时通过类定义属性初始化可以生成该类的对象实例。对象实例是自描述数据结构，每个对象都保存自己的内部状态，一个类的各个对象实例都能理解该所属类发来的消息。

对象类与对象实例的关系是如此密切，然而又有区别。如"白马非马"之论，一匹白马是马的一个实例，一匹白马是一个有血有肉的动物，而马是一个抽象概念。若进一步抽象，我们可以看到，名为"白云"的和名为"白雪"的白马是白马类的对象实例，从这个意义上讲，"白马"成了类。

类描述了数据结构(对象属性)、算法(方法)和外部接口(消息协议)，它提供了完整的解决特定问题的能力。例如，在图形处理过程中，一般需要程序控制的画笔，如钢笔类等，还要描述画笔的共性结构和信息：其属性数据包括墨水颜色、笔头粗细(线型)、起始位置等；其操作方法包括同一消息接口的多态性，对不同笔执行不同的算法，不同方向移动笔，不同图素的起、落笔及其消息响应描述等。

在一个面向对象系统中，没有完全孤立的对象，对象的相互作用的模式是采用消息传递来进行的。

消息(Message)是面向对象系统中实现对象间的通信和请求任务的操作。消息传递构成系统的基本元素，是程序运行的基本处理活动。一个对象所能接收的消息及其所带的参数，构成该对象的外部接口。对象接收它能识别的消息，并按照自己的方式来解释和执行。一个对象可以同时向多个对象发送消息，也可以接收多个对象发来的消息。消息只反映发送者的请求，由于消息的识别、解释取决于接收者，因而同样的消息在不同对象中可解释成相应的行为。

对象间传递的消息一般由三部分组成，即接收对象名、调用操作名和必要的参数。对象的相互作用，用一种类似于客户／服务器的机制把消息发送到给定对象上。换句话说，向对象发送一个消息，就是引用一个方法的过程。实施对象的各种操作，就是访问一个或多个在类对象中定义的方法。

消息协议是一个对象对外提供服务的规定格式说明，外界对象能够并且只能向该对象发送协议中所提供的消息，请求该对象服务。也就是说，请求对象操作的唯一途径是通过协议中提供的消息来进行。从具体实现上讲，消息分为公有消息和私有消息，而协议则是一个对象所能接收的所有公有消息的集合。

2. 封装性、继承性和多态性

在上述面向对象的基本概念的基础上，下面将对所有面向对象程序设计都具有的三个共同的特性进行分析说明，使读者对面向对象的概念和原理能够有进一步的认识和理解。

封装性(Encapsulation)是面向对象具有的一个基本特性，其目的是有效地实现信息隐藏。这是软件设计模块化、软件复用和软件维护的一个基础。

封装是一种机制，它将某些代码和数据连接起来，形成一个自包含的黑盒子(即产生一个对象)。一般来讲，封装包含如下三个方面：

(1) 一个清楚的边界，封装的基本单位是对象；

(2) 一个接口，这个接口描述该对象与其他对象之间的相互作用；

(3) 受保护的内部实现，提供对象的相应的软件功能细节，且实现细节不能在定义该对象的类之外。

面向对象概念提供了更好的软件构造的封装和组织方法。以类 / 对象为中心，既满足用户要求的模块原则和标准，又满足代码复用要求。在面向对象系统中，客观世界的问题论域及其具体成分，最终只表现为一系列的类 / 对象。

对象的组成成员中含有私有部分、保护部分和公有部分，公有部分为私有部分提供了一个可以控制的接口。也就是说，在强调对象的封装性时，也必须允许对象有不同程度的可见性。可见性是指对象的属性和服务允许对象外部存取和引用的程度。

面向对象程序设计技术鼓励人们把一个问题论域分解成几个相互关联的子问题，每个子问题(子类)都是一个自包含对象。一个子类(Subclass)可以继承父类的属性和方法，还可以拥有自己的属性和方法，子类也能将其特性传递给自己的下级子类，这种对象的封装、分类层次和继承概念，同人们在对真实世界认识的抽象思维中运用聚合和概括，是自然地映射并融洽地结合着的。所以，有些人认为面向对象程序设计使计算机走向"自然主义"，也不是没有根据的。

继承性(Inheritance)是面向对象的另一个重要概念和特性，它体现了现实世界中对象之间的独特关系。既然类是对具体对象的抽象，那么就可以有不同级别的抽象，从而形成类的层次关系。若用结点表示对象，用连接两结点的无向边表示其概括关系，则可用树形图表示类的层次关系，其中高层结点称为其下层结点的父类，下层结点称为高层结点的子类。继承关系可分为以下两种：单继承(Single Inheritance)和多继承(Multiple Inheritance)。子类仅对单个直接父类的继承叫作单继承。子类对多于一个的直接父类的继承叫作多继承。单继承的类层次是树形结构，如图 4.1(a)所示。多继承的类层次由树结构扩变为类格(Classlattice)，如图 4.1(b)所示。图 4.2 所表达的类与继承的实例说明了上述概念的应用。

继承性允许程序设计人员在设计新类时，只需考虑与已有的父类所不同的特性部分，而继承父类的内容为自己的组成部分。如果父类中某些行为不适用于子类，则程序设计人员可在子类中重写方法的实现。因此，继承机制不仅除去基于层次联系的类的共性的重复说明，提高代码复用率，还能使开发者把大部分精力用于系统中新的或特殊的部分设计，以便于软件的演进和增量式扩充。

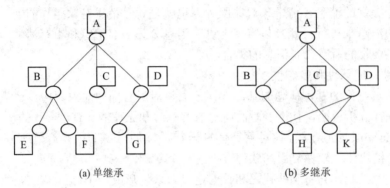

(a) 单继承   (b) 多继承

图 4.1 树型与类格的继承

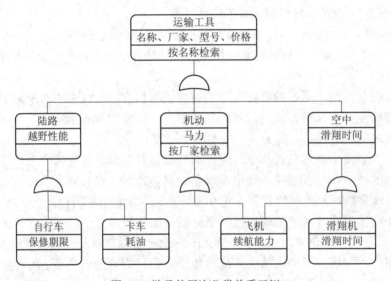

图 4.2 继承的层次分类关系示例

  面向对象的第三个特性是多态性(Polymorphism)。多态性原意是指一种具有多种形态的事物，这里是指同一消息为不同的对象所接收时，可导致不同的行为。多态性支持"同一接口，多种方法"，使高层代码(算法)只写一次而在低层可多次复用。面向对象的多种多态性方法的使用，如动态绑定(Dynamic Binding)、重载(Overload)等，提高了程序设计的灵活性和效率。在 C++中，利用多态性概念，使用函数名和参数类别来实现功能重载。例如，在业务管理系统中，常常需要打印不同形式的报表，用多个函数来处理不同对象；在面向对象系统中，只要用一个函数的不同参数就可以使之同各个对象相结合，分别实现相应的功能。

3. 概念内涵的区别

  在面向对象的基本概念中，有两对表达形式相似而内涵不同的术语，在这里我们也进行一些比较和说明。

关于类(class)和类型(type)，在现有的面向对象系统中，C++等系统支持类型概念，Smalltalk 等系统支持类概念。在面向对象系统中，类型概括了具有相同特性的一组对象的特征，是抽象数据类型的概念。它由接口和实现两部分组成，接口部分对用户是可见的，而实现部分只对设计人员是可见的。接口部分包括一组操作及用法说明，实现部分包括数据(对对象内部结构的描述)和操作(实现接口部分操作的过程)。类的说明与类型相同，但概念上有所不同，类以方法表现出其动态性，并且包含了"对象生成器"(或叫对象工厂，执行 NEW 操作产生新对象)和"对象储存器"(或叫对象仓库，表示类的一组对象实例，也称为类的外延)的概念。"类型"在常规程序设计语言中的作用主要体现在数据描述上，以作为保证程序正确性检查和提高程序效率的工具。而类的作用在于作为模拟手段，以统一的方式构造现实世界模型，因而类是系统的最高层，并且可在运行时刻操作。

消息传递和过程调用，在形式上相似，但有三点在本质上有所不同：① 消息传递必须给出关于通道的信息，即要显式地指明接收方，而过程调用的信道则是隐含的，其适用范围取决于变元；② 消息传递接收方是一实体，具有保持状态的能力，而过程调用则没有此要求；③ 消息传递可以是异步的，因而是并行的，过程调用的本质是串行的。

4.1.3　面向对象的分析方法

"面向对象"是一个认识论和方法学的基本原则。人对客观世界的认识和判断常常采用由一般到特殊(演绎法)和由特殊到一般(归纳法)两种方法，这实际上是对认识判断的问题论域对象进行分解和归类的过程。

面向对象分析(Object-Oriented Analysis，OOA)是面向对象软件工程方法的第一个环节，包括一套概念原则、过程步骤、表示方法、提交文档等规范要求。

OOA 的任务是采用面向对象方法，把对问题论域和系统的认识理解，正确地抽象为规范的对象(包括类、继承层次)和消息传递联系，形成面向对象模型，为后续的面向对象设计(Object-Oriented Design，OOD)和面向对象编程(Object-Oriented Program，OOP)提供指导。而且，OOA 与 OOD 能够自然地过渡和结合，也是面向对象方法值得称道的一个优点。

1．OOA 方法评介

促使人们从面向过程程序设计向面向对象程序设计方法转换的原因，是面向对象方法更适合于解决当今的庞大、复杂和易变的系统模型。自 20 世纪 80 年代后期以来，相继出现了许多 OOA 和 OOD 方法。尽管这些方法在概念和模型上不尽相同，但都是为建立系统的面向对象模型而进行的探索。评价这些方法主要是看它是否具有 OOA 的如下优点：

(1) 在人类思维组织的基本方法框架下定义并表达需求，直观性好。因为在分析工作中，人与人之间的交流除了"非技术因素"外，还需要一套共同的思维方法和便于交流的共同语言，而 OOA 比较好地改进了分析人员之间的交流。

(2) 集中精力于问题空间的理解和分析，有利于超越系统的复杂性困难。所建立的系统模型清晰，问题模型与程序中的类相对应，系统扩充和改造较为方便。

(3) 把属性和有关服务方法作为对象整体来看待，比较自然。特别重要的是，对象在问题论域中比较稳定，当需求变化时，可能需要增加新的对象，但原有的基本对象还可保留使用。

(4) 使用对象间的最小相关性来分析和说明。这有利于实行封装，并使 OOA 适应开发需求的变化，也有利于制作和提取可复用的部件。

(5) 通过对共性的显式表示而提高表达能力。抽象层次与后续 OOP 结合，编程思路清晰，特别有利于提高程序运行效率。

(6) 分析法与设计法密切配合建造一个问题域模型，两种方法具有一致性。

(7) 对系统族的适用性和可扩展性强。

2. OOA 步骤

面向对象分析的关键是对问题论域中事物的识别和它们之间相互关系的判定。根据设计进程和分析问题的繁简程度，把系统或问题分解成一些对象，并以消息传递的形式在各对象间建立联系。

基于面向对象的方法学原则进行系统分析时，我们一般要进行下列活动，或者说是如下的步骤：

(1) 分析确定并标识构成系统的各个组成部分(即对象)，并进行抽象分类。划分主题及类，是从大的单元来理解系统的，主题是一组类与对象，主题的大小应合适地选择。

(2) 分析确定每一组成部分(即对象)的结构，具体的分析原则是：① 按照一般-特殊结构，确定标识类间的继承关系；② 按照整体-部分结构，确定一个对象怎样由其他对象组成，或者是如何将一些对象组合成大对象。

(3) 认识并建立每一对象及其相互之间的关系。以应用为基础标识对象，定义对象的内部特征(属性、方法)，建立消息连接和实例连接。

(4) 分析对象的动态行为，规划并建立各组成部分(即对象)间的通信关系和接口协议形式。

(5) 进一步协调和优化各个组成部分的性能及相互关系，精炼候选的类／对象，使系统成为由不同部分(即对象)组成的最小集合。

(6) 分析、设计每个组成部分(即对象)的功能实现细节，检查分析模型的一致性和完整性。

在 OOA 中，同样要强调软件工程的事务分离原则(Principle of Separation of Concerns)，即将基本需求与实现区别开来。建立分析模型时，主要精力应集中于捕捉那些本质的或存在逻辑的系统需求，确定系统的基本行为。

3. OOA 模型

我们认为，OOA 过程是一个建立系统基本行为的过程，需要构造待开发系统的形式模型。

OOA 模型采用层次结构，共划分为五个层次，它们分别是：

(1) 对象-类层。

对象-类层表达待开发系统及其环境信息的基本构造单位，标出反映问题论域的对象和类，并用符号进行规范的描述，用信息提供者熟悉的术语为对象和类命名。

(2) 属性层。

属性层定义对象和某些结构中的数据单元，继承结构中所有类的公共属性可放于通用类中。标识对象必需的属性放在合适的继承层次上，实例连接关系和属性的特殊限制也应标识出来。

(3) 服务层。

服务层表示对象的服务或行为，即定义类上的操作。列出对象需要做什么(即方法)，给出对象间的消息连接(以箭头指示消息从发送者到接收者)，消息系列用执行线程来表达，服务用类似流程图的方式表达。

(4) 结构层。

结构层用于识别现实世界中对象之间的关系。当一个对象是另一个对象的一部分时，用"整体-部分"关系表示；当一个类属于另一个类时，用类之间继承关系表示。

(5) 主题层。

主题层用于管理大系统的一个方法。这里所说的"主题"可以看成子模型或子系统，可将相关类或对象分别归类到各个主题中，并赋予标号和名称。

总之，OOA 模型的基本要求是明确系统中应设立哪些对象/类，每一类对象的内部构成，各类对象与外部的关系，从而形成一个完整的模型图。在此基础上，开发人员还应按需要提供主题图，以帮助使用者能够在不同粒度层次上理解系统。

4．OOA 视图

因为传统的结构化分析图表示方法不适合表示面向对象的概念，所以，一些面向对象的技术专家提出了多种新的图示表示法。图 4.3 显示了本章所采用的面向对象表示法。

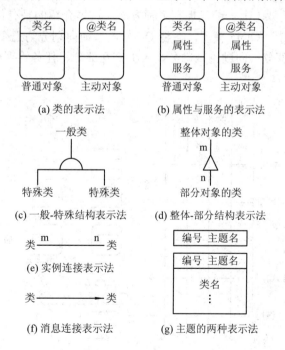

图 4.3　OOA 主要概念的表示法

5．OOA 提交

在正式完成 OOA 活动时，对系统提供模型化描述，具体地描绘其静态结构(对象模型)和动态功能，包括数据流图、实体-关系图、状态-迁移图(请参考 4.2 节的有关内容)。同时应当提交完整的 OOA 文档，包括下列主要成果：

(1) 书写用于指导设计和实现的分析方案说明；

(2) 精选的候选类清单；

(3) 提交数据词典；

(4) 使用 OOA 模型符号图示，绘制类图、主题图等；同时需要说明类间继承关系，对象间整体-部分关系和一般-特殊关系；

(5) 类定义模板(类的整体说明、属性说明、方法和消息说明)；

(描述可按 OOA 工具和 CASE 环境要求，填写对话框中的表格。)

(6) 指定优化规则。

4.1.4　面向对象设计初步

人们把设计视为定义系统的构造蓝图、约定和规则，以指导系统的实现。虽然我们在逻辑上将 OOA 与 OOD 先后排序，但事实上，二者是自然地紧密结合的，这也是面向对象方法的一个特点。OOA 与 OOD 的区别主要是，OOA 与系统的问题论域更加相关，OOD 与系统的实现更加密切。

本节简要介绍面向对象设计(OOD)的基本要略。

1. OOD 模型

关于建立 OOD 模型，上一节已提到多种方法。这里介绍的是有代表性的 OOD 方法，即扩展 OOA 模型以得到 OOD 模型，在将 OOA 模型横向划分为五个层次的基础上，再将系统纵向划分为四个部分：问题论域部分、人机交互部分、任务管理部分、数据管理部分，如图 4.4 所示。

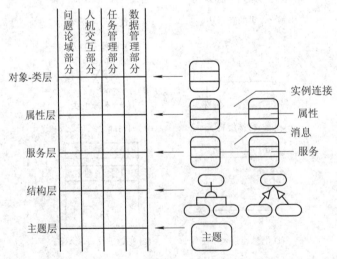

图 4.4　OOD 模型的总体结构

下面简要介绍这个 OOD 模型的各个部分：

(1) 问题论域部分，设计构造一组为底层应用建立模型的类和对象，细化分析结果；

(2) 人机交互部分，设计一组有关类接口视图的用户模型的类和对象，设计用户界面；

(3) 任务管理部分，确定系统资源的分配，设计用于系统中类的行为控制的对象／类；

(4) 数据管理部分，确定持久对象的存储，将对象转换成数据库记录或表格。

虽然这个 OOD 模型的总体结构的基本思路是简单的，但是我们应当重视并理解它，这对于学习和应用面向对象设计，养成良好的规范化设计风格，提高设计质量有着重要意义。

详细地确定对象和类是 OOD 的关键工作。一种有效的启发式方法是对需要提供的服务和问题陈述做语法分析。其中名词和名词短语可作候选对象，动词是候选的对象服务，形容词表示了可能的子类关系。寻找对象的策略和方法不少，但设计经验和技巧是非常重要的。

在分析和设计中，我们要注意遵循这样的原则：把构造由基本对象组装成复杂对象或活动对象的过程与分解大粒度对象使系统细化过程相结合；把抽象化与具体化结合起来，把独立封装与继承关系结合起来；等等。

2. 什么是优良的 OOD

在对 OOD 进一步讨论之前，我们先说明一个优良的 OOD 应具备的基本条件，这些也正是我们要努力达到的目标。

(1) 类和类的继承必须具有高度凝集性；

(2) 类与类之间的耦合应该很松散。只有一个例外，具有类的继承关系必须是紧密联系的，因而子类与父类要紧密耦合；

(3) 某个类的数据实现细节对于别的类来说应该是隐藏的；

(4) 设计应该具有最优的可重用性；

(5) 尽量使类、对象和方法的定义简单；

(6) 对所设计的类和类族，应注意保持其协议或接口的稳定性；

(7) 类的层次结构设计规模适度，不要太深或太浅；

(8) 系统整体规模要最小化。

3. 对象标识设计

在 OOD 中，一个必做的工作是标识对象／类。对象标识的目的是明确地区别对象，为适应模拟对象的复杂性，以便对象的组织和使用。要求在一个系统中，对象标识具备唯一性、稳定性和一致性。对象的表示方法如下：

(1) 以间接地址标识对象。在 Smalltalk 80 中，就是以对象指针指向一个对象表作对象标识，这种方法支持数据的独立性。

(2) 以结构化标识符标识对象。这类似于 C++的变量命名，标识隐式类/对象的层次及指示的逻辑范围。

(3) 以代名词标识对象。在 DBMS 中广泛采用这种使用关键字的做法，易于记忆，但也易于引起非唯一、非连续。

(4) 以内部编号码标识对象。

(5) 类似于指针的另一种对象标识是引用。引用将一个新的标识符与对象联系起来，使我们可以在程序中根据需要为对象重新命名。

应当说明，上述对象标识法中，有的方法是将标识与地址相混淆的，这带来的问题是，不能保证对象的永久存储和共享。C++的对象标识方法在实现上是使用对象的存储地址，在设计需要时应注意采取措施避免发生问题。

基于对象标识的特点，我们就可以区分"同一"和"等值"对象的概念。例如，批量生产的同型号产品是"等值"而非"同一"实体对象；如两个人使用同一台机器，这与两个人使用同型号的两台机器是两回事。因此，使用对象标识时，系统区别对象的"同一"和"等值"是把具有相同标识的对象视为同一个对象，而值相等的对象则应具有不同的标识符。

4. 复杂对象的构造设计

多媒体系统和工程系统的面向对象程序设计中，常常需要定义复杂对象及其联系，对其描述往往导致更多层次对象(类)。对象模型的结构设计，要注意以对象本身的自然表达方式为出发点，将对象按照结构层次、功能性质和操作行为划分成不同的类，建立所有类的有向无环图。

一般来讲，复杂对象具有多种数据结构，可分解为多层次低层对象，或者是不同层次的部件，每个部件对象又可参与其他对象的构成，为多方共享，还可按照各种特性定义，相应地归入不同的类。概念设计的目的在于定义抽象对象的关系结构，常用的方法如下所述。

(1) 分类。

分类是依据共同的行为将对象进行分组。一个分类由一个特定的断言来定义，是呈现这种行为特征的对象的集合。如何选择模型分类是设计中的一个焦点，这要同系统的总体规划设计一起统筹安排。

(2) 概括。

概括是从某些具有共性的对象或类中抽象出高层次的类。反之，由高层次类可以衍生出低层次的对象或子类，它们之间是"is-a"关系，即高层是低层的抽象，低层是高层的实例化。例如，对苹果、梨、香蕉、柑橘等可概括为一个对象——水果，这是一种语义概括。

(3) 聚集。

聚集是从有联系的成分对象构造抽象对象，表示一个对象可从结构上划分为多个部分(部件)，它们是"拥有"或"由……组成"联系，即"整体-部分"关系。这种结构划分可以逐层化，形成类的层次结构。当设计者考虑聚合链路内部关系时，可以表达更加丰富的语义。设计时，聚集类的命名往往用联系中的动名词。例如，甲地、乙地、汽车、货物，其联系是汽车在甲地到乙地之间运货物，这四个对象成分的聚集对象可命名为"运输"。其中，汽车和货物又可进一步分类，如货物可分为机电、食品、服装等，而这些概括性对象(类)还可进一步实例化，形成类层次关系。

值得注意的是，在刚开始学习面向对象设计时，往往容易把类的层次设计得过深，从而带来实现上的不少困难和其他问题，这不是好的风格，设计时应有意识地力求避免发生这种情况。

5. 一个 GIS 的 OOD 模型实例

本节将结合具体实例，从感性上进一步帮助读者理解上述概念和原则。我们以一个多媒体地理信息系统的模型为例进行介绍。

地理信息系统(Geography Information System，GIS)是一个对地理信息进行存储、管理、分析、加工的复杂计算机应用系统。GIS 处理的数据信息涉及大量图文表示和空间要素分析。

传统的程序设计思想已无法适应这样复杂的多媒体系统。利用面向对象设计方法可以对 GIS 要素加以合理的抽象，并且这种抽象在概念上是自然的、简洁的、易于理解的。

下面将地形要素进行抽象，反映到计算机中来。实际的地形环境是数字地形模型。地形要素的变换即是地形对象的操作(方法描述)，地形要素的可量度性即是地形对象的属性，地形要素即是地形对象。按照地形学的分类原则及应用要求，例如导航应用，可将地形环境中各种地形要素分类抽象为测量点、障碍物、道路、铁路、河流、湖泊、植被等不同的类，再根据点、线、面等特征进行类的层次划分，从而构成一个分层结构的面向对象模型，图 4.5 是该地理信息系统 OOD 模型的分类结构。

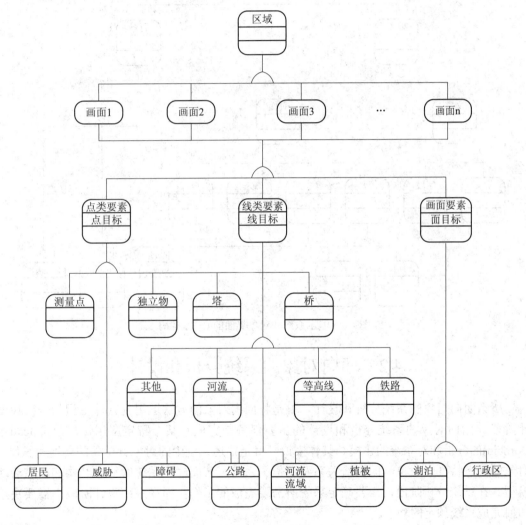

图 4.5 地理信息系统 OOD 模型的分类结构

按照面向对象的概念和方法，我们把各个对象的共同特征要素都封装在类对象中，并通过继承机制来获得上一层类对象的公共性质，避免了对属性和操作的重复性描述。我们可以利用 C++的虚函数机制，将地形对象的各种基本操作(显示、平移、放缩、旋转、修改、定位、查询等)定义在通用类中，并且能够依照具体情况，通过多态性和动态联编的功能，实现用户所需要的不同版本。这样，在该定义的操作接口上，就可以实现对所有地形对象的统一访问管理。

假定根据 OOA，要求为该系统提供一个演示子系统，我们可以使用一般演示系统的面向对象设计结构，在可重用部分的基础上进行设计。一般演示系统的对象界面的 OAA 结构如图 4.6 所示。

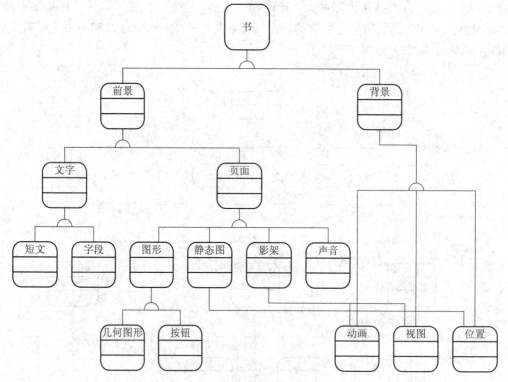

图 4.6　演示系统的对象界面的 OOA 结构

4.2　面向对象的系统分析和设计

所谓面向对象的系统分析和设计，就是将面向对象的方法运用到软件工程的分析和设计阶段。面向对象的系统分析和设计的主要任务是完成对某个特定应用论域(Application Domain)的分析和对系统的建模。具体来说，就是描述系统中的对象、对象的属性和操作、对象的动态特性、对象间的构造关系及通信关系等，从而建立系统的静态结构和动态活动模型。在系统分析阶段，需要确定系统所需要完成的工作；而在系统设计阶段，需要决策如何完成系统预定的功能。

系统分析和设计是为了开发一个软件系统，其考虑较多的是如何开发一个完整的自动信息系统。该系统包括硬件、软件、人、过程和数据五个组件。虽然这五个组件在不同的系统中有不同的比例分配，但是它们几乎存在于所有类型的系统中。因此，在系统分析和设计中，对这五个组件及其相互间关系应给予足够的重视，否则极有可能导致系统失败。

系统分析和设计的最终目标是推出一个可被接受的自动信息系统，该系统可用于以下几种软件中的一种或多种：

(1) 系统开发所期待的事务领域内的软件；

(2) 面向零售商、邮购客户等进行出售的软件；

(3) 为一个事务所开发的产品内部的软件。

在以上三个应用中，自动信息系统的其他四个部件——硬件、数据、过程和人，必须被精心地分析和设计，以便能够与软件较好地进行配合并协调工作。

面向对象分析就是运用面向对象方法进行需求分析。系统分析过程是在软件工程的环境中建立基本系统行为的过程，其基本目标是按照某种机制，构造待开发软件系统的模型，捕捉系统最基本的需求。在系统分析阶段建立的系统模型应该清晰地体现各种需求，为软件开发提供基础，并成为后续的设计和实现等阶段的框架。因此，在面向对象分析中需要完成的基本任务是运用面向对象方法，分析和理解问题论域、系统责任，正确认识其中的事物和它们之间的关系，识别出描述问题论域及系统责任所需的类及对象，定义这些类和对象的属性与服务，以及它们之间所形成的结构、静态联系和动态联系，最终产生一个符合用户需求并能直接反映问题论域和系统责任的 OOA 模型及其详细说明。

系统分析指研究一个事务的问题和需求，以便确定硬件、软件、人、过程和数据如何能够最佳地改进事务。改进事务主要体现在以下三个方面：

(1) 增加事务的回报和(或)利润；

(2) 降低事务的消耗；

(3) 提高事务所提供服务的质量。

在系统分析中，必须时刻谨记这三个方面内容，它们是系统分析可以对事务做出贡献的物质途径。

在面向对象系统设计中，系统分析的模型描述了某个特定应用论域中的对象，以及各种各样的结构关系和通信关系。其中，论域指的是将要被计划、分析、设计并最终作为一个自动的信息系统而执行的事务问题或功能。问题论域指的是被开发的应用系统所考虑的整个业务范围。此处，系统指的是相互联系的一组部件，这些部件是为了实现一个共同的目标而组合在一起协同工作的。在现实生活中，系统无处不在，错综复杂。为了认清问题的真实面目，抓住问题的本质，我们可以通过系统分析，对真实系统进行简化，建立系统模型。系统模型一般包括以下六个组成部分：系统输入、处理过程、系统输出、系统控制、系统响应和系统界面，如图 4.7 所示。

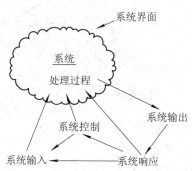

图 4.7　系统的基本组成部分及相互间的关系

在一个系统中，使用预定义的系统控制，系统将在其界面处接收一定的系统输入，然后经过一定的处理过程，形成一定的系统输出，并提供一组系统响应机制来激活所需的相关动作。最常见的系统是信息系统。信息系统是人工系统的一种，它可以被一个或多个人使用，以完成某项特定的任务。信息系统的形状和尺寸千变万化，其功能及实现只受人类想象的限制。而自动信息系统则将计算机的硬件和软件作为系统的一部分，将这些资源综合利用。信息系统的基本组件是数据、功能和行为。其中数据可以是输入数据、输出数据或系统内所存储的数据；功能指的是所执行的事务动作；行为指的是对请求所做的可观察的效果。

系统设计是软件设计的首要阶段，在该阶段，需要选择解决问题的基本方法，并从高层到低层逐步进行细化。在系统设计期间，需要确定整个系统的结构和风格。所谓的系统结构是指一个系统的全面的组织形式，即将系统划分为子系统的全部的组织结构，这些结构提供了更细化的决策和后续设计阶段的依据。将高层决策应用于系统，可以把整个系统分解为若干子系统，使得后续的系统开发工作可以由不同的设计者在不同的子系统中独立完成。针对不同的应用类型，存在不同的公共结构风格与之相适应。

系统分析和设计是由多个必需的步骤组成且为创建一个成功的信息系统服务的过程。图 4.8 是一个系统分析、设计和实施的一般模型。该模型包括三个主要的要素：活动(分析、设计和实施)、活动中所涉及的人(客户、信息技术人员)和输入输出(图中所有带有标号的区域)。图中对输入输出进行标号是为了提供一个标准事件序列的可视化流程。该系统分析和设计的模型是这样工作的：一个客户遇到一个他(她)认为可以在信息系统的帮助下解决的问题，并展开分析活动；在信息技术人员的帮助下，客户将问题的本质通过书面的形式表达出来；随着系统分析工作的进行，信息技术人员利用系统分析的问题定义技巧，并将用户的需求进行归档，形成一份需求文档(Requirements Specification)，该文档描述了系统应该完成的工作；接着，在客户和信息技术人员的共同参与下，需求指定文档付诸设计，信息技术人员开发出信息系统的详细蓝图；一旦详细蓝图设计完毕，信息系统便付诸实施，在系统实施过程中，软件被创建、测试，最终投入运行。系统实施的最后成果是形成完整的信息系统，并将该系统递交客户供其使用。

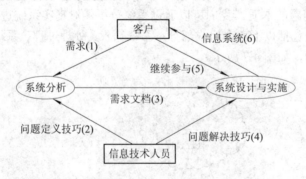

图 4.8 系统分析、设计和实施的一般模型

系统分析，可以分为以下步骤：

(1) 系统计划：寻求可以对事务产生更大利益的同等的或更优的技术和事务应用。

(2) 可行性研究(可选)：从技术、操作和经济等各方面综合考虑，确定开发一个信息系统的优点，并分析其目标、客观情况及限制条件，确定该项目是否可行。有时，若项目是由于内部或外部的因素而带有强制性的性质时，该步骤可以省略。

(3) 需求分析：需求分析是系统分析过程中最重要且最困难的步骤，也是整个系统分析和设计过程中最重要和最困难的步骤。在该阶段，系统分析员和客户一起确定信息系统的需求并进行归档。

(4) 客户接受：客户正式或非正式批准需求文档。

(5) 原型设计(可选)：为了更好地理解客户的要求或增加客户接受预期系统的可能性而开发信息系统原型。

系统分析阶段结束后，应该提交的成果有需求指定文档和系统原型(可选)。

系统分析和设计应该遵循的原则如下：

(1) 系统的开发是面向客户的，应从客户的角度考虑。

(2) 诸如开发生命周期之类的产品，更新换代机构应该在所有的信息系统开发项目中建立起来。

(3) 信息系统开发的过程并不是一个顺序的过程，它允许步骤的重叠、倒转等。

(4) 如果系统的成功可能性受到很大限制时，应取消整个项目。

(5) 文档材料是系统开发生命周期各阶段中重要的可递交成果，应加以重视。

以上是一些总体性的介绍，为了使读者能够较好地掌握面向对象分析和面向对象设计的方法，在本章中，我们采用 Coad / Yourdon 的 OOA 图示法，说明面向对象分析和面向对象设计的方法和步骤。

4.3 系统分析方法

4.3.1 OOA 过程模型

面向对象分析需要将真实世界进行抽象，通过问题的叙述，将真实世界系统加以描述。面向对象分析的目的是为了构造一个系统属性和系统行为的模型，该模型是根据对象和对象之间的关系、动态控制和功能转移来确定的。为此，OOA 过程应该包含以下步骤：

(1) 得到问题论域的初始化描述(问题叙述)。

(2) 识别对象，定义它们的类。

(3) 识别对象的内部特征，创建数据字典(包含类、属性和关联的描述)：

① 定义属性；

② 定义服务。

(4) 识别对象的外部特征：

① 建立一般-特殊结构；

② 建立整体-部分结构；

③ 建立实例连接；

④ 建立消息连接。

(5) 划分主题，建立主题图。

(6) 定义 Use Case，建立交互图：

① 发现活动者、系统边界；

② 定义 Use Case，反映怎样使用系统及系统向用户提供哪些功能；

③ 建立交互图。

(7) 建立详细说明。

(8) 原型开发。

值得注意的是，以上所列的 OOA 过程的各个步骤并没有特定的次序要求，它们可以交互地进行，系统分析员可以按照自己的工作习惯决定 OOA 过程的次序。不强调步骤的次序，允许各步骤交替进行，这正是 OOA 方法的一个特点。OOA 过程的各步骤的次序是任意的，但考虑到各步骤的特点及相互的衔接，我们对 OOA 过程的各步骤安排给出一种建议，OOA 过程模型示意图如图 4.9 所示。

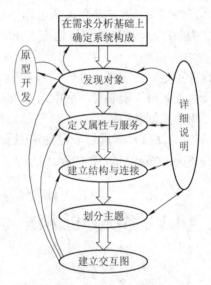

图 4.9　OOA 过程模型

在图 4.9 中，主干线上的步骤体现了一种可供参考的次序安排，它的拓扑结构表明了这些步骤可以进行回溯和交替。

以下将结合典型例子对面向对象分析过程的各个步骤的主要内容及主要方法进行讨论。在面向对象分析的各个步骤中，频繁使用到类、对象及其联系的概念及图示表示法，这些内容在 4.1 节中已进行了讨论，此处将不再重复。

4.3.2　研究问题论域及用户需求

系统分析的基本出发点是问题论域及用户需求，面向对象系统分析也不例外。在面向对象系统分析中，研究问题论域及用户需求的主要目的是通过对问题论域的深入研究，建立一个能够满足用户需求的系统模型。

面向对象系统分析强调系统模型与问题论域的高度对应，对问题论域的研究贯穿于整个面向对象系统分析工作中。面向对象系统分析的主要活动——发现对象、定义对象/类等工作都要通过对问题论域的研究来完成。对问题论域的研究一般可以通过以下工作来完成：

(1) 亲临现场，通过观察掌握第一手材料。

(2) 认真听取问题论域专家的见解。

(3) 阅读与问题论域有关的材料，学习相关领域的基本知识。

(4) 借鉴相关或相似问题论域已有系统的 OOA 文档。

用户需求指的是用户对所要开发的系统提出的各种要求和期望，包括系统的功能、性能、可靠性、保密要求、交互方式等技术性要求，以及资金强度、交付时间、资源使用限制等非技术性要求。其中，系统分析阶段需要着重考虑的是用户对系统功能的要求。在进行面向对象系统分析之前，系统分析员应获得一份正确地表达用户需求、符合国家标准、行业标准及企业内部规范的需求文档。当用户提交的文档不够详细、不太准确或不规范的情况下，系统分析员需要与用户、其他有关人员配合，制定出一份能正确地反映用户需求并符合标准规范的需求文档。在对用户需求的研究中，系统分析员需要解决如下问题：系统需要提供哪些功能；系统要达到何种性能指标；系统的可靠性、安全性、人机交互等要求是什么；系统的对外接口是什么；等等。除此之外，在该阶段还应划出开发系统和与该系统打交道的人或设备之间的明确界限，并确定它们之间的接口。

4.3.3　对象识别的客观性方法

利用面向对象程序设计技术可以显著地提高软件开发的质量和生产效率，但它必须在正确识别了对象集合的基础上才得以实现。对于一个给定的应用论域，一个合适的对象集合能够确保软件的可重用性，提高可扩充性，并能借助面向对象的开发模式，提高软件开发的质量和生产效率。如果没有一个科学的对象识别的客观性方法，就不能充分发挥面向对象程序设计方法的优势。

在对象识别中最为关键的是正确地运用抽象原则。面向对象分析用对象来映射问题论域中的事物，但并不是问题论域中的所有事物都需要用对象来进行映射，系统分析员应紧密围绕系统责任这个目标对问题论域中的事物进行抽象，对这些事物进行取舍，识别出反映系统特征的对象。取舍的准则是问题论域中的事物及其特征是否与当前的目标有关。

在 OOA 中运用抽象原则，首先要舍弃与系统责任无关的事物，保留与系统责任有关的事物；其次，还要舍弃与系统责任有关的事物中与系统责任无关的特征。判断事物及其特征是否与系统责任相关的准则：该事物是否为系统提供了一些有用的信息或需要系统为其保存和管理某些信息；该事物是否向系统提供了某些服务或需要系统描述它的某些行为。正确地进行抽象还需要考虑将问题论域中的事物映射成什么对象以及如何对这些对象进行分类的问题。

为了尽可能识别出系统所需要的对象，在系统分析的过程中应采用"先松后紧"的原则。系统分析员首先应找出各种可能有用的候选对象，尽量避免遗漏，然后对所发现的候选对象逐个进行严格的审查，筛选掉不必要的对象，或者将它们进行适当的调整与合并，使系统中的对象和类尽可能紧凑。

在寻找各种可能有用的候选对象时，主要的策略是，从问题论域、系统边界和系统责任这三个方面出发，考虑各种能启发自己发现对象的因素，找到可能有用的候选对象。在问题论域方面，可以启发分析员发现对象的因素包括人员、组织、物品、设备、事件、表格、结构等。在系统边界方面，应该考虑的因素包括人员、设备和外部系统，它们可以启发分析员发现一些系统与外部活动所进行的交互，并处理系统对外接口的对象。在系统责任方面，对照系统责任所要求的每一项功能，查看是否可以由已找出的对象来完成该功能，在不能完成该功能时增加相应的对象，这可以使系统分析员尽可能全面地找出所需的各种对象。

在找到许多可能有用的候选对象之后，需要进行的工作是对它们逐个进行审查，分析它们是否为 OOA 模型真正所需要的，从而筛选掉一些对象，或精简及合并一些对象，以及将一些对象推迟到 OOD 阶段再进行考虑。在舍弃无用对象时，对于每个候选对象，判断它们在系统中是否为真正有用的准则是，它们是否为系统提供了有用的属性和服务。在进行判断的同时，也可以使系统分析员认识对象的一些属性和服务，并将这些属性和服务填写到相应对象的类符号中。虽然这并非本阶段所要求进行的工作，但 OOA 的各个步骤之间并没有严格的界限和次序规定，在进行某项步骤的同时兼顾其他阶段的工作将提高整个 OOA 过程的效率。如果选出的对象过多，使得系统的复杂性大大增加，对象的精简工作便成为必要。在精简的过程中，对于只有一个或少数几个属性的对象，应考虑是否可以将它们合并到引用它们的对象之中；而对于只有一个或少数几个服务的对象，如系统中只有一个其他类的对象请求这个服务，则可以考虑将该对象合并到请求者对象中去。

对于候选对象中那些与具体的实现条件密切相关的对象，如图形用户界面(GUI)系统、数据库管理系统，与硬件及操作系统有关的对象，应推迟到 OOD 阶段进行考虑，不要在 OOA 模型中建立这些对象，以确保 OOA 模型可以独立于具体的实现环境而只与问题论域相关。

在找到系统中所需的对象之后，建立它们的类便是一件相对来说比较简单的工作了。从识别对象到定义它们的类是一个从特殊个体上升到一般概念的抽象过程，我们需要为每一种对象定义一个类，并用一个类符号来表示，同时还应把类属性和服务填写到类符号中，以得到这些对象的类。在定义对象类时，有时需要对一些异常情况进行检查，必要时应做出修改和调整。对于类的属性或服务不适合该类的全部对象，应该重新进行分类；对于属性及服务相同的类，则可以进行合并；对于属性和服务相似的类，则可以考虑建立一般-特殊结构或整体-部分结构，利用类的继承及派生对这些类进行简化；在遇到对同一事物进行重复描述的类时，应对某一类进行适当的改造而去除冗余的类。在定义类时，还应注意类的命名原则。类的名称(类名)应符合这个类所包含的每一个对象，应反映每个对象个体，而不是群体；类名应采用名词或带有定语的名词，而不应采用动词；类名应采用规范词汇和问题论域专家及用户惯用的词汇，应避免使用毫无意义的字符或数字作为类名。

4.3.4 识别对象的内部特征

对象的内部特征包括对象的属性和服务。识别对象的内部特征包括识别对象的属性与服务这两个部分的工作。

问题论域中事物的特征可分为静态特征和动态特征。静态特征可以通过一组数据来表示，而动态特征则可以通过一系列操作来表示。面向对象方法用对象来抽象问题论域中的事物，相应的对象属性和服务则与事物的静态特征和动态特征相对应。对象的属性是描述对象静态特征的数据项，而对象的服务则是描述对象动态特征(行为)的操作序列。对象的属性和服务描述了对象的内部细节，只有给出了对象的属性和服务，才能说对于该对象有了确切的认识和定义。

按照面向对象方法的封装原则，一个对象的属性和服务是紧密结合的，对象的属性只能由该对象的服务进行访问，即确定对象状态的属性数据应该是 Private 型(或 Protected 型)。而对象的服务可以分为内部服务和外部服务，与之相对应的是 Private 型(或 Protected 型)和 Public 型。内部服务只供对象内部的其他服务使用，不能在外部进行调用；而外部服务则对外提供一个消息接口，通过这个接口接收对象外部的消息并为之提供服务。

| 类 名 |
| 属性 1 |
| ⋮ |
| 属性 n |
| 服务 1 |
| ⋮ |
| 服务 n |

图 4.10　属性和服务的表示法

对于对象的属性和服务，面向对象方法提供了专门的表示方法：对象的属性用在类符号中部填写的各属性的名称表示；而对象的服务则用在类符号的下部填写的各服务的名称表示。图 4.10 是对象的属性和服务表示法的示意图。

1. 定义对象的属性

由于面向对象方法具有对象复用这个巨大的优势，因此在定义对象的属性时可以先借鉴以往 OOA 的成果，查看相同或相似的问题论域是否有已开发的 OOA 模型，尽可能复用其中同类对象的属性定义。然后，研究当前问题论域和系统，针对本系统应该设置的各类对象，按照问题论域的实际情况，以系统责任为目标进行正确的抽象，从而找出各类对象应有的属性。

对象应具有的属性可以从以下角度去确定：

(1) 按一般常识，该对象应具有哪些属性。

(2) 在当前问题论域中，该对象应具有哪些属性。

(3) 根据系统责任的要求，该对象应具有哪些属性。

(4) 确立该对象是为了保存和管理哪些信息。

(5) 对象为了在服务中实现其功能，需要增设哪些属性。

(6) 是否需要增设属性来区别对象的不同状态。

(7) 用什么属性来表示对象的整体-部分联系和实例连接。

对于找到的对象属性，还应进行严格的审查和筛选，才能最终确定对象应具备的属性。在审查和筛选中，应考虑的问题有：

(1) 该属性是否体现了以系统责任为目标而进行的抽象。

(2) 该属性是否描述了对象本身的特征。

(3) 该属性是否破坏了对象特征的"原子性"。

(4) 该属性是否通过类的继承而得到。

(5) 该属性是否可以从其他属性推导得到。

在确定了对象属性之后，应对各属性命名加以区别。属性的命名在词汇的使用方面与类的命名原则基本相同。在工作的最后，应在类描述模板中给出每个属性的详细说明。该说明包括以下信息：

(1) 属性的解释。

(2) 属性的数据类型。

(3) 属性所体现的关系。

(4) 属性的实现要求和其他。

2. 定义对象的服务

定义对象的服务和 OOA 的其他活动一样,可以先借鉴以往同类系统的 OOA 成果,再研究问题论域和系统责任以明确各个对象应该设立哪些服务以及如何定义这些服务。

在定义对象的服务时,应注意以下问题:

(1) 考虑系统责任,审查各项功能要求,并确定相应的对象和服务。

(2) 考虑问题论域,确定应设立哪些服务来模拟那些与系统责任有关的行为。

(3) 分析对象的状态,确定实现对象状态转换的对象服务。

(4) 追踪服务的执行路线,发现可能遗漏的服务。

在初步确定对象的服务之后,还必须对所确定的服务进行详细的审查,并最终确定所需的对象服务。在对对象的服务进行审查中,应着重审查以下两点:

(1) 审查每个服务是否真正有用。一个有用的服务或者直接提供某种系统责任所要求的功能,或者响应其他对象服务的请求而间接完成这些功能的某些局部操作。不满足这些条件的服务是无用的,应该舍弃。

(2) 审查一个服务是否只完成一项明确定义的、完整而单一的功能。如果一个服务中包括了多项可以独立定义的功能,则应将它分解为多个服务。若发现把一个独立的功能分割到多个对象服务中去完成的情况,应将对象的服务加以合并,使一个服务对它的请求者体现一个完整的行为。

与类和属性的命名不同,服务的命名应采用动词或动词加名词组成的动宾结构,服务名应尽可能准确地反映该服务的职能。

在定义对象服务的最后,还应在类描述模板中给出各服务的详细说明。服务的详细说明中应包含以下一些主要内容:

(1) 服务解释:解释该服务的作用及功能。

(2) 消息协议:给出该服务的入口消息格式。

(3) 消息发送:指出在该服务执行期间需要请求哪些别的对象服务。

(4) 约束条件:该服务执行的前置、后置条件以及执行事件等需要说明的事项。

(5) 服务流程图:较复杂的服务,需要给出该服务执行流程的服务流程图。

在识别对象内部特征的最后,应把每个对象的属性和服务都填写到相应的类符号中去,构成类图的特征层。而对特征层的描述,则是在类描述模板中对每个对象属性和对象服务的详细说明。

4.3.5 识别对象的外部特征

系统是由一系列的类和对象构成的,各个类和对象之间存在一定的关系,这些关系在 OOA 模型的关系层中得到体现。只有定义和描述了各个类和对象以及各对象之间的关系,才能构成一个完整的、有机的系统模型。

对象(以及它们的类)与外部的关系有如下四种:

(1) 一般-特殊关系(继承关系),即对象之间的分类关系,用一般-特殊结构表示。

(2) 整体-部分关系,即对象之间的组成关系,用整体-部分结构表示。

(3) 静态连接关系，即通过对象属性所反映出来的联系，用实例连接表示。

(4) 动态连接关系，即对象行为之间的依赖关系，用消息连接表示。

表示上述关系的两种结构和两种连接将构成 OOA 模型的关系层。以下我们将分别对它们的定义进行讨论。

1. 定义一般-特殊结构

一般-特殊结构又称为分类结构，是由一组具有一般-特殊关系(继承关系)的类所组成的结构，一般用一般-特殊结构连接符来连接结构中的每个类。

为了发现一般-特殊结构，可以借鉴同类问题论域以往的 OOA 成果，发现可复用的系统成分，同时还应采用如下策略：

(1) 学习问题领域的分类学知识，按照问题领域已有的分类学知识，找出与之对应的一些一般-特殊结构。

(2) 按常识考虑事物的分类，从而发现一般-特殊关系。

(3) 考察类的属性与服务，若一个类的属性与服务只能适合该类的一部分对象，则应从这个类中划分出一些特殊类；若两个或两个以上的类含有一些共同的属性和服务，则可以考虑将这些共同的属性和服务提取出来，构成一个在概念上包含原先那些类的一般类。

(4) 考虑领域范围内的复用，在更高水平上运用一般-特殊结构，使本系统的开发能贡献一些可复用性更强的类构件。

在找到一系列候选的一般-特殊结构后，还应逐个对它们进行审查，从而舍弃那些不合适的结构或对它们进行调整。进行审查的原则如下：

(1) 问题论域是否需要这样的分类。

(2) 系统责任是否需要这样的分类。

(3) 这种分类是否符合分类学的常识。

(4) 这种分类是否构成了继承关系。

一般-特殊结构把问题论域中具有一般-特殊关系的事物组织在一起，使得 OOA 模型更加清晰地映射问题论域中的事物。它在一般类中集中地定义对象共同特征，通过继承简化了特殊类的定义，但也不是无代价的，如无节制地建立一般-特殊结构，将使系统中类设置过多，增加了系统的复杂性，且建立过深的继承层次，将增加系统的理解难度和处理开销。因此，对结构中的每一对有继承关系的类，应权衡其得失，进行较好的协调。

2. 定义整体-部分结构

整体-部分结构又称组装结构，用于描述系统中各类对象之间的组成关系。通过它可以了解哪些类的对象使用了其他类的对象，并作为其组成的一部分。

问题论域中的事物之间的组成关系可以表现为多种方式，因而从不同方式去考虑事物之间的组成情况是发现整体-部分结构的基本策略。在定义整体-部分结构时，应考虑以下几个方面：

(1) 物理上的整体事物和它的组织部分。

(2) 组织机构和它的下级组织部分。

(3) 团体组织和成员。

(4) 一种事物在空间上包含其他事物。

(5) 抽象事物的整体和部分关系。

(6) 具体事物和它的某个抽象方面。

在发现了一系列候选的整体-部分结构后，需要对其进行严格的审查和筛选，以确定最终采用的整体-部分结构。在审查时需要考虑以下方面：

(1) 该结构是否属于问题论域。

(2) 该结构是不是系统责任所需要的。

(3) 部分对象是不有一个以上的属性。

(4) 该结构中对象之间是否有明显的整体-部分关系。

在定义整体-部分结构时可能会发现一些新的对象的类，或者从整体对象的类定义中分割出一些部分对象的类，这时应把它们加入对象层中，并给出它们的详细说明。对于每个整体-部分关系，应在整体对象中增加一个属性来表明它的部分对象，且在该属性的详细说明中给出这个属性的数据类型。

3. 定义实例连接

实例连接用于表达对象之间的静态联系，即通过对象属性来表示一个对象对另一个对象的依赖关系。实例连接是对象实例之间的一种二元关系，在OOA模型中需要在具有这种实例连接关系的对象/类之间统一地给出这种关系的定义。在 OOA 模型中，通常在具有实例连接的类之间画一条连接线把它们连接起来，用来表示两类对象之间不带属性的实例连接，在连接线旁边注明连接名，并在连接线的两端用数字标明其连接的一对一、一对多及多对多的多重性。实例连接一般可以用对象指针或对象标识来实现，即在被连接的两个类中选择其中的一个，在它的对象中设立一个指针类型的属性，用于指向另一个类中与它有连接关系的对象实例。

为了建立实例连接，应该进行如下的分析活动：

(1) 分析对象之间的静态联系；

(2) 分析实例连接的属性与操作；

(3) 分析实例连接的多重性；

(4) 分析多元关联和多对多实例连接等异常情况。

如果在建立实例连接的过程中可能增加一些新的对象的类，应把这些新增的类补充到类图的对象层中，并建立它们的类描述模板。由于仅依靠OOA模型中的一条连接线和实例连接名不能详尽地表达出该连接，所以必须附加详细说明。

4. 建立消息连接

在软件系统中，消息指的是一个软件成分向其他软件成分发出的控制信息或数据信息。一个消息应具有发送者和接收者共同约定的语法和语义。接收者在收到消息后，将按照该消息的要求做出某种响应。在 OOA 方法中，按严格封装的要求，消息是对象之间在行为上唯一的联系方式。对象以外的成分不能直接地存取该对象的属性，只能向这个对象发送消息，由该对象的一个服务对接收到的消息做出响应，完成发送者所要求的动作。在 OOA 模型中，用带箭头的有向线段表示消息连接，并从消息的发送者指向消息的接收者。

在OOA模型中建立消息连接包括建立每个控制线程内部的消息连接和建立各个控制线程之间的消息连接，以下将分别进行介绍。

1) 建立控制线程内部的消息连接

建立控制线程内部的消息连接的基本策略是"服务模拟"和"执行路线追踪",具体做法是从类图中每个主动对象的主动服务开始做如下工作:

(1) 人为地模拟当前对象服务的执行,检查对象为了完成当前的工作,是否需要对其他对象发出新的请求,如有新的请求则是发送了一种新的消息。

(2) 分析该消息的发送者与接收者在执行时是否输入同一个控制线程。

(3) 在当前服务的详细说明中指出由它发出的每一种消息的接收者,并从当前服务所在的类向所有接收消息的对象的类画出消息连接线。

(4) 沿着控制线程内部的每一种消息追踪到接收该消息的对象服务。重复以上工作,按宽度优先或深度优先的原则,进行穷举式搜索,直到将已发现的全部消息都经历一遍。

当从每个主动对象服务开始的服务模拟和执行路线跟踪都进行完毕时,需要对全系统中的对象的类做一次检查,确定每个类的每个服务都曾经到达并模拟执行过。如果某个服务从未到达过,则有两种可能:一种可能是这个服务是多余的;另一种可能是遗漏了向这个服务发出的消息。最后,补充遗漏的消息并删除确实无用的服务。

2) 建立控制线程之间的消息连接

建立控制线程之间的消息连接仅仅在并发系统的分析中需要,且它是在建立了控制线程内部的消息连接之后进行的。在进行对象服务模拟和执行路线追踪时,可能会发现一些控制线程之间的消息,但为了全面找出控制线程之间的消息连接,还需要进行更全面的分析。

在建立控制线程之间的消息连接时,系统分析员可以将已经找出的,源于主动对象的控制线程作为并发执行单位,对整个系统的动态执行情况进行全局的观察,从而发现这些控制线程之间需要哪些消息。对每个控制线程,主要应该考虑以下问题:

(1) 线程在执行时,是否需要请求其他控制线程中的对象为它提供某种服务?这种请求由哪个对象发出?由哪个对象中的服务进行处理?

(2) 线程在执行时是否要向其他控制线程中的对象提供或索取某些数据?

(3) 线程在执行时是否将产生某些对其他控制线程的执行有影响的事件?

(4) 各个控制线程的并发执行,是否需要传递一些同步控制信号?

(5) 一个控制线程将在何种条件下终止执行?在它终止之后将在何种条件下由其他控制线程唤醒?用什么办法唤醒?

根据对上述问题的思考与回答,在相应的类符号之间画出用虚线箭头表示的消息连接符。进一步分析,消息传递应该是同步的还是异步的,以及发送者是否等待消息的处理结果,分别在发送者和接收者的类描述模板中针对有关的服务就该消息进行详细说明。

4.3.6 信息建模的规范化过程

所谓信息建模,就是指从现实世界中捕捉并抽象出应用论域的基本结构的过程。信息建模过程是 OOA 的核心,是 OOA 过程中最基本和最关键的活动之一。在 OOA 中,信息建模的基本任务是建立现实世界中事物(对象)的抽象表示,即使用基本模块构造出抽象化的事物。在面向对象软件设计中,信息建模被认为是软件工程中的一个规范化的过程。

在信息建模的过程中，所建立的 OOA 模型描述了表示某个特定应用论域中的对象以及各种各样的结构关系和通信关系。OOA 模型有两个主要用途：首先，它建立各种对象，分别表示软件系统主要的组织结构以及现实世界强加给软件系统的各种规则和约束条件，用"视图"形式化地表示现实世界；其次，它给定一组对象，并规定了它们如何协同才能完成软件系统所指定的工作。这种协同在 OOA 模型中是由表明对象之间通信方式的一组消息连接来表示的。

在信息建模的规范化过程中，OOA 模型被划分为五个层次或五个视图，如图 4.11 所示。这种层次结构允许从不同的角度来看待 OOA 模型，同时也便于处理比较大的 OOA 模型。

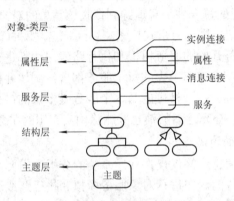

图 4.11　OOA 模型的结构

OOA 模型的五个层次分别为对象-类层、属性层、服务层、结构层和主题层。其中对象-类层表示待开发系统的基本构造块，它是整个 OOA 模型的基础。在进行对象识别后，就可以将对象抽象成能够存储信息并能执行相关操作的一个基本单元，而类则是多个相似对象的模板。对象可以用图符来表示，如图 4.10 所示。图符的外层边界表示实例边界，它表明对象是非空的，而图符的内层边界则表示类边界。利用该图符可以直观地区分整个类和对象。人们有时可以定义一些不产生对象的类，只用来作为派生出新类的模板类或抽象类，这种类的图符只有内层边界而无外层边界。对象中所存储的数据称为对象的属性。任一时刻对象属性的取值，确定了该时刻对象的状态，而对象所容纳的属性的取值范围，则决定了对象的可能状态。在很多情况下，对象之间相互约束，遵循应用论域的某些限制条件或事务规则，这些约束称为实例连接。而对象的属性和实例连接则组成了 OOA 模型的属性层。

对象的服务，加上对象实例之间的消息连接，共同组成了 OOA 模型的服务层。

4.4　系统设计阶段和步骤

在对系统进行详细的分析之后，就可以转入系统设计阶段。系统设计是对问题的解答和建立解法的高层决策。系统设计包括将整个系统划分为子系统、确定子系统的软件和硬件部分的分配、为详细设计指定框架等。

4.4.1　系统划分

除了少数很小的系统之外，几乎所有的系统都具有较为复杂的结构，都需要完成许多不同的功能。因此，在系统设计的开始阶段，需要将整个系统划分为一系列易于驾驭的子系统。各个子系统共享某些公共特征，并完成系统某一方面的功能。

子系统是类、关联、操作、事件和约束的结合体。子系统的划分通常由其所提供的服务来确定。一般来说，每个子系统提供一种服务，如 I / O 处理、图形功能、执行算法等。子系统定义了寻找问题的一个解的本质方式。每个子系统在其他子系统中是相对独立的，但单个子系统并不完整，只有将各个子系统按照某种方式进行组合形成系统后，才能完整地完成系统预定的功能。

将一个系统分割为一系列子系统的主要方法是水平分层和垂直分割。层还可以被分割，而分割后也可以进一步分层。混合使用分层和分割，最终可以形成一个个相互独立的子系统。垂直分割系统，使之成为几个独立的子系统，各子系统可以有某些相互交叉的部分，但是这些交叉直观明了，不需要建立额外设计的依赖关系。图 4.12 是一个涉及应用和图形交互的典型应用的分层分割块图，最终得到的各个块都可以作为子系统。

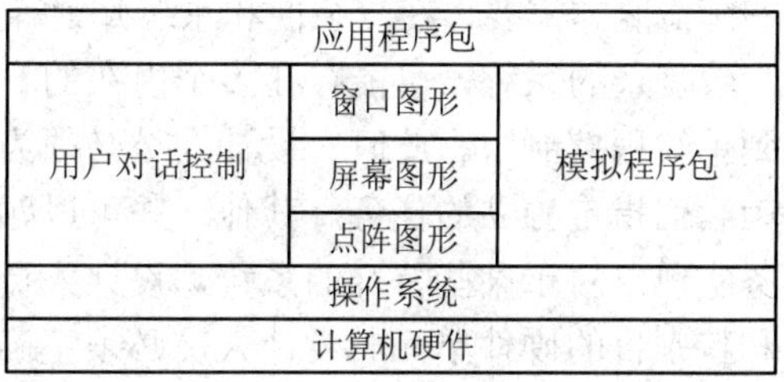

应用程序包		
用户对话控制	窗口图形	模拟程序包
	屏幕图形	
	点阵图形	
操作系统		
计算机硬件		

图 4.12　一个典型应用的分层分割块图

当顶层的子系统被确定后，接下来的工作便是表示在具有数据流图的各个子系统之间的信息流。一般来说，在一个系统的各个子系统中，以一个子系统为主控系统，控制该系统与其他子系统的所有相互作用。所有其他子系统之间也有相互作用，但其信息流通常是简单的。为了减少子系统之间的相互影响，可以使用简单的拓扑技术。

在进行系统划分时需要综合使用水平分层和垂直分割，大部分系统的划分都是分层和分割的混合。在水平分层中，各层所使用的抽象等级可以不同，任何一层都可以定义与另一层完全不同的抽象世界。但是在同一层中的类、关联、操作、事件和约束应该是协调的，每个层次的组成部分都应该是该层服务的客户，并为该层所完成的服务提供相应的支持。根据这一原则，可以将系统分割为相对独立的若干部分，其中的每一部分执行一个特定的一般服务种类。在划分系统的同时需要考虑如何将这些划分出来的子系统有效地组织起来，协调地完成系统预定的功能。为了使系统能够有效地发挥作用，有时需要使用诸如管道线、星型结构等简单的拓扑结构将子系统组织起来，以降低系统的复杂性。

4.4.2　设计阶段

系统设计阶段是在系统分析之后、详细设计之前的一个重要的阶段。在系统设计阶段，必须确定解决问题的基本方法以及系统的高层结构组成。系统设计阶段最重要的工作是确定系统结构，包括将系统划分成子系统、确定子系统的本质特征、确定数据管理策略、协调子系统软硬件和全局资源分配、确定软件控制的实现方法、考虑系统的边界条件和交替使用优先权等。对于子系统的划分，上文已经进行了较为详细的讨论，本节将对系统设计阶段的其他方面进行讨论。

几乎所有的实用系统都要和一定数量的数据打交道。因此需要在系统设计阶段确定数据管理的策略，以保证系统对数据的有效管理。对某些数据量很大的系统，数据管理策略在很大程度上制约了系统运行的效率和可靠性，此时数据管理策略便显得更为重要。在系统结构中，可以为数据存储划分独立的子系统，并由该子系统与其他子系统的交互完成系统的数据管理。数据管理分为内存数据管理和外部数据管理。其中内存数据的组织和管理是系统数据管理的基础，其关键在于合理组织内存数据结构，根据数据使用的实际特点合理设置数据属性。外部数据管理可以利用文件或数据库。利用文件来存储和管理外部数据只能实现较为简单的数据管理，它属于低层次的数据管理方式，只能提供在较低抽象层次上的数据管理，且必须增加较多的程序处理代码。而数据库方式则提供了比文件更高层次的抽象，实现了更为复杂的数据管理功能，并简化了数据管理模块的代码复杂性。但它需要的系统开销较大，对系统的运行效率可能造成较大的影响。在确定数据管理策略时应根据实际情况的需要，在复杂性和系统开销等方面进行合理的协调。

较复杂的系统，可能存在多个内在的、同时发生的对象并行执行，且这些对象不能组合到单线程控制中。此时，设计人员必须为这些对象指定独立的硬件设备或者在处理程序中为它们指定独立的任务。其他一些可以融合到单线程控制中的对象，则可以作为一个单任务实现。对于某些特殊的系统，设计人员必须根据系统构造的需要，提供足够的程序处理和特别目的硬件单元。设计人员必须正确地估计系统运行平台的计算能力和硬件结构的影响，必要时可以进行硬件网络的分割。分割硬件网络的基本原则是在物理区域模块中通信花费最小。任何一个设计者都希望能利用有限的系统资源取得较高的运行效率。因此在系统设计阶段必须正确地标识全局资源，并合理地确定控制存取这些资源的机制。一个较为常用的公共机制是建立一个"公园"对象，由该对象管理全局资源的划分，并对一系列动作进行存取，使之脱离低层次管理和锁定的子集。

以上讨论基本上都是硬件控制的范畴，在优化硬件控制的同时，也不能忽略软件控制。软件控制能有效地协调过程驱动、事件驱动和对象的同时发生。软件控制对过程驱动系统的控制是通过在程序代码内驻留、利用执行程序数目和位置、过程调用堆栈以及局部变量来确定系统状态，并决定相应的响应动作的。在事件驱动中，软件控制在调度或监控中驻留，了解应用过程所涉及的事件，并在相应的事件发生时进行调度控制。在一致性系统中，软件控制驻留在多个独立对象中，控制这些对象的同时发生。利用事件驱动和对象的同时发生(一致性)，可以实现比过程驱动控制更加柔性化的软件控制。

用户关注的是系统的稳定-状态行为，系统设计人员还必须重视系统的边界条件：初始化、终结、异常及错误处理。大量的事实表明，系统的崩溃常常发生在系统处于边界条件时。同时值得注意的是系统结构的基本方面是在时间和空间的交替使用过程中体现的，这些交替变化包括硬件和软件、简单和一般、影响和维护的交替变化。对这些交替变化的控制策略应根据系统应用的目的来进行决策。在进行决策时，系统设计人员必须了解交替使用的优先级，以便在系统的子序列设计一致性期间作出正确的交替决策。

4.4.3 设计步骤

面向对象系统设计一般需要进行如下几个步骤的工作：

(1) 将系统分层分割，细化成一系列子系统。

(2) 标识问题的一致性特性。

(3) 给子系统分配处理程序和任务。

(4) 根据数据结构、文件和数据库，为数据存储选择基本策略。

(5) 标识全局资源和确定控制访问这些资源的机制。

(6) 选择实现软件控制方法：

① 在保持状态的程序内使用分配方法；

② 直接地实现状态机制；

③ 使用一致性任务。

(7) 考虑边界条件。

(8) 建立交替使用的优先权。

4.5 评审和修正 OOA 模型

4.5.1 分析模型的一致性和完整性

一个良好的 OOA 模型，在问题论域内必须是一致的和完整的。因此，为了建立一个完善的 OOA 模型，设计人员必须掌握分析模型的一致性和完整性的方法。OOA 模型的一致性和完整性指的是模型的语法正确性。在 OOA 模型的环境中，有各种各样正确性准则，这些准则都可以应用于 OOA 方法中。这些正确性准则如下：

(1) 命名约定，是指关于模型标号、标识符、指示符等的形式或格式的公认标准。命名约定使得通信清晰明了。

(2) 风格约定，是一种形式和格式的公认标准，应用于结构、过程等，也可以应用于建模技术。

(3) 语法需求，是指建模技术所要求的条件或行为。用于建模的每个技术都应当有一组语法需求，以保证用该技术建立起来的 OOA 模型的语法正确。

对于 OOA 模型的五个层次，分析模型的一致性和完整性有不同的要求，以下将分别进行讨论。

1) 对象-类层

(1) 命名约定：对象应当有一个合适的名字，用于描述一个类，该名字而不是类所执行的一个功能，或类的一个特性。名字是唯一的，在应用论域中有实际意义。名字不标识实现技术，它应当是一个名词或形容词-名词结构，而不应采用名词-动词结构。在名字中不应当出现"与""或"之类的连接词，对那些以"……者"结尾的名字要谨慎使用。

(2) 风格约定：每个对象都应有一个明确意义的职责，每个对象至少应封装一个只有该对象知道的职责。那些只含有单个实例的对象要谨慎使用。通常一个事件都是由一个对象识别，而事件的影响则应由一个或多个对象共同产生。

(3) 语法需求：对象的描述要清晰明了，包含／排斥准则的说明要精确，不能有二义性。必须正确使用对象和类，每个对象不是参与对某一事件的识别，就是参与对事件的响应。每个对象都必须是一个事件识别者或事件响应者。

2) 属性层

(1) 命名约定：属性名字必须适当，能体现相关联对象的特性、质量或数据存储要求。属性名字必须在应用论域中有实际意义，而且在一个给定对象中属性的命名应当是唯一的。属性名字不用来表示实现技术，它通常采用名词或形容词-名词形式的词组，而不应该用动词进行命名，且名字中不应出现"与""或"之类的连接词。

(2) 风格约定：OOA 模型中应当只出现基本的实例关系。由于冗长的实例关系，即称为"So What?"的实例关系，并不体现事务规则或应用论域限制，所以应当尽量避免出现。

(3) 语法需求：每个对象应至少含有一个属性，用来唯一标识对象的每个实例。属性必须分层地定义在各层初始的数据元素上。属性的定义必须是唯一的，且该定义不能为其他属性所共享，属性值的定义必须正确。系统所存储的所有数据需求都应定义为属性，每个属性应至少能被该对象中的一个服务所访问，其他对象中的服务无法访问该对象中封装的任何属性。一般-特殊关系中的对象必须以与这个一般-特殊相一致的关系继承属性。特殊对象不能继承未被该特殊对象定义的属性。所继承的属性在应用论域中必须是有实际意义的。实例关系必须与应用论域限制一致，而且能体现应用论域限制。实例关系中的对象的属性必须与那些关系相一致。所有基本的实例关系都必须在 OOA 模型中体现。类可能含有只应用于该类的属性，这种属性不能应用于类中的特殊实例。

3) 服务层

(1) 命名约定：服务的命名必须合适，能代表一些与对象相关联的工作、功能或处理。服务名在相连的对象中应是唯一的。服务名在应用论域中必须是有实际意义的，不应表示实现技术。名字通常采用动词-名词形式的词组，尽量避免使用其他结构。名字中不应出现"与""或"之类的连接词。

(2) 风格约定：服务应当是经过精心设计的，也就是说，它们应当只有单一的入口点；不涉及并发处理；产生单一的或一系列的输出；通过接收的消息或其他精心定义的事件来对其进行初始化；使用简短的过程性描述来作规格说明，这种描述的实现是与语言无关的。

(3) 语法需求：每个对象都应至少有一个类服务，从而能操作对象的实例。每个对象还至少应当有一个实例的服务，从而能访问一个或多个相关联的属性。服务的定义与输入输出的消息，以及封装在对象中的属性相一致。

4) 结构层

(1) 命名约定：结构的命名要合理，能体现结构的层次关系，结构名对应"整体"的和对应"部分"的要有区分度。

(2) 风格约定：当整体-部分关系中的"整体"部分是一个类，那么该类的每个子类都必须纳入整体-部分关系中的"整体"部分。当整体-部分关系中的"部分"是一个类时，该类的每个子类都必须出现在整体-部分关系中的"部分"里。

(3) 语法需求：所有的结构在应用论域中都必须有实际意义。整体-部分结构应当是从一个实例的范围跨越到另一个实例的范围。整体-部分结构必须指明重复度和参与度。

5) 主题层

(1) 命名约定：主题的命名要恰当。主题名在应用论域中是有实际意义的，而且应用是唯一的。主题名不表示实现技术，应避免使用名词-动词形式的词组。主题名中不应出现"与""或"之类的连接词。

(2) 风格约定：不同主题相互间可以重叠。如果采用了某种约定，那么就应当自始至终地采用这种约定。从以下的意义而言，主题应当是独立的：如果一个主题打印在单个工作表格上，那么要理解这个主题所需参考的模型的其他部分应是最少的。单个主题中应当含有结构。如果有必要，结构的成分也可以包含在一个重叠的主题中。如果使用主题的话，每个对象都应在某个主题的边界内。

4.5.2 OOA 模型的评审策略

在建立 OOA 模型之后，需要对该模型进行评审。评审的目的是为了保证在系统实现之前，能够正确理解和解释用户的需求，以降低在系统运行后才发现对用户的需求理解错误再修改所付出的巨大代价。

基于对 OOA 模型的要求，我们可以建立一个评审的检查表(如表 4.1 所示)，并根据该检查表进行 OOA 模型的评审。该检查表列出了一些评审项目，对这些项目的评审有助于确保 OOA 模型的语法正确性。读者可以从这个检查表入手，对特定的项目再进一步制定更详尽的细节化的检查表。

表 4.1 OOA 模型评审的检查表

OOA 模型层次	命令约定	风格约定	语法需求
对象-类	唯一性 应用论域 形式	响应性 信息封装 单个事件识别器	包含规则 事件识别器 事件响应器
属性	唯一性 应用论域 形式	至少一个属性 无冗余的实例关系 无"外部"访问	对初始性层的分层属性规格说明 与包含规格的一致性 类的属性的一致性 存储数据的一致性 至少有一个相关的封装的服务 实例关系的一致性 属性与实例的一致性 属性-消息的一致性
服务	唯一性 应用论域 形式	精确定义每个服务 无"外部"访问 过程描述记号与风格	服务规格说明与输入输出消息和属性的一致性 对初始参数层的分层消息规格说明 至少一个类服务 至少一个实例服务 服务与封装属性的一致性 继承的一致性 类服务的一致性 存储数据的一致性 实例关系的一致性 服务消息的一致性
结构	唯一性 应用论域 形式	整体-部分，类属类 一般-特性，继承	整体-部分，实例对实例 重复度和参与度 一般-特殊，类对类 继承-一致性，属性和服务
主题	唯一性 应用论域 形式	重载 独立性 包含所有对象-类	

为了使评审方法更有条理，每个模型层次可以交叉引用这样的检查表。从概念上说，这等价于将检查表嵌入每个属性、服务、对象等中。虽然这是一个枯燥乏味的过程，但 CASE 工具能够自动进行这种跟踪，从而使这一过程得到简化。评审过程已成为开发过程的一部分，其生成的管理报告不仅在工程的进度上，而且在每个模型层次的这一层都给予保证。

由于现有的检查表均无法保证语义正确性，因此对语义正确性进行评审所采用的策略类似于在开发以用户为中心的文档时所采用的策略，即将模型的行为对照用户描述的场景或用户事例，一一加以确认，这需要有关人员共同讨论。

4.5.3　从 OOA 到 OOD 的过渡

当 OOA 模型已经确定并经过评审之后，人们就可以从面向对象分析(OOA)过渡到面向对象设计(OOD)。在面向对象方法中，分析和设计之间的界限是模糊的，这种模糊性是面向对象方法的一个有意识的深思熟虑的特征。

面向对象设计(OOD)包含了以下三个方面的内容：

(1) 表示法：OOD 采用图形建模表示法来表达用户需求，使得设计人员能将其设计思想与其他项目成员进行交流。由于设计较多地涉及系统实现，因此在 OOD 中常有针对任务、模块、处理器队列以及其他硬件／软件成分的表示。但 OOD 的表示法应尽可能接近 OOA 表示法。

(2) 策略：OOD 的目的之一就是要在软件开发过程中引入一致性和可预测性。在面向对象方法中，OOD 体系结构以 OOA 模型为实际模型的雏形。它使用的类和对象与 OOA 模型中的相同，此外，它围绕着这些类和对象又加入了一些其他的类和对象，用来处理与实现有关的活动，如任务管理、数据管理、人机交互等。良好的 OOD 策略使得我们不必对每个项目的设计都从头开始，而是对共同论域中问题的设计引入相似的解决模式。

(3) 良好的准则：OOD 的准则可以分解为效率、完备性、灵活性等。具体来说，惯用的准则有，锅台准则、内聚性准则、设计的明确性准则、层次结构和因子分解准则、保持类和对象的简单性准则、保持消息协议的简单性准则、保持方法的简单性准则、将设计的易变性降到最低准则、系统整体规模最小化准则、重视场景评价的能力等。良好的准则使得我们能以一种客观的方法对一个设计作出评价。

在 OOA 的工作结束并进入 OOD 阶段后，人们可以按以下步骤进行系统的设计及实施：

(1) 物理测试；

(2) 原型开发(可选)；

(3) 程序编制，软件开发；

(4) 用户文档编制；

(5) 软件测试；

(6) 人员培训；

(7) 用户认可；

(8) 系统投入运行。

面向对象设计及实施过程完毕后，其成果将是已完成的信息系统。

4.6 系统文档编制、实现和测试

4.6.1 编制设计文档

一个完善的软件系统，需要配备完善的文档材料。在面向对象软件设计中，各个阶段的成果都需要及时地以文档的形式记录出来，以方便下一阶段的使用及为用户或经销商服务。

如果一个文档是面向用户的，由于用户最关心的问题是系统的功能如何。因此，文档编制从描述系统用途开始是十分必要的。三视图模型中的上、下文图有助于说明目标系统的范围以及系统所接收和产生的信息，因此对文档的编制极为有用。在描述了系统用途之后，文档应当紧接着描述一系列的用户场景或事件-响应模型。文档应当可以让读者遍历每一个场景或事件，一步一步地验证事件是如何被识别的，相关联的响应是如何产生的。相关联场景或事件的 EROI 图应当包含在 OOA 模型的五个层次中。建立 OOA 模型的副本，以对场景没有体现出的目标系统的动态行为进行注解，这是非常有用的。为了使文档清晰明了，应当将属性和服务的定义以及细节的描述以字母的顺序进行排列，一些分层的列表可以放在文档附录中。图 4.13 列出了这种面向用户的文档的一般结构。

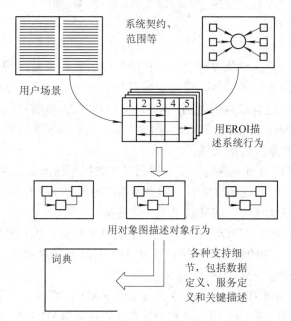

图 4.13 面向用户的文档的一般结构

如果文档面向的对象是设计者，由于设计者与用户所关心的问题有所差异，设计者更关心的是系统的结构，而不是系统的行为，因此文档的结构应做相应的改动，文档中应当给出完整的五层 OOA 模型。而表示模型的一个有效的方法是将 OOA 模型表示为一组主题集。如果可以将主题缩小到用单个图表就可以表示出来，那么这组主题及其基本的细节内容就能表示一个 OOA 模型。而为了将各个主题联系起来，以表示一个完整的系统模型，在这类文档的开头应当提供一个所有主题的索引。设计阶段所产生的一些成果可以进行整理，并在设计文档中给出，这使得设计文档更充实，且提供一个对系统结构更明确的描述。图4.14 给出了这种面向设计者的文档的一般结构。在该结构中，每个类都用单独的一页进行描述，即各个类出现在各页的中心，它的所有连接也出现在这页中，其他连接的类或成分则出现在该页的周围。一页纸应能清楚地显示一个类的完整规格说明。

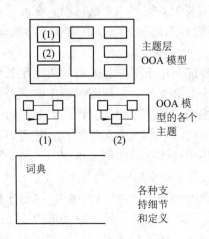

图 4.14　面向设计者的文档的一般结构

4.6.2　系统实现

在面向对象分析和面向对象设计之后，按照迭代的软件开发过程，接下来的步骤便是依据分析和设计的成果实现该系统。采用面向对象方法进行开发的基于对象的系统实现与传统的结构化程序的实现有很大的区别。本节将介绍如何在目前很流行的快速应用开发环境(Rapid Application Development，RAD)，即由各种不同的应用程序构造的系统中，将经过面向对象分析和设计的系统付诸实现。

由于 RAD 工具可以将事务规则、用户界面以及数据库访问等技术集成在单个单元中，因此使用 RAD 技术进行系统实现将有利于提高系统的可复用性和可维护性。在使用 RAD工具进行面向对象系统实现时，应遵从以下一些规则：

(1) 将所有问题论域部分(PDC)中的对象映射到 RAD 部分中，称为 RAD 对象。如将每个 PDC 对象都在一个单独的源文件中进行实现，这样使得与该类有关的系统逻辑都在一起，且与其他类的系统逻辑相分离，有利于程序的复用。

(2) 所有人机交互部分(HIC)中的对象应当作为 RAD 屏幕或表格进行实现。RAD 对象中不应该包含与 HIC 相对应的部分，而利用屏幕或表格与 RAD 对象进行通信。在 HIC 中，允许不对事务规则和数据库访问规则进行封装。

(3) 所有的数据库接口都只能通过 RAD 对象实现。

(4) 对象的服务和属性都是由 RAD 工具提供的程序设计语言的子程序和变量进行支持的。

(5) RAD 对象之间的消息通信都通过函数的调用来完成。

(6) 实例连接、整体-部分关系和一般-特殊关系由 RAD 对象之间的共享变量实现。

4.6.3 系统测试

为了保证系统的可靠性，在系统实现完成之后，必须依据预期的要求对该系统进行严格的测试。在面向对象软件设计中，系统的测试分为系统级的测试和对象级的测试，以下将分别进行讨论。

1．系统级的测试

系统级的测试，常用的测试方法有黑盒测试和白盒测试两种。

黑盒测试要验证的是系统功能的执行与规格说明中的规定是否一致。黑盒测试是基于系统级的规格说明而进行的，这些规格说明包括需求定义模型、事件-响应模型和用户界面规格说明。黑盒测试较为有效的方法是建立从用户角度来捕捉系统行为的系统应用论域的场景，即使用事例。利用使用事例，针对实际用户在一个真实世界的环境中对系统的行为进行评价。黑盒测试既需要熟悉软件开发方法学的人员的参与，也需要对用户界面比较了解的用户的参与。黑盒测试的一个重要的优点是：它不需要特殊的测试环境，测试人员可以在通常的开发环境中完成测试的各项工作。在进行黑盒测试时值得注意的是，要保存完整的测试日记和记录，以便于最后的测试评价和之后的系统修正及改进。

系统级测试的另一种常用方法是白盒测试。白盒测试是基于各种设计文档中所定义的内部系统结构对系统进行测试。一般来说，白盒测试所使用的文档有 EROI 图、OOA 模型、OOD 模型以及 GUI 设计文档等。在白盒测试中，所有能为 EROI 图中定义的类所识别的事件都必须经过验证。各个类之间的协同以及所有 EROI 图中的定义对不同事件的响应也必须经过验证。白盒测试所进行的各种测试中，不包括服务级的测试。服务级的测试工作将在对象级的测试中进行。在测试进行的时间次序上，白盒测试一般放在相关联的黑盒测试完成之后进行。白盒测试一般由熟悉开发环境和设计方法的不属于该项目组织的人员来执行。白盒测试应成立一个独立的技术小组，并由该小组完成相应的准备工作，建立一个测试环境，准备一套可以访问消息、属性以及其他软件成分的测试工具。

2．对象级的测试

系统级测试是与特定的应用系统紧密联系的，而对象级的测试则不同，它独立于任何特定的应用系统。由于对象的引用所带来的一个较大的特点是对象可以在许多不同的应用程序中被复用，因此对象级的测试必须在通用的复用环境中进行。

系统级的黑盒测试和白盒测试的大部分原理和概念，也适用于对象级的测试。对象级的黑盒测试通过一个对象级的测试台来完成。该测试台可以向所测试的对象发送预定的消息，并能够对消息进行显示、捕捉和分析。黑盒测试的测试台还应该能够跟踪和分析对象对特定消息所做出的反应。对象级的黑盒测试一般由系统开发组的成员在特定的测试平台上进行。在该测试中，应该为所测试的每个对象建立一个用户手册。在该手册中，对对象的描述应该是独立于任何特定应用的。

对象级的白盒测试也是由系统开发组的成员完成的。该测试主要是对所涉及的所有服务及其组成部分进行检查，以确定它们与服务的规格说明和属性的定义是一致的。对象级的白盒测试需要使用可以将所要测试的对象从其他对象中分离出来的特定的测试台，以便能够对对象进行独立于其他对象和应用环境的测试。

习 题

1. 试述面向对象技术发展的动因。

2. 试述软件开发原理的变革趋势。

3. 面向对象系统包含哪些要素?

4. 解释下列术语的含义:

　　类　　　对象　　消息　　方法　　继承性

　　多态性　　封装性　　抽象　　分类

5. 举例说明类与对象的关系,并画出类的层次图。

6. 讨论在面向对象分析中采用的抽象方法和工具,并说明各种方法的适用性范围和优点,介绍进入面向对象设计的关键思维转变是什么?

7. 结合工程中问题论域,选择实际课题,试着按 OOA 和 OOD 步骤去做,然后再把方案提交小组讨论,加以完善。

8. 什么是面向对象的系统分析和设计? 面向对象的系统分析和设计的主要目的和应完成的主要工作是什么? 系统分析和设计应遵循的原则是什么?

9. 简述面向对象系统分析的基本任务,并描述该阶段的主要成果——OOA 模型的组成及结构。

10. 如何建立系统模型? 系统模型的组成及各组成部分之间的关系如何?

11. 简述系统分析的步骤,并说明系统分析应提交的成果。

12. 试描述 OOA 模型的五个层次,并说明它们划分的意义。

13. 试描述系统设计的主要阶段和步骤,并说明各步骤的主要工作。

14. 简述对 OOA 模型的一致性和完整性进行评审的准则及要求。

15. 面向对象系统分析和设计的文档可以分为哪两大类? 它们分别由哪些部分组成?

16. 系统测试可以分为哪两大类? 它们各自的常用测试方法都有哪些? 这些测试方法的主要特点和测试内容是什么?

17. 请自定一个软件系统的例子,利用面向对象的系统分析和设计方法及步骤对该系统进行详细的分析和设计,并提交分析和设计的阶段成果。如有条件,请用 C++语言对该系统进行原型开发,并对该原型进行测试。

第5章 并发程序开发技术

并发程序设计是计算机高级程序设计中的一门设计技术，是指由若干个可同时执行的程序模块组成程序的程序设计方法。这种可同时执行的程序模块称为进程。组成一个程序的多个进程可以同时在多台处理器上并行执行，也可以在一台处理器上穿插执行。采用并发程序设计可以使外围设备和处理器并行工作，缩短程序执行时间，提高计算机系统效率。在这一章里，我们将从并发程序的基本知识以及同步、死锁等知识点来系统地讨论它。

5.1 并发程序的引入

5.1.1 程序的顺序执行

自从计算机问世，"计算机程序"这一概念就产生了。在多道程序设计出现以前，计算机运行程序的最大特征是"顺序性"。

一个程序通常可以分成若干个程序段，它们必须按照某种先后次序执行，仅当前一操作执行完成后，才能执行后续操作。对于一组程序来说，只有前一个程序执行结束后，才能执行下一个程序。例如，在进行计算时，总是先输入用户的程序和数据，然后再进行计算，最后将结果输出。这里，我们用结点代表各程序段的操作，其中 I 代表输入操作，C 代表计算操作，P 代表输出操作，并用箭头指示操作的先后次序。那么，上述各程序段的执行顺序可用图 5.1 来表示。

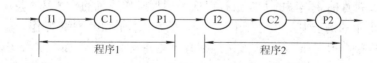

图 5.1　程序的顺序执行

对于多个程序来说，顺序执行指执行完前一个程序后才能执行下一个程序。对于多条语句而言，顺序执行指只有前一条语句执行完后，才能继续执行后续语句。

程序的顺序执行具有如下特征：

(1) 顺序性。处理机的操作严格按照程序所规定的操作顺序执行，即每一操作必须在上一操作结束之后开始，一个程序的执行也必须在前一程序执行完成之后才能开始。

(2) 独占性。一个程序一旦在机器上运行，它就独占机器的所有资源，直到该程序运行结束。

(3) 封闭性。程序的运行结果只取决于程序本身，除了人为地改变机器状态或机器发生故障外，不受其他外界因素的影响。

(4) 可再现性。程序重复执行时，只要输入保持不变，必将获得相同的结果。

5.1.2 程序的并发执行

我们知道，一个程序在运行时，并不需要占用所有资源。例如，在一个慢速的网络上读取一数据流也许需要一分钟，但 CPU 参与传输数据的时间非常短，在此期间，CPU 大部分都处于空闲状态。而运行一个计算量很大的程序则需占用大量的 CPU 运行时间，有时需要几分钟，甚至几小时，但输入、输出设备的使用时间往往很少。因此，程序的顺序执行，通常会大幅度降低资源的利用率。

另外，某些应用要求机器能同时处理多个任务，例如，现在有两个任务，一个是从网络上接收数据并在屏幕上显示出来；另一个则是从键盘读入数据，通过网络发送出去。若这两个任务分别用两个程序来实现，并采用顺序执行，则无论先执行哪一个程序，都会产生问题。如图 5.2 所示，若先执行数据接收程序，则数据发送程序要一直等待数据接收程序结束，才能运行；反之亦然。

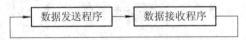

图 5.2　两个程序执行时相互等待示意图

为了增强计算机系统的处理能力和提高各种资源的利用率，现代计算机系统中普遍采用了多道程序设计技术，其主要特征体现在以下方面。

1．并发性

这时的程序不再以单纯的串行方式顺序执行。换句话说，在任一时刻，系统中不再只有一个计算，而是存在着许多并行的计算。从硬件方面看，处理机、各种外设、存储部件常常并行地进行工作；从程序活动方面看，可能有若干个程序同时地或者相互穿插地在机器上运行。这就是说，很多程序段是可以并发(Concurrent)执行的。所谓并发执行，是指两个以上程序的执行过程在时间上是重叠的，即使这种重叠只有很小的一部分，我们也称这两个程序是并发执行的。程序的并发执行已成为现代操作系统的一个基本特征。

在图 5.1 所示的例子中，任何一个作业 i，其输入操作 I_i、计算操作 C_i、打印操作 P_i 三者必须顺序执行，但对 n 个作业来说，则有可能并发执行。例如，输入程序输入完第 1 个作业程序后，在对该作业进行计算的同时，再启动输入程序，输入第 2 个作业程序，这就使得第 2 个作业的输入和第 1 个作业的计算能并发执行。图 5.3 给出了输入、计算、打印程序对一批作业进行处理的执行顺序，从该图可以看出某些操作时间是重叠的。

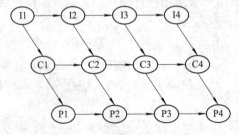

图 5.3　程序段的并发执行

对于图 5.2 的例子，图 5.4 给出了数据接收程序和数据发送程序交替运行的示意图。

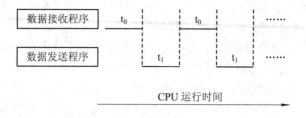

图 5.4　两个程序的并发执行

2．共享性

机器上的硬件资源和软件资源已不再为单个用户程序所独占，而是由多个用户程序共同使用。

3．独立性

并发执行的每一个程序都具有一定的独立性，它们分别实现一种用户所需要的功能。例如，数据接收和数据发送，它们之间相互独立。又如，操作系统中对处理机的调度和对各种外部设备的控制活动，两者之间基本上也是独立的，各自提供一种系统功能。也就是说，系统中各个并发程序活动具有独立性。

4．相互制约性

虽然系统中的各个并发活动具有一定的独立性，但两个并发程序活动之间也会以直接或间接方式发生相互依赖和相互制约的关系。直接制约关系通常是在彼此之间有逻辑关系的两个并发执行的程序之间发生的。例如，一个正在执行的程序段需要另一程序段的结果，只有当另一程序段送来结果时，正在执行的程序段才能继续执行下去，否则它就一直等待，无法继续执行。两个程序段以间接方式发生制约关系通常是由竞争使用同一资源引起的。得到资源的程序段可以继续执行，得不到资源的程序段就只能等待，直到有资源可以使用。

由于程序活动之间的制约关系，各个程序活动之间的工作状态就与它所处的环境有密切关系。它随着外界的变化而不停地变化，并且它不像单道系统中连续顺序执行那样，而是走走停停，具有执行-暂停-执行的活动规律。

5.2　进程和线程

5.2.1　进程

程序的并发执行虽然卓有成效地提高了系统的处理能力和系统资源的利用率，但它产生了一些新问题，即破坏了顺序程序所具有的顺序性、封闭性和可再现性，使得程序和程序的执行不再一一对应，而各个程序的运行可能会相互影响，相互制约。因而，程序这个静态概念已不能如实反映程序的活动，于是便产生了"进程"(Process)这一概念。

进程是操作系统中的一个重要概念，它与程序的区别在于，程序是一个静态指令序列，而进程是一个程序在给定的条件下对一组数据的一次动态执行过程。操作系统为每个进程分配一部分计算机资源，并确保每个进程的程序按一定的策略被调度执行。

概括地讲，进程具有以下基本特征：

(1) 动态性。进程的实质就是程序的一次执行过程，它由"创建"而产生，由"调度"而执行，因得不到资源而暂停，最后由"撤消"而消失。

(2) 并发性。没有建立进程的程序是不能并发执行的，仅当建立一个进程后才能参与并发执行。引入进程的目的正是为了使程序能和其他程序并发执行。

(3) 独立性。进程是一个能独立运行的基本单位，同时也是系统资源调度的独立单位。

(4) 异步性。进程间的相互制约，使进程具有执行的间断性，即进程按各自独立的、不可预知的速度向前推进。为此，系统必须提供某些设施，来保证程序之间能协调操作和共享资源。

(5) 结构性。为了描述进程的动态变化过程，并使之能独立运行，应为每个进程设置一个进程控制块(PCB)。从结构上看，每个进程都是由程序段、数据段、堆栈和一个 PCB 四部分组成的。

随着 Unix、Windows NT、Windows 95 等支持多任务的操作系统的广泛应用，进程的概念对大多数程序员而言已不再陌生。这一概念的引入实现了并行性和资源共享。这些系统，可以同时执行多个程序，每个执行的程序称为一个进程，进程还可以再执行自己或其他的进程，称为派生进程，父进程是指可以派生多个子进程的进程，派生进程同父进程基本上是毫不相干的。

将一个复杂的任务分解成多个进程，能有效简化问题，但进程过多会产生以下问题：

(1) 进程之间的交换非常复杂；

(2) 进程与进程之间的切换涉及多种资源，管理开销大，耗时长；

(3) 每个进程甚至是相同的进程，都要占用资源，造成包括内存在内的资源浪费；

(4) 进程不利于数据和代码的共享，而数据和代码的共享能大大简化编程。

例如在 Unix 系统中，当一个进程创建(或派生)另一个进程时，系统必须将第一个进程地址空间内的所有内容拷贝到新进程的地址空间中。对于一个大地址空间，这种操作是很费时的。更何况两个进程之间还必须建立一种共享数据的方式。

为了降低系统开销，线程(Thread)的概念也就应运而生。

5.2.2 线程

线程和进程是既相似又有区别的两个概念。其相似之处是它们均作为实现并行(或并发)操作的基本调度单位，其区别则在于前者的粒度通常比后者小，一个进程可包含若干个线程，且同一进程的多个线程之间，共享数据空间，它们之间的切换仅仅是执行代码的切换。这样在使用线程的场合，大量地用于切换数据空间以及完成数据交换的系统资源被节省下来，从而提高了整个计算机系统的性能。也正是因为如此，通常也将线程称为轻量级进程(Light-Weight Process)。

线程有很多定义。一个比较常用的定义是，线程是程序中的一个控制流。在特定的一个时刻，控制流处于程序中的某一点上，这个点被称为执行点。这个点随时间变动，形成一个流，这个流程所经过的语句被执行。所以，控制流也被称为控制线索或线程(Thread of Control)。

每个线程使用一个 CPU，所以，对于单 CPU 的计算机，只能有一个线程。但是，现代的操作系统(例如，Windows 95/NT，OS/2，Solaris)都支持多线程。操作系统通过虚拟机抽象，使系统表现出有多个虚拟 CPU，每个线程拥有一个虚拟 CPU。在一个具体的操作系统实现中，操作系统通过硬件时钟中断来将一个虚拟 CPU 映射到物理 CPU 上。如果物理 CPU 的个数比虚拟 CPU 的个数多，则每个线程在一个物理 CPU 上运行；如果物理 CPU 的个数比虚拟 CPU 的个数少，那么，在特定的一个时刻，只有部分线程在运行，其他线程处于等待状态。为使系统表现得像多 CPU 机器，操作系统通过硬件时钟中断和调度机制使每个线程轮流在物理 CPU 上运行一段很短的时间(例如 20 ms)。虽然多个线程并不是都在真正同时运行，但由于线程等待使用物理 CPU 的时间很短，计算机用户不会感觉到某个线程正在等待，所以，从用户角度来说，这些线程在并发地执行。

线程有以下几个特点：

(1) 线程共享父线程的所有资源；

(2) 线程一般通过系统调度或者同步变量传递消息；

(3) 线程切换基本只涉及寄存器和线程局部变量，开销很小；

(4) 线程要仔细处理同步问题，防止死锁。

由此可见，线程具有并行执行的特点，但比进程的开销要小。多线程编程也比多进程编程相对简单一些，因为程序中的线程行为就像函数，可以通过全局变量交换信息，也可以共享文件内存等资源，与常规编程方法类似。

5.2.3　使用多线程的原因

使用多线程的主要原因是通过线程的并发执行来加快程序运行，提高 CPU 的利用率。因为在实际应用中，程序常常会遇到这样的情况：两段代码并没有相互制约的关系，但是因为程序是顺序执行的，而不得不一先一后地执行。如果先执行的代码又是那种无法利用 CPU 时间的程序，例如等待用户输入的程序，那么就会降低 CPU 的使用效率。而利用多线程就可以有效地解决程序并发执行的问题。我们把程序中没有顺序关系的代码段抽取出来，用线程实现它们，系统就会根据它们的优先级合理地为线程分配时间。当一个线程暂停时，系统会自动为其他线程分配时间，从而提高 CPU 的使用效率。

5.2.4　并发程序设计的注意事项

没有任何事情是完美的，并发程序设计也不例外。虽然使用多线程能加快程序的运行速度，提高系统的效率，但我们在使用多线程时应注意以下几点：

(1) 由于多线程实际上是多个程序段同时存在并运行于内存中，所以一定要理清它们的关系，不要让它们把自己的头脑搅得像一团乱麻。如果真的出现这种情况，那么最好还是少用几个线程，并不是说线程越多，程序执行就越快。

(2) 弄清线程优先级的设置和运行环境对不同优先级的线程的调度规则。

(3) 正确处理多线程的同步控制。

(4) 因为同一个任务的所有线程都共享相同的地址空间，并共享任务的全局变量，所以程序也必须在考虑全局变量的同时访问问题。

(5) 对多线程程序本身来说，它对系统会产生以下影响：线程需要占用内存；线程过多，会消耗大量的 CPU 时间跟踪线程；程序必须考虑多线程对共享资源同时访问的问题。如果没有协调好，就会产生令人意想不到的问题，例如可怕的死锁和资源竞争等。

下面我们就以 Java 语言中的线程为例，简单介绍多线程的使用，及在使用中应解决的一些主要问题，望读者能从中体会并发程序设计的基本思想。

5.3 线程的状态与调度

5.3.1 线程的基本状态

我们知道，进程在生命期中，总是处于某种状态，诸如就绪态、运行态、阻塞态等。而线程在这一点上也十分相似，在它的生命期内，也总是处于某状态。每一种状态，都体现了线程在该状态时正在进行的活动以及在这段时间内所能完成的任务。

在许多情况下，程序中所存在的线程个数会远远大于物理 CPU 的个数。此时，一些线程由于不能立即得到物理 CPU 的使用权而处于等待状态，这些线程被放在一个就绪队列中，等待使用物理 CPU。在就绪队列中的线程也被称为就绪线程。就绪线程不能占用 CPU 而实际运行，它既不等待程序中的某个事件发生，也不等待其他被竞争的资源，所以，在高层的程序抽象中，我们仍将这些线程看作处于运行状态。

当一个线程占有物理 CPU 的时间超过操作系统赋给它的时间时，或这个线程必须等待获得其他资源(例如，从文件输入的数据)之后才能继续执行时，操作系统则将这个线程从物理 CPU 上移下来。对于前者情况，操作系统将它们放到就绪队列中，对于后者，操作系统将它们放到等待队列中，然后，操作系统从就绪队列中选择另一个线程，使之获得 CPU 的使用权。这样周而复始，使所有线程都有机会占用 CPU。在等待队列中的线程也称为阻塞线程。

对于等待队列中的线程，当线程运行所必需的条件具备之后(例如资源可用)，才被操作系统移入就绪队列中。

我们希望一些重要的线程能有更多的机会占用 CPU，例如，与用户相互作用的线程由于等待用户的输入响应，被放在了等待队列中。当用户在用户界面进行了输入操作之后，我们希望这个线程能立即占用物理 CPU 而实际运行。为做到这点，程序中运行的线程被赋予了不同的优先级。高优先级的线程将优先被运行，所有处于这种优先级的线程都有机会获得一些时间段占用物理 CPU。只有在高优先级的线程被阻塞之后，较低优先级的线程才能够运行。当然，较低优先级的线程无论如何也是要运行的，只是机会少点而已。

当一个线程由于需要获得某种资源的使用权而被强制等待，或系统通过某种方法强制线程睡眠时，这个线程就被阻塞。当一个线程被阻塞之后，它被放到等待队列中，操作系统选择就绪队列中的某一个就绪线程开始运行。注意，就绪线程指的是除等待使用物理 CPU 之后，不必等待其他资源的线程。

图 5.5 给出了线程可能具有的基本状态及状态变换的示意图。图中连线上的标注表示了影响状态变化的事件或消息等。图中只标注了与程序中的事件相关的状态变换，没有考虑线程等待物理 CPU 可用的情况。关于等待物理 CPU 可用这个方面是与操作系统有关的低级细节，在程序设计中，这个方面被优先级间接地控制着。所以，图中的运行态既包含线程

占用物理 CPU 而实际运行，也包含线程在就绪队列中等待使用物理 CPU。

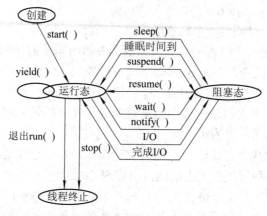

图 5.5　线程的状态变换

需要说明的是，不同的系统所提供的对多线程机制的支持，在其具体的实现上有所不同。

5.3.2　线程的调度

在许多情况下，程序中所存在的线程个数会远远大于物理 CPU 的个数，那么，系统怎样知道应该运行哪一个线程呢？

目前，Java 是通过线程调度器来监控进入就绪状态的所有线程，并按线程的优先级决定应调度哪些线程。高优先级的线程会在较低优先级的线程之前得到执行。同时，线程的调度是抢先式的，如果在当前线程的执行过程中，一个更高优先级的线程进入就绪状态，则这个高优先级的线程立即被调度执行。在抢先式的调度策略下，线程的调度又分为时间片方式和非时间片方式(独占式)。在时间片方式下，当前活动线程执行完当前时间片后，如果有其他处于就绪状态的同优先级的线程，系统会将执行权交给其他就绪状态的同优先级线程，当前活动线程转入等待执行队列，等待下一个时间片的调度。一般情况下，这些线程将加入等待队列的队尾。在独占方式下，当前活动线程一旦获得执行权，将一直执行下去，直到执行完毕或由于某种原因主动放弃 CPU，或是有一高优先级的线程处于就绪状态。采用时间片方式的系统有 Windows 95/NT、Unix 等，而采用独占式的系统有 DOS、Windows 3.1 等。

在下面几种情况下，当前线程会放弃 CPU：

(1) 线程调用了 yield( )或 sleep( )方法。

(2) 由于当前线程进行 I/O 访问、外存读写、等待用户输入等操作，导致线程阻塞。

(3) 抢先式系统下，有高优先级的线程参与调度；时间片方式下，当前时间片用完，有同优先级的线程参与调度。

Java 语言线程优先级的范围为整数 1～10，缺省值为 5，这可由类 Thread 的三个静态变量 MIN_PRIORITY、MAX_PRIORITY、NORM_PRIORITY 查出。

一个线程可以创建另一个线程。在线程被创建时，它的优先级与创建它的线程的优先级一样。Java 中的 Thread 类中声明的下面两个方法可用于管理线程的优先级：

public final void setPriority (int newPriority);

public final int getPriority ( );

getPriority ( )方法，可获得一个线程的当前优先级。

SetPriority ( )方法将一个线程的优先级改变为参数所指定的级别。一个线程的优先级可以在任何需要的时候来改变，参数 newPriority 的值越大，线程的优先级也就越高。

每个线程归属于一个线程组，setPriority ( )将 newPriority 的值和这个线程所在的线程组的优先级进行比较，使用它们中的最小值来设置这个线程的优先级。这样，一个线程的优先级不会大于它所在的线程组的优先级。

如果所设置的新的优先级比线程当前的优先级低，那么这个线程可能不再具有最高的优先级，所以，这个线程可能会失去继续占用物理 CPU 运行的机会而被操作系统放到就绪队列中，而使就绪队列中另一个高优先级的线程有机会占用物理 CPU 而实际运行。

需要说明的是，一些线程虽然具有较高的优先级，但由于需要经常等待一些事件发生(例如用户的响应、网络连接等)，或等待对资源的拥有，反而比低优先级的线程有更少的运行时间。对于这样的线程，应考虑使用较高的优先级，而对于从事长时间计算的线程，可考虑使用较低的优先级。这样，一旦事件发生，等待这些事件的线程就会有机会立即运行，在处理完事件之后，又进入等待状态。

5.4 基本同步机制

5.4.1 同步和互斥

1. 线程间的同步

一般来说，一个线程相对于另一个线程的运行速度是不确定的。也就是说，线程之间是在异步环境下运行的，每个线程都以各自独立的、不可预知的速度向运行的终点推进。但是相互合作的几个线程需要在某些点上协调它们的工作。一个线程到达了这些点后，除非另一线程已完成了某些操作，否则就不得不停下来等待这些操作的结束，这就是线程间的同步。比如说，大型的数学矩阵运算常常分解成多个线程，每个线程完成的时间并不相同，而任务需要矩阵的所有结果，故矩阵运算的多个线程之间需要相互协调。

又如，一用户程序，其形式如下：

Z＝func1 (x)*func2 (y)

其中 func1 (x)，func2 (y)均是一个复杂函数，为了加快本题的计算速度，可用两个线程 P1，P2 各计算一个函数。线程 P1 计算 func1 (x)，计算完 func1 (x)之后，与线程 P2 的计算结果相乘，以获得最终结果 Z。线程 P1 在计算完 func1 (x)之后，检测线程 P2 的结果是否已算完，如线程 P2 没有算完，则进入阻塞状态；若线程 P2 已经算完，则线程 P1 取用线程 P2 的计算结果，然后进行乘法运算，最后得到 Z。线程 P2 在计算出 func2 (y)后，应向线程 P1 发送消息，将线程 P1 唤醒。

2. 线程间的互斥

在协同工作的各线程之间存在着同步关系，此外线程之间还存在着另一种关系，即互斥关系。这是线程在运行过程中因争夺资源而引起的。

系统中存在着许多线程，它们共享各种资源，然而有很多资源一次只能供一个线程使用。我们将一次仅允许一个线程使用的资源称为临界资源。很多物理设备都属于临界资源，如输入机、打印机等。除了物理设备以外，还有很多变量、数据、表格、队列等也都由若干线程所共享，通常它们也不允许两个线程同时使用，所以也属于临界资源。临界资源只能是一个线程用完了，另一线程才能使用，这种现象称为互斥，故临界资源也称为互斥资源。请看以下例子：

　　一个 myArray 对象有两个域需保持一致，一个是数组，一个是记录数据元素个数的计数器。

```
Class myArray extends Thread
{
    int count=0;
    int atom [ ]=new int [50];
    void addatom (int i)
    {
        atom [count]=i;
        count++;
    }
}
```

　　如果是单一线程，上面的例子没有错误，因为 addatom ( )是顺序执行的。如果有两个线程，情况就不一样了。设想有两个线程 thread1 和 thread2，它们执行的操作均为增加元素：

　　　thread1.addatom (i);

　　　thread2.addatom (i);

因为 addatom ( )有两条语句，而线程随时切换，我们看看下面两种情况：

① thread1.atom [count]=i;

　thread1.count++;

　thread2.atom [count]=i;

　thread2.count++;

② thread1.atom [count]=i;

　thread2.atom [count]=i;

　thread1.count++;

　thread2.count++;

第①种情况没有问题。

　　第②种情况下，线程 thread1 赋值后计数器 count 还没有加 1，线程 thread2 重新赋值，结果是 atom [count] 为线程 thread2 赋的值，atom [count+1]值为空，而计数器指向了 count+2，这与期望的情况根本不一致。

　　出现这种情况的根本原因在于两条语句 atom [count]=i 与 count++ 被分开执行，如果方法 addatom ( )在运行时不被打断，就不会出现这种情况。为多个线程所共享的变量、数据等也应作为临界资源来处理。在一个线程中，共享临界资源的代码段称为临界区。当一个线程在临界区内执行时，必须确保对一些特定的信息或共享资源的互斥访问。

由此可见，对系统中任何一个线程来说，其工作正确与否不仅取决于它自身的正确性，而且与它在执行中能否与其他相关线程正确地实施同步或互斥有关，所以，解决线程间的同步和互斥是非常重要的问题。

3．实现线程互斥的基本模型

保证互斥的一个基本模型是，一个线程在使用一个资源之前必须首先发出对这个资源的使用请求(也被称为加锁)，而在使用完之后释放这个资源(被称为解锁)。这样，一个线程只能依据下列的顺序使用一个资源：

(1) 请求。如果请求不能被立即满足(例如，这种资源正在被其他线程使用)，那么，提出请求的线程必须等待，直到它的请求被满足为止。

(2) 使用。线程可以对资源进行处理(例如，向文件中写数据)。

(3) 释放。线程将它所请求得到的资源释放掉。

5.4.2 同步机制

支持多线程的操作系统采用信号灯这种原始机制来控制一个线程进入临界区，以达到对共享资源的互斥访问。信号灯只有两种状态，有信号和无信号，这相当于交叉路口的红绿灯，有信号对应于绿灯亮，无信号对应于红灯亮，没有黄灯这一状态。信号灯有两个基本操作，称为 P 操作和 V 操作。P 操作检查信号灯的状态，如果信号灯表示有信号，则线程可以进入临界区；如果表示无信号，则线程必须在临界区外等待，直到信号灯从无信号状态变为有信号状态为止。当有多个线程要进入临界区时，在信号灯前(或在临界区之外)要形成一个等待队列。V 操作将信号灯变为有信号状态。某个线程通过执行 V 操作唤醒在信号灯前等待的线程，使这些线程继续执行。P 操作和 V 操作被分别置于临界区的开始和结束处。

下面给出信号灯的一个示意性描述：

```
class Semaphore
{
    private int value;
    private Queue waitingQueue＝new Queue ( );
    Semaphore ( )
    {
        value＝1;
    }
    void P ( )
    {
        value＝value−1;
        if (value<0)
        {
            将当前线程放入等待队列 WaitingQueue 中，当前线程进入等待状态。
```

```
                }
            }
            void V ( )
            {
                value=value+1;
                if (value<=0)
                {
                    从等待队列 WaitingQueue 中移出一个线程，使这个线程能够继续执行。
                }
            }
        }
```

5.4.3 典型同步问题

信号灯可以用来研究下面三个有共性的同步问题。

1. 互斥问题

使用一个信号灯，几个线程之间可以实现共享资源的临界区。例如，前面的 myArray 类可以定义为

```
        Class myArray extends Thread
        {
            int count=0;
            int atom [ ]=new int [50];
            void addatom (int i)
            {
                S.P( );
                atom [count]=i;
                count++;
                S.V( );
            }
            private Semaphore S=new Semaphore ( );
        }
```

这样，任何两个线程都不会有机会并发地执行 addatom ( )，使上节所述的并发问题得到解决。

2. 多读者/作者问题

一个数据文件或记录(统称为数据对象)，可被多个线程共享，其中有些线程要求读，有些线程要求写或修改。我们把只要求读的线程称为"读者"线程，其他线程称为"作者"线程。读者线程访问共享的信息，但决不改变这些信息。作者线程改变共享信息。在没有作者线程的情况下，任意个数的读者线程应被允许并行执行；而在没有读者线程的情况下，在某一个时刻，只能够有一个作者线程执行。作者线程必须互斥地访问共享对象。

多读者/作者问题可以使用两个策略来解决。第一种：在一个作者线程已获得准许访问共享对象之前，读者线程不必等待就可以访问共享对象。换句话说，任何读者线程不必由于一个作者线程正在等待而去等待。第二种：一旦一个作者线程已就绪，这个作者线程就被尽可能早地允许进行它的写作。这个陈述从另一个角度说，就是如果一个作者线程正在等待访问一个共享对象，那么，新来的读者线程只能等待，而不能开始阅读。

无论采用哪一种策略，都可能存在一个线程被饿死的情况，即一个线程可能永远不会有机会允许访问共享对象。对于上述的第一种策略，作者线程可能被饿死；对于第二种策略，读者线程可能被饿死。

下面给出使用第一种策略实现的多读者/作者程序：

```
class reader_writer
{
    void read ( )
    {
        mutex.P ( );
        readcount=readcount+1;
        if (readcount==1)
            wrt.P ( );
        mutex.V ( );
        执行读
        mutex.P( );
        readcount=readcount−1;
        if(readcount==0)
            wrt.V ( );
        metex.V ( );
    }
    void write ( )
    {
        wrt.P ( );
        执行写
        wrt.V ( );
    }
    private Semphore mutex=new Semphore (1);
    private Semphore wrt=new Semphore (0);
    private int readcount=0;
}
```

在上面的程序中，mutex 用于确保在对 readcount 进行更新时的互斥；readcount 用于记录当前有多少个读者线程正在访问某个共享对象；wrt 用于对多个作者线程的互斥，wrt 也被进入共享对象的第一个读者线程和退出共享对象的最后一个读者线程使用，但不被那些在进入或退出共享对象时仍有其他读者线程在访问共享对象的读者线程使用。

3. 生产者/消费者问题

生产者/消费者问题常出现在协同工作的线程中。生产者线程提供一些信息给一些消费者线程。它们共享一个公共的消息存储区，生产者线程将消息放入到这个区域中，消费者线程从这个区域中取走消息。

该问题的实现可以描述为

```
public class producer_consumer
{
    public producer_consumer (int size)
    {
        this.size = size;
        count = in = out = 0;
        pool = new int [size];
    }
    public synchronized void produce (int value)
    {
      try{
            while (count>size)
                wait( );
      }catch(InterruptedException e)
        {
        }
        pool [in] = value;
        in = (in+1)%size;
        count = count+1;
        notify ( );
    }
    public synchronized int consume ( )
      {
          try{
                while (count<=0)
                    wait ( );
          }catch (InterruptedException e)
          {
          }
          int next  = pool [out];
          out = (out+1)%size;
          count = count−1;
          notify ( );
          return next;
```

```
        }
            private int[ ] pool;
            private int count,in,out,size;
    }
```

下面我们对上述描述做一些说明。

Java 没有在语言中显式同步机制，而是提供了一个关键字 synchronized 来声明一种方法，这种方法称为同步化的方法。其含义是：当一个线程正在执行一个对象上的一个 synchronized 方法时，其他线程调用这个对象的任何一个 synchronized 方法将被阻塞。被阻塞的线程将加入与这个对象相关的一个队列中进行等待，直到它被允许执行这个对象的这个方法时为止。

wait( )方法使一个线程处于等待状态中，直到另一个线程调用 notify ( )方法将它唤醒。wait ( )方法和 notify ( )方法只能用于加锁的对象上，且只能在同步方法或同步语句中调用。

另外，在这个实现中，我们使用了一个数组来表示信息存储区。生产者线程将数据存储在下标为 in 的元素中，然后将 in 增 1，语句为

            in＝(in＋1)% size；

它使 in 的值在 0～size-1 之间循环。如果数组已被所有的数据占用，则语句为

            while(count>size)
                wait( );

该语句使生产者线程等待，直到数组中有空的位置时为止。

消费者线程的实现与生产者线程类似。

5.5 死 锁

5.5.1 死锁的概念

在一个多线程环境中，几个线程可能竞争有限个数的资源。一个线程请求一些资源，如果这些资源此时不能分配，则这个线程进入等待状态。这时，可能会出现这样的情况：各个线程都忙于抢占系统资源，但系统都不能满足每个线程所有的要求，因而所有的线程都停步不前，这种情况称为死锁。死锁将对系统资源造成极大的浪费。

图 5.6 给出了死锁的示意说明。在图中，一个方框表示一个线程，一个圆圈表示一个对象。当箭头从一个对象指向一个线程时，表示这个对象已拥有这个对象的锁。当箭头从一个线程指向一个对象时，表示这个线程为获得这个对象的锁而等待。该图给出了某个时刻线程和对象之间的关系。我们可以看出，此时由于两个线程在互相等待对方释放对象的锁，因此，这两个线程处于

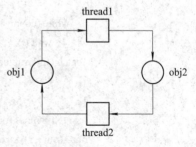

图 5.6 死锁

死锁状态。图 5.6 也表明，如果在某个时刻，线程和对象之间形成一个环路，则必会出现死锁。

死锁问题通过程序调试是很难查出来的。图 5.6 的情况可以这样产生：

(1) thread1 调用了对象 obj1 的一个同步方法。这时，thread1 拥有 obj1 的锁。

(2) thread2 调用了对象 obj2 的一个同步方法。这时，thread2 拥有 obj2 的锁。

(3) 然后，thread1 在执行 obj1 的同步方法时，又调用了 obj2 的一个同步方法。

(4) 同样，thread2 在执行 obj2 的同步方法时，又调用了 obj1 的一个同步方法。

对于上述的情况，如果在 thread1 开始执行上面的第(3)步时，thread2 还没有执行到第(2)步，就不会发生死锁。因此，实际中常常出现这种情况，程序在调试时一切都正常，可是当交付使用后，说不定什么时间就出现了死锁。因为死锁与时间因素有关，所以，死锁有时很难被发现，改正程序的死锁也就无从下手。死锁只有通过对程序进行分析才能检查出来。

5.5.2　产生死锁的必要条件

一般来说，造成死锁的情况虽然比较复杂，但归纳起来出现死锁有以下四种必要条件：

(1) 互斥条件：至少一个资源被非共享(互斥)的方式所拥有，即在一个时刻，只能有一个线程使用这个资源。如果另一个线程请求这个资源，那么进行请求的线程必须等待，直到资源被释放。

(2) 请求和保持条件：必须存在一个线程，这个线程至少拥有一个资源，同时正在请求获得当前正被另一个线程所拥有的其他资源。

(3) 不剥夺条件：线程已获得的资源，在未使用完以前，不能被剥夺，只能在使用完后由自己释放。

(4) 循环等待条件：必须存在一组正等待的线程 $\{p_0, p_1, p_2, \cdots, p_n\}$，$p_0$ 正等待 p_1 所拥有的资源，p_1 正等待 p_2 所拥有的资源，……，p_{n-1} 正等待 p_n 所拥有的资源，p_n 正等待 p_0 所拥有的资源。

如果程序出现死锁，将不得不被终止。因此，对付死锁的可行办法是使用某些协议，以确保程序不会进入死锁状态。

5.5.3　死锁的预防

从上面所提到的出现死锁的必要条件可以看出，程序只要保证至少其中的某个条件不成立，就能够避免出现死锁现象。

非共享的资源必须保证互斥条件，而能够在多线程之间共享的资源则不需要互斥访问。一般而言，否定互斥条件并不能阻止死锁的发生。

为保证请求和保持条件不成立，系统要求所有线程一次性地申请其所需的全部资源。若系统有足够的资源分配一线程时，便一次把其所需的资源分配给该线程。这样，该线程在整个运行期间，便不会再提出任何资源请求，从而使请求条件不成立。但在分配时，只要有一种资源要求不能得到满足，则已有的其他资源也全部不分配给该线程，该线程只能等待。由于等待期间的线程不占有任何资源，因此，也就破坏了保持条件。这种方法简单，易于实现，且很安全，但缺点也极其明显，即资源严重浪费，线程延迟运行。

为使不剥夺条件不成立，我们可规定：一个已保持了某些资源的线程，若新的资源要求不能立即得到满足，它必须释放已保持的所有资源，以后需要时再重新申请。这种策略实现起来比较复杂，而且要付出很大代价。

为保证循环等待条件不成立，我们可以对所有的资源进行线性排序，每个线程只能以增序或降序的形式请求资源。

上面的方法虽然可以预防死锁，但总的来说，都施加了较强的限制条件，从而在不同程度上损害了系统的性能。除此之外，我们还可以采取避免死锁的算法，而在这些算法中，所施加的限制条件较弱，因而有可能获得令人满意的系统性能。最具代表性地避免死锁的算法即是 Dijkstra 的银行家算法。

习　　题

1. 并行程序设计技术的主要特征有哪些？
2. 实现线程互斥的基本模型是什么？
3. 典型同步问题有哪些？
4. 产生死锁的必要条件是什么？

第 2 部分
数据结构

计算机科学的研究领域，概括来说，就是指在计算机中组织信息，处理这些信息以及利用这些信息。其中组织信息是很重要的一个方面，为此，人们提出了数据结构这一研究课题，并获得了许多研究成果。第 6～13 章，主要讨论数据结构及其相关的问题，包括数据的结构以及在数据结构上的运算。

第 6 章　数据结构概述

学习数据结构的目的是为了了解计算机操作对象的特性，将实际问题中所涉及的操作对象在计算机中表示出来并对它们进行处理。在本章里，我们将通过了解数据结构的基本概念，以及与之相关的名词和术语的含义，逐步揭开计算机操作对象的神秘面纱。

6.1　数据结构的引入

从提出一个实际问题到计算机解出答案，需要经历以下几个阶段：分析阶段、设计阶段、编码阶段和测试维护阶段等。其中分析阶段就是从实际问题中抽象操作对象以及操作对象之间的关系。下面来看几个例子。

[例 6.1]　计算机管理图书目录问题。

利用计算机查询书目，首先必须将书目存入计算机，那么这些书目应如何存放呢？我们既希望查询时间短，又要求节省空间。一个简单的办法就是建立一张表，每本书的信息只用一张卡片表示，在表中占一行，如表 6.1 所示。此时计算机操作的对象(数据元素)便是卡片，卡片之间的关系是顺序排列。计算机对数据的操作是按某个特定要求(如给定书名)进行查询，找到表中满足要求的一行信息。由此，从计算机管理图书目录问题抽象出来的模型即是包含图书目录的表和对表进行查找运算。

表 6.1　图书信息表

书　名	作　者	登录号	分类号	出版日期	定　价
Java 语言	李　晓等	97000018	73.8792–99	1977/3/26	43.5
Unix 系统	张　昊	96000129	73.874–126	1996/9/19	23.5
...	...	...	...	...	...

[例 6.2]　计算机和人对弈问题。

计算机之所以能和人对弈是因为有人将对弈的策略事先存入计算机。由于对弈过程是在一定规则下随机进行的，因此，为使计算机灵活对弈，就必须将对弈过程中所有可能发生的情况以及相应的策略考虑周全，而且在决定对策时，不仅要看当时的棋盘状态，还要考虑将来的发展趋势，直至最后有取胜的可能性。由此，计算机操作的对象(数据元素)是对弈过程中每一步的棋盘状态(格局)。数据元素之间的关系是由比赛规则决定的。通常情况下，这个关系不是线性的，因为从一个棋盘格局可以派生出几个格局，图 6.1(a)给出的是"井"字棋的一个格局，下一步由持 X 子的甲方走棋，则有五种可能出现的格局，如图 6.1(b)所示。这个图好像由树的主叉派生出五个分叉，我们称它为树，它可以用来表示某一类问题中数据元素间的关系。

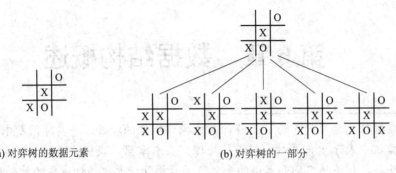

(a) 对弈树的数据元素   (b) 对弈树的一部分

图 6.1 "井"字棋对弈树

[例 6.3] 多叉路口交通灯管理问题。

通常十字交叉路口只要设置红绿两色的交通灯便可保证正常的交通秩序,但是对于多叉路口,如图 6.2(a)所示是一个实际的五叉路口,最少应设置几种颜色的交通灯,才能保证正常的交通秩序呢?

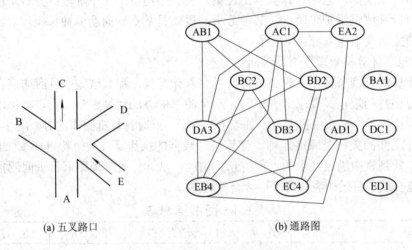

(a) 五叉路口   (b) 通路图

图 6.2 五叉路口交通灯管理问题

这个问题可以转换成一个地图染色问题。假设五叉路口中的一条可通行的通路用圆圈染色,要求同一连线上的两个圆圈不能同色且颜色的种类最少,那么从图 6.2(b)中可得出至少需四种颜色。

从上面三个例子可看出:计算机已不仅仅用于科学计算,更多地用于数据处理和实时控制。与此相对应,计算机加工处理的对象也从简单的数值发展到字符、图像、声音等各种复杂的具有一定结构的数据。"数据结构"就是一门研究数值或非数值性程序设计中计算机操作的对象以及它们之间的关系和运算的一门学科。它是设计和实现编译程序、操作系统、数据库系统及其他程序系统的重要基础。

6.2 数据结构的基本概念

计算机处理的对象是数据,那么什么是数据呢?数据是客观事物在计算机中的表示,是信息的载体，具有可识别性、可存储性和可加工处理性等特征，是计算机程序加工处理的对象。可识别性是指计算机能够识别数据，为此必须对客观事物进行编码；可存储性是指数据能够存储在计算机的存储设备上；可加工处理性是指计算机能够以程序设计人员设计的算法，对数据进行加工处理，以得到预期的结果。

下面我们先对数据结构中使用的名词和术语赋以确定的含义。

数据(Data)是描述客观事物的数、字符以及所有能输入到计算机中并被计算机程序处理的符号的集合。它是计算机程序加工的"原料"。例如，一个利用数值分析的方法解代数方程的程序，处理的对象只是整数和实数，而一个编译程序或文字处理程序的对象是字符串。因此，对计算机而言，数据的含义极为广泛，如图形、声音等都属于数据的范畴。

数据元素(Data Element)是数据的基本单位，即数据这个集合中的一个个体(客体)。有时一个数据元素可由若干个数据项(Data Item)组成，数据项是数据的最小单位。

数据对象(Data Object)是具有相同特性的数据元素的集合，是数据的一个子集。例如，整数的数据对象是集合 $N = \{0, \pm1, \pm2, \pm3, \cdots\}$，字母字符的数据对象是集合 $C = \{A, B, \cdots, Z\}$。

数据结构(Data Structure)是指数据之间的相互关系，即数据的组织形式。我们可以从集合的观点加以形式化描述，即数据结构是一个二元组

$$\text{Data-Structure} = (D，R)$$

其中，D 是数据元素的集合，R 是 D 上关系的集合。

数据结构所要研究的主要内容可以简要地归纳为以下三个方面：

(1) 研究数据元素之间固有的客观联系，即数据的逻辑结构(Logical Structure)。

(2) 研究数据在计算机内部的存储方法，即数据的存储结构(Storage Structure)，又称物理结构。

(3) 研究如何在数据的各种结构(逻辑和存储)上施加有效的操作或处理(算法)。

数据的逻辑结构是从逻辑关系上描述数据的，它与数据的存储无关，是独立于计算机的，因此，数据的逻辑结构可以看作从具体问题抽象出来的数学模型。数据的存储结构是数据的逻辑结构用计算机语言的实现(亦称映像)，它是依赖于计算机语言的，对机器语言而言，数据的存储结构是具体的，这里我们只在高级语言的层次上来讨论数据的存储结构。数据的运算是定义在数据的逻辑结构上的，每一种逻辑结构都有一个运算的集合。例如，最常用的运算有检索、插入、删除、更新、排序等，这些运算实际上是在抽象的数据上所施加的一系列抽象的操作。所谓抽象的操作，是指我们只需知道这些操作是"做什么"，而无须考虑"如何做"。只有确定了数据的存储结构之后，我们才考虑如何具体实现这些运算。本书中讨论的数据运算，均以 C 语言描述的算法来实现。

为了增加对数据结构的感性认识，下面我们来看表 6.2 学生成绩表的例子。

我们将表 6.2 称为一个数据结构，表中的每一行是一个结点(或记录)，它由学号、姓名、性别、课名及成绩等数据项组成。该表中数据元素之间的逻辑关系是，表中任一个结点，与它相邻且在它前面的结点，称为直接前趋(Immediate Predecessor)，最多只有一个；与表中任意结点相邻且在其后的结点，称为直接后继(Immediate Successor)，也最多只有一个。表中只有第一个结点没有直接前趋，称之为开始结点；也只有最后一个结点没有直接后继，称之为终端结点。上述结点间的关系构成了这张学生成绩表的逻辑结构。

表 6.2 学 生 成 绩 表

学 号	姓 名	性 别	课 名	成 绩
95001	王 丽	女	物理	81
95002	刘建东	男	物理	76
...	...	...	...	...
95031	陈立平	男	物理	92

对于满足这种逻辑关系的表，在计算机中如何进行存储表示则是存储结构研究的内容，根据不同的方式可采用顺序存储与非顺序存储。另外，在这张表中，我们可能要经常查阅某一学生的成绩，如有新生加入时要增加数据元素，或有学生退学时要删除相应元素。因此，进行查找、插入和删除就是数据的运算问题。把表 6.2 中数据的逻辑关系、存储结构和运算这三个问题搞清楚，也就弄清了学生成绩表这个数据结构，从而可以有针对性地进行问题的求解。

综上所述，我们可以将数据结构定义为，按某种逻辑关系组织起来的一批数据，应用计算机语言，按一定的存储表示方式把它们存储在计算机的存储器中，并在该数据上定义了一个运算的集合。

为了不产生混淆，通常我们将数据的逻辑结构也称为数据结构。数据的逻辑结构有以下两大类：

1) 线性结构

线性结构的逻辑特征是有且仅有一个开始结点和一个终端结点，且所有结点都最多只有一个直接前趋和一个直接后继。线性表就是一种典型的线性结构。本书第 7、8 章介绍的都是线性结构。

2) 非线性结构

非线性结构的逻辑特征是一个结点可能有多个直接前趋和直接后继。第 9~11 章介绍的都是非线性结构。

数据的存储结构可用以下四种基本的存储方法得到：

1) 顺序存储方法

顺序存储方法是把逻辑上相邻的结点存储在物理位置相邻的存储单元里，结点间的逻辑关系由存储单元的邻接关系来体现。由此得到的存储结构称为顺序存储结构(Sequential Storage Structure)，通常，顺序存储结构是借助于程序语言的数组来描述的。

该方法主要应用于线性结构，非线性结构也可以通过某种线性化的方法来实现顺序存储。

2) 链接存储方法

链接存储方法不要求逻辑上相邻的结点在物理位置亦相邻，结点间的逻辑关系是由附加的指针字段表示的。由此得到的存储结构称为链式存储结构(Linked Storage Structure)，通常链接存储结构借助于程序语言的指针类型来描述。

3) 索引存储方法

索引存储方法通常是在存储结点信息的同时，建立附加的索引表。索引表中的每一项称为索引项，索引项的一般形式是(关键字，地址)，关键字是能唯一标识一个结点的那些数据项。若每个结点在索引表中都有一个索引项，则该索引表称为稠密索引(Dense Index)。若一组结点在索引表中只对应一个索引项，则该索引表称为稀疏索引(Sparse Index)。稠密索引中索引项地址指出结点所在的存储位置，而稀疏索引中索引项的地址则指示一组结点的起始存储位置。

4) 散列存储方法

散列存储方法的基本思想是根据结点的关键字直接计算出该结点的存储地址。

上述四种基本的存储方法，既可以单独使用，也可以组合起来对数据结构进行存储映像。同一种逻辑结构采用不同的存储方法，可以得到不同的存储结构。选择何种存储结构来表示相应的逻辑结构，视具体要求而定，主要考虑的是运算的方便性及算法的时空要求。

值得指出的是，很多教科书上也将数据的逻辑结构和存储结构定义为数据结构，而将数据的运算定义为数据结构上的操作。但是，无论怎样定义数据结构，都应该将数据的逻辑结构、存储结构及数据的运算这三个方面看成一个整体。因此，我们学习时，不要孤立地去理解一个方面，而要注意它们之间的联系。

正是因为存储结构是数据结构不可缺少的一个方面，所以我们常常将同一逻辑结构的不同存储结构，用不同的数据结构名称来标识。例如，线性表是一种逻辑结构，若采用顺序存储方法来表示，则称该结构为顺序表；若采用链接存储方法来表示，则称该结构为链表；若采用散列存储方法来表示，则称该结构为散列表。

同理，由于数据的运算也是数据结构不可分割的一个方面，在给定了数据的逻辑结构和存储结构之后，按定义的运算集合及其运算的性质不同，也可能导致完全不同的数据结构。例如，若将线性表上的插入、删除运算限制在表的一端进行，则称该线性表为栈；若将插入限制在表的一端进行，而删除限制在表的另一端进行，则称该线性表为队列。更进一步，若线性表采用顺序表或链表作为存储结构，则对插入和删除运算做了上述限制之后，可分别得到顺序栈或链栈、顺序队列或链队列。

6.3 关于算法的描述及算法分析

研究数据结构的目的在于更好地进行程序设计，因此本书在讨论各种数据结构的基本运算时都需要给出程序。由于用某种程序设计语言书写一个正规的程序会带来很多不便，如烦琐的变量说明，某些语句上的限制使程序不能一目了然等，故可用算法来代替程序。本书采用 C 语言来描述算法，下面先给出算法的概念。

6.3.1 算法的概念

算法是由若干条指令组成的有限序列，它必须具有以下性质：

(1) 输入性：具有零个或多个输入量，即算法开始前给出的初始量。

(2) 输出性：至少产生一个输出。

(3) 有穷性：每条指令的执行次数必须是有限的。

(4) 确定性：每条指令的含义必须明确，无二义。

(5) 可行性：每条指令都应在有限的时间内完成。

请看一个例子：给定两个正整数 m 和 n，求它们的最大公因子。

求解这个问题通常所用的方法为辗转相除法，在西方称为欧几里得算法。下面用三个计算步骤描述这个算法：

(1) 求余数：以 n 除 m，余数为 r，0≤r≤n。

(2) 判断余数是否等于零：若 r=0，输出 n 的当前值，算法结束；否则执行第(3)步。

(3) 更新被除数和除数：n—>m，r—>n，执行第(1)步。

上述计算过程给出的三个计算步骤，每一步骤都意义明确，切实可行，虽然出现循环，但 m 和 n 都是给定的有限数，每次相除后得到的余数 r 若不为零，也总有 r<min(m，n)，这保证了经过有限次循环以后，计算过程必会终止。因此上述计算过程是一个算法。

算法的含义与程序十分相似，但二者还是有区别的。一个程序不一定满足有穷性。例如，系统程序中的操作系统，只要整个系统不遭破坏，它就永远不会停止，即使没有作业要处理，它仍处于一个等待循环中，以等待新作业的进入。因此，操作系统就不是一个算法。另外，程序中的指令必须是机器可执行的，而算法中的指令则无此限制。但是一个算法若用机器可执行的语言来书写，它就是一个程序。

6.3.2　算法分析

衡量一个算法的好坏，除其"正确性"外，还应考虑：

(1) 执行算法所消耗的时间；

(2) 执行算法所耗费的存储空间，其中主要应考虑辅存量的大小；

(3) 其他诸如算法是否易读，是否易于调试、测试等。

从主观上讲，我们希望选用一个既不占很多存储空间、运行时间又短且其他性能也好的算法。然而，实际上不可能做到十全十美，因为上述要求有时会相互抵触。例如，一个运行时间较短的程序往往占用的辅存量较大。因此，在不同情况下算法应有不同的选择。若程序使用次数较少，则力求算法简明易读；若程序需反复运行多次，则应尽可能选用快速的算法；若待解决问题的数据量较大，而机器的存储空间较小，则其算法应主要考虑如何节省空间。本书我们主要讨论算法的时间特性，偶尔也讨论空间特性。

一个算法所耗费的时间，应该是该算法中每条语句的执行时间之和，而每条语句的执行时间则是该语句的执行次数与该语句执行一次所需时间的乘积。在此，我们引入频度(Frequency Count)的概念。语句的频度即为语句重复执行的次数。

请看一个例子：求两个 n 阶方阵的乘积 C=A×B。

求解这个问题的算法描述如下：

```
#define n 自然数
MATRIXMLT(A, B, C)
Float A[][n], B[][n], C[][n];
    { int i, j, k;
```

(1)	for (i=0; i<n;i++)	n+1
(2)	for (j=0;j<n; j++)	n(n+1)
(3)	{ C[i][j]=0;	n^2
(4)	for(k=0; k<n;k++)	$n^2(n+1)$
(5)	C[i][j]=C[i][j]+A[i][k]*B[k][j]; }}	n^3

其中，右边列出的是各语句的频度。语句(1)的循环控制变量 i 要增加到 n，测试 i≥n 成立，循环才会终止，故它的频度是 n+1，但是它的循环体却只能执行 n 次。语句(2)作为语句(1)循环体内的语句，应该执行 n 次。但语句(2)本身要执行 n+1 次，所以语句(2)的频度是 n(n+1)。同理，语句(3)、(4)和(5)的频度分别是 n^2、$n^2(n+1)$ 和 n^3。该算法中所有语句的频度之和(即算法的时间耗费)为

$$T(n)=2n^3+3n^2+2n+1$$

由此可知，算法 MATRIXMLT 的时间耗费 T(n)是矩阵阶数 n 的函数。T(n)也称为算法的时间复杂度(Time Complexity)。

一般情况下，n 为问题的规模(大小)的量度，如矩阵的阶、多项式的项数、图中的顶点数等。一个算法的时间复杂度 T(n)是 n 的函数。当问题的规模 n 趋向无穷大时，我们把时间复杂度 T(n)的数量级(阶)称为算法的渐近时间复杂度。

例如，算法 MATRIXMLT 的时间复杂度 T(n)，当 n 趋向无穷大时，显然有

$$\lim_{n\to\infty}T(n)/n^3 = \lim_{n\to\infty}(2n^3+3n^2+2n+1)/n^3 = 2$$

这表明，当 n 充分大时，T(n)和 n^3 之比是一个不等于零的常数，即 T(n)和 n^3 是同阶的，或者说 T(n)和 n^3 的数量级相同，可记为 T(n)=O(n^3)。我们称 T(n)=O(n^3)是算法 MATRIXMLT 的渐近时间复杂度。其中记号"O"是数学符号，其严格的数学定义如下：

若 T(n)和 f(n)是定义在正整数集合上的两个函数，当存在两个正的常数 c 和 n_0 时，使得所有的 n≥n_0 时，都有 T(n)≤c·f(n)成立，则 T(n)=O(f(n))。

当我们评价一个算法的时间性能时，主要标准是算法时间复杂度的数量级，即算法的渐近时间复杂度。通常我们可以通过判定程序段中重复次数最多的语句的频度来估算法的时间复杂度。例如，算法 MATRIXMLT 的时间复杂度一般是指 T(n)=O(n^3)，这里的 f(n)=n^3 是该算法中语句(5)的频度。下面我们举例说明如何求算法的时间复杂度。

例：交换 i 和 j 的内容。

temp=i; i=j; j=temp;

以上三条单个语句的频度均为 1，该程序段的执行时间是一个与问题规模 n 无关的常数，因此，算法的时间复杂度为常数阶，记作 T(n)=O(1)。事实上，只要算法的执行时间不随着问题规模 n 的增加而增加，即使算法中有成千上万条语句，其执行时间也不过是一个较大的常数，此时，算法的时间复杂度也只是 O(1)。

对于较复杂的算法，我们则可以将它分隔成容易估算的几个部分，然后再利用"O"的求和原则得到整个算法的时间复杂度。例如，若算法的两个部分的时间复杂度分别为 $T_1(n)$=O(f(n))和 $T_2(n)$=O(g(n))，则总的时间复杂度为

$$T(n)=T_1(n)+T_2(n)=O(\max(f(n), g(n)))$$

又若 $T_1(m)$=O(f(m))，$T_2(n)$=O(g(n))，则总的时间复杂度为

$$T(m, n) = T_1(m) + T_2(n) = O(f(m) + g(n))$$

将常见的时间复杂度，按数量级递增排列，则依次为，常数阶 $O(1)$，对数阶 $O(\text{lb}n)$，线性阶 $O(n)$，线性对数阶 $O(n\text{lb}\,n)$，平方阶 $O(n^2)$，立方阶 $O(n^3)$，……，k 次方阶 $O(n^k)$，指数阶 $O(2^n)$。图 6.3 展示了不同数量级的时间复杂度。显然，时间复杂度为指数阶 $O(2^n)$ 的算法效率极低，当 n 值稍大时就无法应用。

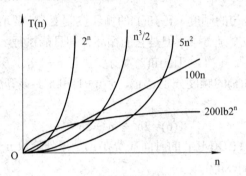

图 6.3　各种数量级的 T(n)

类似于时间复杂度的讨论，一个算法的空间复杂度(Space Complexity)S(n)定义为该算法所耗费的存储空间，它也是问题规模 n 的函数。渐近空间复杂度也常常简称为空间复杂度。

习　　　题

1. 简述下列概念:

　　数据　数据元素　数据结构　逻辑结构　存储结构　线性结构　非线性结构　算法
2. 试举一个数据结构的例子，叙述其逻辑结构、存储结构、运算这三个方面的内容。
3. 判断以下说法的正误:
(1) 数据元素是数据的最小单位。
(2) 数据的存储结构又称物理结构。
(3) 数据的逻辑结构说明数据元素之间的顺序关系,它依赖于计算机的存储结构。
(4) 数据的存储结构是指数据在计算机内实际的存储形式。
(5) 算法的时间复杂度取决于描述算法所用的语言。
(6) 程序就是算法，算法就是程序。
(7) 健壮的算法不会因非法的输入数据而出现莫名其妙的状态。
4. 什么叫算法？算法必须具有哪些性质？如何衡量一个算法的好坏？算法与程序有何不同？
5. 设 n 为正整数，利用大 "O" 记号，将下列程序段的执行时间表示为 n 的函数:

```
(1)  i=1;k=0;           (2)  i=0;k=0;            (3)  i=1;j=0;
     while (i<n) {           do {                     while (i+j<=n) {
         k=k+10*i;i++;           k=k+10*i;i++;             if (i>j) j++;
     }                      } while (i<n);               else i++;}
```

(4) x=n; y=0; /* n>1 */
    while (x>=(y+1)*(y+1))
    y++;

(5) x=91; y=100;
    while (y>0)
    if (x>100) {x=x−10; y−−; }
    else x++;

6. 按增长率由小至大的顺序排列下列各函数:

$$2^{100},\ (3/2)^n,\ n^n,\ n!,\ 2^n,\ \mathrm{lb}\,n,\ n^{\mathrm{lb}\,n},\ n^{3/2},\ \sqrt{n}$$

7. 用 C 语言设计算法求 x 和 y, 这两个整数的较大者。

第7章 线 性 表

线性表是计算机程序设计中最常遇到的一种操作对象，也是数据结构中最简单、最重要的结构形式之一。实际上，线性表在程序设计中大量使用，它对我们来说并不是一个陌生的概念。在这一章里，我们将从一个新的角度来更加系统地讨论它。

7.1 线性表的基本概念及运算

7.1.1 线性表的逻辑结构定义

线性表(Linear List)是最常用且最简单的一种数据结构。简单地讲，一个线性表是 n 个数据元素的有限序列$(a_1, a_2, \cdots, a_n)$。至于一个数据元素 a_i 的具体含义，在不同的情况下可以不同。例如，英文字母表(A，B，C，…，Z)是一个线性表，表中的每一个英文字母为一个数据元素。再如下面的学生成绩登记表，是略为复杂一点的线性表的例子，如表 7.1 所示。

表 7.1 学生成绩登记表

学号	姓 名	性别	年龄	数学	物理	化学	英语	平均分
1001	赵 敏	女	21	90	85	79	83	84
1002	刘小光	男	20	82	73	85	86	81
1003	孙 炎	男	21	76	66	72	68	71
1004	李军生	男	20	82	71	73	68	73
…	…	…	…	…	…	…	…	…

其中每个学生的成绩情况在表中各占一行，每行的信息说明某个学生四门课程的学习成绩及平均分。整个成绩登记表是线性的数据结构，表中的每一行即为一个数据元素，也称为一个结点(或记录)，它由多个数据项，如学号、姓名、性别、年龄、各科成绩等组成，这些数据项也称为记录的域，或称为字段。

综上所述，线性表是由 n(n≥0)个数据元素 a_1, a_2, …, a_n 构成的有限序列。其中，将数据元素的个数 n 定义为表的长度。当 n=0 时，为空表，通常将非空的线性表(n>0)记作$(a_1, a_2, \cdots, a_n)$。

如前所述，线性表中的数据元素可以是各种各样的，但同一线性表中的元素必定具有相同的特性。从线性表的定义可以看出它的逻辑特征是，对于非空的线性表，有且仅有一个开始结点 a_1，和一个终端结点 a_n。当 i=1，2，…，n−1 时，a_i 有且仅有一个直接后继 a_{i+1}；

当 i=2，3，…，n 时，a_i 有且仅有一个直接前趋 a_{i-1}。线性表中结点之间的逻辑关系即是上述的邻接关系，由于该关系是线性的，因此，线性表是一个线性结构。

7.1.2 线性表的运算

线性表是一个相当灵活的数据结构，不仅可对线性表的数据元素进行访问，还可进行其他运算，例如插入和删除等运算。这些运算均是定义在逻辑结构上的，而运算的具体实现则是在存储结构上进行的。

线性表的基本运算，常见的有以下几种：

(1) 置空表 SETNULL(L)：将线性表 L 置为空表。

(2) 求长度 LENGTH(L)：求线性表的长度。因此，LENGTH(L)可看成一个函数，函数值为线性表 L 的长度。

(3) 取结点 GET(L, i)：此函数仅当 $1 \leqslant i \leqslant$ LENGTH(L)时有意义，其函数值为数据元素 a_i(或 a_i 的位置)。

(4) 定位 LOCATE(L, x)：若线性表 L 中存在一个值为 x 的数据元素 a_i，则函数值为 i，即 a_i 在线性表中的位序；若存在多个值为 x 的数据元素，则函数值为最小的位序值；反之，若不存在，则函数值为零。

(5) 插入 INSERT(L, x, i)：在线性表 L 的第 i 个位置插入一个值为 x 的新的数据元素，使原编号为 i，i+1，…，n 的数据元素，变为编号为 i+1，i+2，…，n+1 的数据元素。这里 $1 \leqslant i \leqslant n+1$，而 n 是原线性表 L 的长度。

(6) 删除 DELETE(L, i)：删除线性表 L 的第 i 个结点，使得原编号为 i+1，i+2，…，n 的结点变成编号为 i，i+1，…，n–1 的结点。这里 $1 \leqslant i \leqslant n$，而 n 是原线性表 L 的长度。

(7) 取直接前趋 PRIOR(L, a_i)：已知 a_i 是线性表 L 中的一个数据元素，且 $2 \leqslant i \leqslant n$，则存在直接前趋。

(8) 取直接后继 NEXT(L, a_i)：已知 a_i 是线性表 L 中的一个数据元素，且 $1 \leqslant i \leqslant n-1$，则存在直接后继。

对线性表还可以进行一些更复杂的运算，如将两个或两个以上的线性表合并成一个线性表；将一个线性表拆成两个或两个以上的线性表；重新复制一个线性表；对线性表中的数据元素按某个数据项递增(或递减)的顺序进行重新排列(由此而得到的线性表称为有序表)；等等。这些运算均可利用上述基本运算来实现。

[例 7.1] 利用线性表的基本运算清除表 L 中多余的重复结点。

实现该运算的基本思想是，从表 L 的第一个结点(i=1)开始，逐个检查 i 位置以后的任意位置 j，若两结点相同，则将位置 j 上的结点从表 L 中删除，当 j 遍历了 i 后面的所有位置之后，i 位置上的结点就成为当前表 L 中没有重复的结点，然后将 i 向后移动一个位置。重复上述过程，直至 i 移到当前表 L 的最后一个位置为止。该运算可用如下算法描述：

```
PURGE(L)                    /* 删除线性表 L 中重复出现的多余结点 */
Linear_list *L;
{ int i=1, j, x, y;
  while (i<LENGTH(L))       /* 每次循环使当前第 i 个结点是无重复的结点 */
```

```
{ x=GET(L, i);                          /* 取当前第 i 个结点 */
  j=i+1;
    while (j<=LENGTH(L))
    { y = GET(L, j);                     /* 取当前第 j 个结点   */
      if (x==y) DELETE(L, j);            /* 删除当前第 j 个结点 */
      else j++;
    }
    i++;
  }
}                                        /* PURGE */
```

算法中的 DELETE 操作，使位置 j+1 上的结点及其后续结点均前移了一个位置，因此，应继续比较位置 j 上的结点是否与位置 i 上的结点相同；同时 DELETE 操作使当前表长度减 1，故循环的终值分别使用了求长度运算 LENGTH 以适应表长的变化。

7.2 线性表的顺序存储结构

7.2.1 顺序表

在计算机内，可以用不同的方式来表示线性表，其中最简单和最常用的方式是用一组地址连续的存储单元依次存储线性表的元素。

假设线性表的每个元素需占用 c 个存储单元，并以所占第一个单元的存储地址作为数据元素的存储位置。那么线性表中第 i+1 个数据元素的存储位置 $Loc(a_{i+1})$ 和第 i 个数据元素的存储位置 $Loc(a_i)$ 之间满足下列关系(如图 7.1 所示)：

$$Loc(a_{i+1}) = Loc(a_i) + c \qquad (7.1)$$

一般来说，线性表的第 i 个元素 a_i 的存储位置为

$$Loc(a_i) = Loc(a_1) + (i-1)*c \quad 1 \leqslant i \leqslant n \qquad (7.2)$$

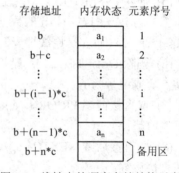

图 7.1 线性表的顺序存储结构示意图

式中 $Loc(a_1)$ 是线性表的第一个数据元素 a_1 的存储位置，通常称为线性表的起始位置或基地址。

线性表的这种表示称为线性表的顺序存储结构或顺序映像，该表也称顺序表。只要确定了起始位置，线性表中任一数据元素都可随机存取，所以线性表的顺序存储结构是一种随机存取的存储结构。

由于 C 语言中的向量(一维数组)也是采用顺序存储方法表示，故可以用向量这种数据类型来描述顺序表：

```
typedef int datatype;        /* datatype 可为任何类型，这里假设为 int */
#define maxsize 1024         /* 线性表可能的最大长度，这里假设为 1024 */
typedef struct
{ datatype data[maxsize];
```

```
        int last;
    } sequenlist;
```

其中，数据域 data 是存放线性表结点的向量空间，向量的下标从 0 开始，到 maxsize−1 结束，线性表的第 i 个结点存放在向量的第 i−1 个分量中，下标是 i−1，并假设表中结点的个数始终不超过向量空间的大小 maxsize；数据域 last 指示线性表的终端结点在向量空间中的位置，因为向量空间的下界是 0，故 last+1 是当前表的长度；datatype 是表中结点的类型，在此可认为它是某种定义过的类型，其具体含义视具体情况而定，例如，若线性表是学生成绩表，则 datatype 就是已定义过的表示学生学习情况的结构类型。

总之，顺序表是用向量实现的线性表，是一种随机存储结构。其特点是以元素在计算机内物理位置上的紧邻来表示线性表中数据元素之间相邻的逻辑关系。

7.2.2 顺序表的基本运算

在顺序存储结构下，某些线性表的运算相当容易实现，例如，求线性表的长度，读线性表中第 i 个数据元素或取第 i 个数据元素的直接前趋和直接后继等。下面重点讨论线性表中数据元素的插入和删除运算。

1. 插入运算

我们在顺序表的第 $i(1 \leqslant i \leqslant n+1)$ 个位置上，插入一个新结点 x，使长度为 n 的线性表：

$$(a_1, \cdots, a_{i-1}, a_i, \cdots, a_n)$$

变成长度为 n+1 的线性表：

$$(a_1, \cdots, a_{i-1}, x, a_i, \cdots, a_n)$$

从表中可看出数据元素 a_{i-1} 与 a_i 的逻辑关系发生了变化。由于顺序表中逻辑相邻的元素在物理位置上也相邻，故必须移动元素才能反映这种逻辑关系的变化，即将表中位置 n，n−1，…，i 上的结点依次后移到 n+1，n，…，i+1 上，空出第 i 个位置，然后在该位置上插入新结点 x。仅当插入位置 i=n+1 时，才无须移动结点，直接将 x 插入表的末尾。插入过程如图 7.2 所示。

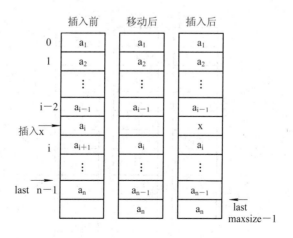

图 7.2 顺序表插入元素的过程

其具体算法描述如下：

```
    int INSERT(sequenlist *L, int x, int i)        /* 将新结点 x 插入顺序表 L 的第 i 个位置上，
                                                        L 是 sequenlist 类型的指针变量 */
    { int j;
        if ((L—> last)>=maxsize−1)
        { printf ("overflow"); return 0;}          /* 表空间溢出 */
        else
        If ((i<1)||(i>(L—> last)+2))
        { printf("error"); return NULL;}           /* 非法位置 */
        else
        { for (j=L—> last; j>=i−1;j− −)
         L—> data[j+1]= L—> data[j];               /* 结点后移 */
         L—> data[i−1]=x;                          /* 插入 x，存在(*L).data[i−1]中 */
         L—> last=L—>>last+1;                      /* 终端结点下标加 1 */
        }
        return(1);
    }                                               /* INSERT */
```

2. 删除运算

顺序表的删除运算是指将表的第 i(1≤i≤n)个结点删去，使长度为 n 的线性表：

$$(a_1, \cdots, a_{i−1}, a_i, a_{i+1}, \cdots, a_n)$$

变成长度为 n−1 的线性表：

$$(a_1, \cdots, a_{i−1}, a_{i+1}, \cdots, a_n)$$

表中数据元素 $a_{i−1}$，a_i，a_{i+1} 的逻辑关系也发生了变化。为了在存储结构上反映这个变化，同样需要移动元素，即若 1≤i≤n−1，则必须将表中位置 i+1，i+2，…，n 上的结点，依次前移到位置 i，i+1，…，n−1 上，以填补删除操作造成的空缺；若 i=n，则只要简单地删除终端结点，而无须移动。其删除过程如图 7.3 所示。具体算法描述如下：

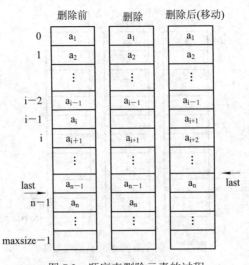

图 7.3　顺序表删除元素的过程

```
int DELETE (sequenlist *L, int i)                /* 从顺序表中删除第 i 个位置上的元素 */
{ int j;
  if ((i<1)||(i>L—>ast+1))
  { printf ("error");return 0;}                  /* 非法位置 */
    else
  { for(j=i; j<=L—>last; j++)                     /* 第 i 个结点下标值是 i–1 */
    L—>data(j–1)=L—> data[j];                     /* 结点前移 */
    L—> last– –;                                  /* 表长减 1 */
  }
  return (1);
}                                                /* DELETE */
```

3. 算法分析

从上面两个算法可看出，顺序表的插入与删除运算，其时间主要耗费在移动元素上，而移动元素的个数不仅依赖于表长 n，而且还与插入及删除的位置 i 有关。

为了不失一般性，假设 p_i 是在第 i 个位置上插入一个元素的概率，则在长度为 n 的线性表中插入一个元素时所需移动元素次数的期望值(平均次数)为

$$E_{IS} = \sum_{i=1}^{n+1} p_i(n-i+1) \tag{7.3}$$

假设 q_i 是删除第 i 个元素的概率，则在长度为 n 的线性表中删除一个元素所需移动元素次数的期望值(平均次数)为

$$E_{DE} = \sum_{i=1}^{n} q_i(n-i) \tag{7.4}$$

假设在线性表的任何位置上插入或删除元素的概率相等，则 $p_i = 1/n+1$，$q_i = 1/n$，故

$$E_{IS} = \sum_{i=1}^{n+1} \frac{1}{n+1}(n-i+1) = \frac{n}{2} \tag{7.5}$$

$$E_{DE} = \sum_{i=1}^{n} \frac{1}{n}(n-i) = \frac{n-1}{2} \tag{7.6}$$

因此，在顺序表上进行插入或删除运算时，均需移动表中的一半元素。若表长为 n，则两个算法的时间复杂度为 O(n)。由此看出，当表长 n 较大时，算法的效率相当低。

7.3　线性表的链式存储结构

上一节我们研究了线性表的顺序存储结构，它的特点是逻辑关系上相邻的两个元素在物理位置上也相邻。这一特点使得顺序表具有如下的优缺点，其优点是，可以随机存取表中任意元素；其存储位置可用一个简单直观的公式来表示。然而，这一特点也铸成了这种存储结构的三个缺点：第一，在进行插入或删除运算时，需移动大量元素；第二，在给长度变化较大的线性表预先分配存储空间时，必须按最大存储空间分配，使存储空间不能得到充分利用；第三，表的容量难以扩充。

为了克服顺序表的缺点，我们可以采用链式存储方法存储线性表，通常我们称该表为链表(Linked List)。

从实现的角度看，链表可分为动态链表和静态链表。静态链表是顺序的存储结构，在物理地址上是连续的，而且需要预先分配地址空间大小。所以静态链表的初始长度一般是固定的，在做插入和删除操作时不需要移动元素，仅需修改指针。动态链表是用内存申请函数动态申请内存的，所以在链表的长度上没有限制。动态链表因为是动态申请内存的，所以每个节点的物理地址不连续，要通过指针来顺序访问。

从链接方式的角度看，链表又可分为单链表、循环链表和双链表。值得指出的是，链式存储是最常用的存储方法之一，它不仅可以用来存储线性表，而且可以用来存储各种非线性的数据结构，这一点在以后的章节中将会介绍。

7.3.1　单链表

在顺序表中，我们是用一组地址连续的存储单元来依次存放线性表的结点，因此结点的逻辑次序和物理次序一致。而链表则不同，链表是用一组任意的存储单元来存放线性表的元素，这组存储单元既可以是连续的，也可以是不连续的。因此，为了正确表示元素间的逻辑关系，在存储每个元素值的同时，还必须存储其后继元素的地址(或位置)信息。这两部分信息组成数据元素 a_i 的存储映像，即结点。它包括两个域：存储数据元素信息的域，称作数据域；存储后继元素地址信息的域，称作指针域，指针域中存储的信息称作指针或

链，结点结构为 | data | next | ，data 域是数据域，next

域是指针域。n 个结点链接成一个链表，即为线性表的链式存储结构。由于此链表的每个结点中只包含一个指针域，故将这种链表称为单链表。

　　显然，单链表中每个结点的存储地址是存放在其直接前趋结点的 next 域中。而开始结点无直接前趋，故应设头指针 head 指向开始结点。同时，终端结点的指针域为空，即 NULL(也可用∧表示)。图 7.4 是线性表(Zhao，Qian，Sun，Li，Zhou，Wu，Zheng，Wang)的单链表示意图。

由于单链表只注重结点间的逻辑顺序，并不关心每个结点的实际存储位置，因此我们通常是用箭头来表示链域中的指针，于是链表就可以更直观地画成箭头链接起来的结点序列。例如，图 7.4 可以画成如图 7.5 所示的形式。

	数据域	指针域
	⋮	⋮
110	Zhou	200
	⋮	⋮
130	Qian	135
135	Sun	170
	⋮	⋮
160	Wang	NULL
165	Zhao	130
170	Li	110
	⋮	⋮
200	Wu	205
205	Zheng	160
	⋮	⋮

头指针 head 165

图 7.4　单链表示意图

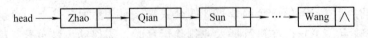

图 7.5　单链表的一般图示法

单链表是由头指针唯一确定的，因此单链表可以用头指针的名字来命名。例如，若头

指针名是 head，则把链表称为表 head。用 C 语言描述单链表的算法如下：

```
typedef int dataype;
typedef struct node          /* 结点类型 */
{ datatype data;
    struct node *next;
} linklist;
linklist *head，*p;          /* 指针类型说明 */
```

值得注意的是，指针变量要么为空，不指向任何结点；要么为非空，它的值为结点的地址，指针变量所指向的结点地址并没有具体说明，而是在程序执行过程中，需要结点时才产生的；结点变量是由指针变量指示其地址的存储空间，包含数据域和指针域，结点变量的访问只能通过指向它的指针进行，它是一个动态变量。

实际上，以上定义的 p 所指向的结点变量是通过标准函数生成的，即

$$p=malloc(sizeof(linklist));$$

函数 malloc 分配一个类型为 node 的结点变量的空间，并将其地址放入指针变量 p 中。一旦所指的结点变量不再需要了，又可通过标准函数 free(p)释放 p 所指的结点变量空间。因此，我们无法通过预先定义的标识符去访问这种动态的结点变量，而只能通过指针 p 来访问它。由于结点类型 node 是结构类型，因而*p 是结构名,故可加上"."来取该结构的两分量(*p).data 和(*p).next。这种表示形式总是要使用圆括号，显然很不精练。因此，在 C 语言中，对指针所指结构体的成员进行访问时，通常用运算符"−>"来表示，例如取上面结构中的两个分量，可以写成 p−>data 和 p−>next。它与前一种表示法的意义完全相同，它们之间的关系如图 7.6 所示。

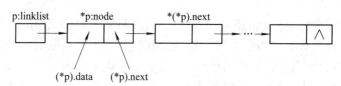

图 7.6   指针变量 p(其值是结点地址)和结点变量*p (其值是结点内容)之关系

7.3.2　单链表的基本运算

下面我们将讨论用单链表作存储结构时，如何实现线性表的几种基本运算，为此，首先讨论如何建立单链表。

1．建立单链表

假设线性表中结点的数据类型是字符，我们逐个输入这些字符型的结点，并以"$"为输入结束标志。动态地建立单链表的常用方法有如下两种：

1) 头插法建表

头插法建表从一个空表开始，重复读入数据，生成新结点，它先将数据存放到新结点的数据域中，然后将新结点插入到当前链表的表头上，直至读入结束标志为止。图 7.7 表明了在空链表 head 中依次插入 a，b，c 之后，将 d 插入到当前链表表头时指针的修改情况。

图中的序号表明了结点插入时的操作次序。

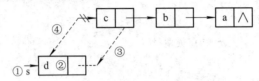

图 7.7 将结点*s 插到单链表 head 的头上

头插法建表算法描述如下：

```
linklist *CREATLISTF( )
{ char ch;                         /* 逐个输入字符，以"$"为结束符，返回单链表头指针 */
  linklist *head,*s;
  head=NULL;                       /* 链表开始为空 */
  ch=getchar( );                   /* 读入第一个结点的值 */
  while (ch!='$')
    { s=(linklist*)malloc(sizeof(linklist));  /* 生成新结点 */
      s—> data=ch;                 /* 将输入数据放入新结点的数据域中 */
      s—> next=head;
      head=s;                      /* 将新结点插入到表头上 */
      ch=getchar( );               /* 读入下一个结点的值 */
    }
  return head;                     /* 返回链表头指针 */
}                                  /* CREATLISTF */
```

2) 尾插法建表

头插法建表虽简单，但生成的链表中结点的次序和输入的顺序相反。若希望两者次序一致，可利用尾插法建表。该方法是将新结点插到当前链表的表尾上，为此必须增加一个尾指针 r，使其始终指向当前链表的尾结点。例如，在空链表 head 中插入 a，b，c 之后，将 d 插入到当前链表的表尾，其指针修改情况如图 7.8 所示。图中序号同样表明了操作顺序。

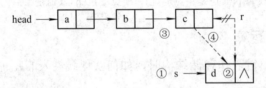

图 7.8 新结点*s 插入到单链表 head 的尾上

尾插法建表算法描述如下：

```
linklist *CREATLISTR()                      /* 尾插法建立单链表，返回表头指针 */
{ char ch;
  linklist *head, *s, *r;
  head=NULL;                                /* 链表初值为空 */
  r=NULL;                                   /* 尾指针初值为空 */
  ch=getchar();                             /* 读入第一个结点值 */
```

```
    while (ch!=' $ ')                              /* 以 "$" 为输入结束符 */
    { s=(linklist*)malloc(sizeof(linklist));       /* 生成新结点*s */
     s—> data=ch;
     if (head==NULL) head=s;                       /* 新结点*s 插入空表 */
     else r—> next=s;                              /* 非空表，新结点*s 插入到尾结点 */
     r=s;                                          /* 尾指针 r 指向新的表尾 */
     ch=getchar( );                                /* 读入下一结点值 */
    }
    if (r!=NULL) r—> next=NULL;                     /* 对非空表，将尾结点的指针域置空 */
    return head;                                    /* 返回单链表头指针 */
    }                                              /* CREATLISTR */
```

分析上述算法，可以发现：我们必须对第一个位置上的插入操作进行特殊处理，如果我们在链表的开始结点之前附加一个结点，并称它为头结点，那么可将上述算法加以简化：

```
    linklist *CREATLISTR1( )           /* 尾插法建立带头结点的单链表，返回表头指针 */
    { char ch;
     linklist *head,*s,*r;
     head=(linklist*)malloc(sizeof(linklist));      /* 生成头结点 head */
     r=head;                                        /* 尾指针指向头结点 */
     ch=getchar( );
     while(ch!=' $ ')                               /* "$" 为输入结束符 */
     { s=(linklist*)malloc(sizeof(linklist));       /* 生成新结点*s */
       s—> data=ch;
       r—> next=s;                                  /* 新结点插入表尾 */
       r=s;                                        /* 尾指针 r 指向新的表尾 */
       ch=getchar( );                              /* 读入下一个结点的值 */
     }
     r—> next=NULL;
     return head;                                   /* 返回表头指针 */
    }                                              /* CREATLISTR1 */
```

这种带头结点的单链表如图 7.9 所示，图中 # 部分表示头结点的数据域不存储信息，但是在有的应用中，可利用该域来存放表的长度等附加信息。

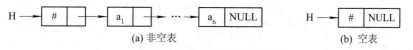

(a) 非空表   (b) 空表

图 7.9 带头结点的单链表 head

这种带有头结点的链表有以下优点：

(1) 由于开始结点的位置被存放在头结点的指针域中，所以在链表的第一个位置上的操作就和在表的其他位置上的操作一致，无须进行特殊处理；

(2) 无论链表是否为空，其头指针是指向头结点的非空指针(空表中头结点的指针域为空)，因此空表和非空表的处理也就统一了。

以上三个算法，其时间复杂度均是 O(n)。

2. 插入及删除运算

在线性表的顺序存储结构中，由于它具有逻辑位置与物理位置一致的特点，使得在进行元素插入和删除运算时有大量的元素参加移动，而在单链表存储结构中，元素的插入或删除，只需修改有关的指针内容，无需移动元素。

1) 插入运算

假设指针 p 指向单链表的某一结点，指针 s 指向待插入的其值为 x 的新结点。现欲将新结点*s 插入到结点*p 之后，其插入过程如图 7.10 所示。算法描述如下：

```
INSERTAFTER (linklist *p, datatype x)        /* 将值为 x 的新结点插入*p 之后  */
{ linklist *s;
  s=(linklist*) malloc (sizeof (linklist));   /* 生成新结点*s */
  s—> data=x;
  s—> next=p—> next; p—> next=s;             /* 将*s 插入*p 之后  */
}                                             /* INSERTAFTER */
```

该算法的时间复杂度是 O(1)。

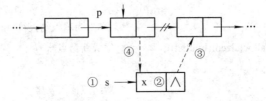

图 7.10　在*p 之后插入*s

[例 7.2]　在单链表上，将值为 x 的新结点插入结点*p 前。

该插入操作为前插操作。前插操作必须修改*p 的前趋结点的指针域，需要确定其前趋结点的位置。但由于单链表中没有前趋指针，所以一般情况下，必须从头指针起，顺序找到*p 的前趋结点*q。前插过程如图 7.11 所示。

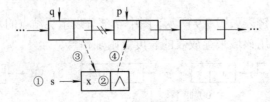

图 7.11　在*p 之前插入*s

算法描述如下：

```
/* 在带头结点的单链表 head 中，将值为 x 的新结点插入*p 之前 */
INSERTBEFORE (linklist *head, linklist *p, datatype x)
```

```
    { linklist *s,*q;
      s=(linklist*)malloc(sizeof (linklist));        /*  生成新结点*s */
      s—> data=x;
      q=head;                                          /*  从头指针开始  */
      while (q—> next!=p) q=q—> next;                  /*  查找*p 的前趋结点*q */
      s—> next=p; q—> next=s;                          /*  将新结点*s 插入*p 之前  */
    }                                                  /* INSERTBEFORE */
```

值得说明的是，在前插算法中，若单链表 head 没有头结点，则当*p 是开始结点时，前趋结点*q 不存在，则必须进行特殊处理。上述算法的执行时间与位置 p 有关，在等概率假设下，平均时间复杂度是 O(n)。要想改善前插的时间性能，可采用改进措施。请读者考虑如何改进，并写出改进算法，试分析改进后算法的时间复杂度。

[例 7.3]　在单链表上实现线性表的插入运算 INSERT(L,x,i)。

该运算是生成一个值为 x 的新结点，并插入到链表中第 i 个结点之前，也就是插入到第 i–1 个结点之后。因此我们可以先用函数 GET 求得第 i–1 个结点的存储位置 p，即

$$p = GET(L, i-1)$$

这样，问题就转化为在结点*p 之后进行后插操作。具体算法如下：

```
    INSERT(linklist *L, datatype x, int i)
    { linklist *p;
      int j;
      j=i–1;
      p=GET(L, j);                    /* 找第 i–1 个结点*p */
      if (p==NULL) print("error");    /* i<1 或 i>(n+1) */
      else INSERTAFTER(p, x);         /* 将值为 x 的新结点插到*p 之后  */
    }                                 /* INSERT */
```

设单链表的长度为 n，合法的前插位置是 1≤i≤n+1，即合法的后插位置是 0≤i–1≤n，因此用 i–1 作实参调用 GET 时，可完成插入位置的合法性检查。算法的时间主要耗费在查找操作 GET 上，所以时间复杂度为 O(n)。

2) 删除运算

要删除单链表中结点*p，就应修改*p 的前趋结点*q 的指针域。因此一般情况下也要从头指针开始顺着链找到*p 的前趋结点*q，然后删除*p。其删除过程如图 7.12 所示。

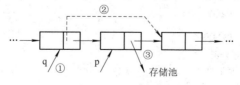

图 7.12　删除结点*p

具体算法如下：

```
    DELETE (linklist *p, linklist *head)          /*  删除单链表 head 的结点*p */
    { linklist *q;
```

```
    q=head;
    while (q-> next!=p) q=q-> next;                    /* 查找*p 的前趋结点*q */
    q-> next=p-> next;                                 /* 删除结点*p */
    free(p);                                           /* 释放结点*p */
}                                                      /* DELETE */
```

该算法的时间复杂度为 O(n)，这是因为在单链表上删除结点时虽不需要移动结点，但为了寻找被删结点，仍需从头开始查找。

[例 7.4] 在单链表上实现线性表的删除运算 DELETE(L, i)。

要使删除运算简单，就必须得到被删结点的前趋结点，即第 i - 1 个结点*p，然后删除*p 的后继结点。算法如下：

```
    DELETE(linklist *L, int i)                         /* 删除带头结点的单链表 L 的第 i 个结点 */
    { linklist *p, *r;
     int j;
     j=i-1;
     p=GET(L, j);                                       /* 找到第 i-1 个结点 */
     if ((p!=NULL) && (p-> next!=NULL))
     { r=p-> next;                                      /* *r 为结点*p 的后继结点 */
      p-> next=r-> next;                                /* 将结点*r 从链表上删除 */
      free(r);                                          /* 释放结点*r */
     }
     else                                               /* i<1 或 i>n */
     printf(″ error″)
    }                                                   /* DELETE */
```

[例 7.5] 将两个递增单链表合并为一个递增单链表，要求不另开辟空间。

算法描述如下：

```
    UNION(linklist *la, linklist *lb);                  /* 合并递增单链表 la 和 lb */
    { linklist *p, *q, *r, *u;
     p=la-> next; q=lb-> next;
     r=la;                                              /* *r 为*p 的直接前趋结点 */
     while ((p!=NULL)&&(q!=NULL))
     { if (p-> data>q-> data)
      { u=q-> next;r-> next=q;
        r=q;q-> next=p; q=u;
      }
      else
      { r=p; p=p-> next;}
     }
     if (q!=NULL) r-> next=q;
```

```
        }                                        /* UNION */
```

3. 查找运算

在单链表中还可进行查找运算，这种运算又分为按序号查找和按值查找。

1) 按序号查找

在链表中，即使知道被访问结点的序号 i，也不能像顺序表中那样直接按序号 i 访问结点，而只能从链表的头指针出发，顺着链逐个结点往下搜索，直至搜索到第 i 个结点为止。因此，链表不是随机存取结构。

设单链表的长度为 n，要查找表中第 i 个结点，仅当 1≤i≤n 时，i 值是合法的。但有时需要找头结点的位置，故我们把头结点看作是第 0 个结点，因而下面给出的算法中，我们从头结点开始顺着链扫描，用指针 p 指向当前扫描到的结点，用 j 作计数器，累计当前扫描过的结点数。p 的初值指向头结点，j 的初值为 0，当 p 扫描到下一个结点时，计数器 j 相应地加 1。因此当 j＝i 时，指针 p 所指的结点即是要找的第 i 个结点。算法如下：

```
    /* 在带头结点的单链表 head 中查找第 i 个结点，若找到，则返回该结点的存储位置；否则
       返回 NULL */
    linklist *GET(linklist *head, int i)
    { int j;
      linklist *p;
      p=head; j=0;                       /* 从头结点开始扫描 */
      while ((p-> next!=NULL) &&(j<i))
      { p=p-> next;                      /* 扫描下一个结点 */
        j++;                             /* 已扫描结点计数器 */
      }
      if (i==j) return p;                /* 找到了第 i 个结点 */
      else return NULL;                  /* 找不到，i≤0 或 i>n */
    }                                    /* GET */
```

该算法的时间复杂度为 O(n)。

2) 按值查找

按值查找指查找过程从开始结点出发，顺着链逐个将结点的值和给定值 key 作比较。其算法如下：

```
    /* 在带头结点的单链表 head 中查找其结点值等于 key 的结点，若找到则返回该结点的位置 p;
       否则返回 NULL */
    linklist *LOCATE( linklist *head, datatype key)
    { linklist *p;
      p=head-> next;                     /* 从开始结点比较 */
      while (p!=NULL)
      if (p-> data!=key)
      p=p-> next;                        /* 没找到，继续循环 */
```

```
        if (p==NULL) return NULL;
        else return p;                          /* 找到结点 key，退出循环 */
    }                                           /* LOCATE */
```
该算法的平均时间复杂度与按序号查找相同，也为 O(n)。

7.3.3 循环链表

循环链表(Circular Linked List)是另一种形式的链式存储结构，它的特点是表中最后结点的指针域指向头结点，整个链表形成一个环。由此，从表中任意结点出发均可找到表中其他结点，图 7.13 所示为单循环链表。

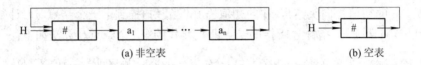

(a) 非空表   (b) 空表

图 7.13 单循环链表

类似地，还有多重链的循环链表，即表中的结点不是链在一个环上，而是链在多个环上。在循环链表中，为了使空表的处理一致，必须设置一个头结点(如图 7.13 所示)。循环链表的运算和单链表基本一致，差别仅在于算法中对最后一个结点的循环处理有所不同。

在用头指针表示的单循环链表中，找开始结点 a_1 的时间复杂度是 O(1)，然而要找到终端结点 a_n，则需从头指针开始遍历整个链表，其时间复杂度是 O(n)。在许多实际问题中，表的操作常常是在表的首尾位置上进行，此时头指针表示的单循环链表就显得不够方便。如果改用尾指针 rear 来表示单循环链表(如图 7.14 所示)，则查找开始结点 a_1 和终端结点 a_n 都很方便，它们的存储位置分别是 rear—>next—>next 和 rear，显然，查找时间复杂度都是 O(1)。因此，实用中多采用尾指针表示单循环链表。例如，在讨论将两个线性表合并成一个表时，只要将一个表的表尾和另一个表的表头链接即可，故可使运算时间复杂度简化为 O(1)。

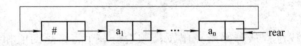

图 7.14 仅设尾指针 rear 的单循环链表

[例 7.6] 在循环链表的第 i 个元素之后插入元素 x。

具体算法如下：
```
    INSERT (linklist *head, datatype x, int i)     /* 在循环链表第 i 个元素之后插入元素 x */
    { linklist *s;
      int j;
      s=(*linklist)malloc(sizeof(linklist));
      s—> data=x;                               /* 生成值为 x 的新结点 */
      p=head; j=0;
```

```
        while ((p—>next!=head) &&(j<i))
        { p=p—>next; j++;}
         if (i=j)
        { s—>next=p—>next; p—>next=s;}          /* 插入操作 */
           else
           printf (″error″);
        }                                          /* INSERT */
```

下面我们介绍循环链表在多项式中的应用。

[例 7.7]　一元多项式的表示及相加。

一般情况下，一元 n 次多项式可写成

$$p_n(x) = p_1 x^{e_1} + p_2 x^{e_2} + \cdots + p_m x^{e_m}$$

其中，p_i 是指数为 e_i 的项的非零系数，且满足

$$0 \leqslant e_1 < e_2 < \cdots < e_m = n$$

在计算机内，我们用一个结点来存放多项式的一项，为了
节约空间，并和书写习惯保持一致，只需保留非零系数的项。
每个结点的系数、指数和指针三个域，如图 7.15 所示，其中的
指针 next 指明下一项的位置。

图 7.15　多项式结点形式

结点类型说明如下：

```
        typedef struct pnode
        { float coef;              /* 系数 */
         int exp;                  /* 指数 */
         struct pnode *next;
        } polynode;
```

例如，图 7.16 所示的两个如上描述的带头结点的循环单链表，分别表示多项式
$A_4(x) = 7 + 3x + 9x^8 + 5x^{17}$ 和多项式 $B_3(x) = 8x + 22x^7 - 9x^8$。

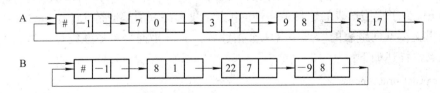

图 7.16　多项式的循环链式存储结构

两个多项式相加的运算规则很简单，即对所有指数相同的项，将其对应系数相加，若
和不为零，则构成和多项式中的一项；另外，将所有指数不相同的项复制到和多项式中。
具体实现时，可采用另建和多项式的方法，或采用把一个多项式归并入另一个多项式的方
法。我们以后种方法为例，简述其运算过程。

设有两个多项式 A 和 B，和多项式 C=A+B，由于不另生成结点表示 C，故可以看作
A+B 再赋值于 A，所以有以下运算：设 p 和 q 分别指向多项式 A 和 B 中的某一个结点，比

较结点中的指数项，若有 p–>exp＞q–>exp，此时*q 结点应为和多项式中的一项，*q 结点应插在 p 结点之前；若有 p–>exp=q–>exp，则进行系数相加，若和不为零，修改*p 结点的系数域，否则删除*p 结点；若有 p–>exp＜q–>exp，则*p 为和多项式中的一项。所有操作进行之后必须有相应的指针修改动作。读者可据此写出相应的算法，即

```
        polynode *polyadd (polynode *pa, polynode *pb);          /* 多项式相加运算 A＝A＋B */
        { polynode *p, *q, *r, *s;
          folat x;
          p=pa–> next; q=pb–> next;
          s=pa;                                                   /* *s 为*p 的直接前趋结点 */
          while ((p!=pa) && (q!=pb))
          { if (p–> exp<q–> exp)   {s=p; p=p–> next;}             /* p 指针后移 */
            if (p–> exp>q–> exp) { r=q–> next; q–> next=p; s–> next=q; s=q; q=r;}
            else {
                x=p–> coef+q–> coef;
                if (x!=0) {p–> coef=x; s=p;}
                else    { s–> next=p–> next; free(p)}
                p=s–> next;r=q; q=q–> next; free(r);
                }
          }
          if (q!=qb) s–> next=q;                                  /* 将 B 中剩余结点链入多项式 A 中 */
        }                                                         /* polyadd */
```

7.3.4 双向链表

以上讨论的链式存储结构的结点，只有一个指示直接后继结点的指针域，由此，从某个结点出发只能顺着指针往后寻找其他结点，若要寻找结点的直接前趋结点，则需从表头指针出发。换句话说，在单链表中，NEXT(L, a_i)的执行时间为 O(1)，而 PRIOR(L, a_i)的执行时间为 O(n)。为了克服链表的这种单向性的缺点，我们可利用双向链表(Double Linked List)。

顾名思义，双向链表的结点中有两个指针域，其一指向直接后继结点，另一个指向直接前趋结点，描述如下：

```
        typedef struct dnode
        { datatype data;
            struct dnode *prior, *next;
        } dlinklist;
        dlinklist *head;
```

和单链表类似，双链表一般也是由头指针 head 唯一确定的，增加头结点也能使双链表上的某些运算变得方便。同样将头结点和尾结点链接起来也能构成循环链表，并称之为双向链表，如图 7.17(b)和(c)所示。

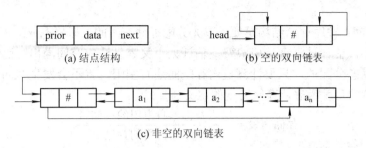

(a) 结点结构　　　　　　　　(b) 空的双向链表

(c) 非空的双向链表

图 7.17　双向链表示意图

在双向链表中，有些运算如 LENGTH(L)、GET(L, i)、LOCATE(L, x)等仅需涉及一个方向的指针，则它们的算法描述和线性链表的运算相同，但插入、删除运算却有很大的不同，即在双向链表中需同时修改两个方向的指针，图 7.18 和图 7.19 分别显示了删除和插入结点时指针修改的情况。

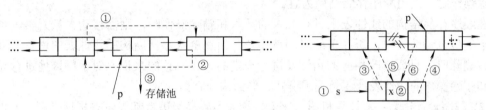

图 7.18　双向链表上删除结点*p　　　　　图 7.19　双向链表上的前插操作

删除算法描述如下：

DELETENODEP(dlinklist *p)　　　　　　　/* 删除双向链表结点*p */

{ p—> prior—> next=p—> next; p—> next—> prior=p—> prior;

free(p);

}　　　　　　　　　　　　　　　　　/* DELETENODEP */

前插算法描述如下：

DINSERTBEFORE(dlinklist *p, datatype x)　　/* 在结点*p 之前插入值为 x 的结点 */

{ dlinklist *s;

s=(dlinklist*)malloc(sizeof(dlinklist));

s—> data=x; s—> prior=p—> prior; s—> next=p;

p—> prior—> next=s; p—> prior=s;

}　　　　　　　　　　　　　　　　　/* DINSERTBEFORE */

因为双向链表上前插操作和删除某结点*p 的操作都很方便，所以在双向链表上实现其他的插入操作和删除操作，都无须转化为后插操作及删除后继结点的操作。例如，在双向链表的第 i 个位置上插入或删除结点，可直接找到表的第 i 个结点*p，然后调用 DINSERTBEFORE 或 DELETENODEP 即可完成操作，而不像单链表中那样，要找到第 i 个结点的前趋结点才能进行，所以双向链表表示显得更为自然。

以上详细介绍了线性表及其两种存储结构，在实际应用中究竟如何选择，主要根据具体问题的要求和性质，再结合顺序和链式两种存储结构的特点来决定，通常从以下几方面考虑：

(1) 存储空间：顺序存储结构是要求事先分配存储空间的，即静态分配，所以难以估计存储空间的大小。估计过大会造成浪费，估计太小又容易造成空间溢出。而链式存储结构的存储空间是动态分配的，只要计算机内存空间还有空闲，就不会发生空间溢出。另外还可以从存储密度的角度考虑，存储密度的定义为

$$存储密度 = \frac{结点数据本身占用的存储量}{结点结构占用的存储量}$$

一般来说，存储密度越大，存储空间的利用率就越高。显然，顺序存储结构的存储密度为 1，而链式存储结构的存储密度小于 1。

(2) 运算时间：顺序存储结构是一种随机存取结构，便于元素的随机访问，即表中每一个元素都可以在 $O(1)$ 时间复杂度情况下迅速存取；而链式存储结构中为了访问某一个结点，必须从头指针开始顺序查找，其时间复杂度为 $O(n)$。所以只进行查找操作而很少进行插入和删除操作时，采用顺序存储结构为宜。

在顺序存储结构的线性表上进行元素的插入和删除操作时，则需移动大量元素，当表中结点的信息量较大时，所花费的时间就更长。而在链式存储结构的线性表中进行元素的插入或删除时，只要修改相应的指针及进行一定的查找。总的来说，对于频繁地进行元素插入和删除操作的线性表，还是采用链式存储结构为宜。

(3) 程序设计语言：从计算机语言来看，绝大多数高级语言都提供有指针类型，但也有的语言没有提供指针类型，为此，动态链表可以采用静态链表的方法来模拟。如果问题规模较小，采用静态链表可能会更加方便。

习　　题

1. 试描述头指针、头结点及开始结点的区别，并说明头指针和头结点的作用。

2. 有哪些链表可由一个尾指针来唯一确定？(即从尾指针出发能访问到链表上任何一个结点)

3. 设有一个线性表 $E = \{e_1, e_2, \cdots, e_{n-1}, e_n\}$，试设计一个算法，将线性表逆置，即使元素排列次序颠倒过来，成为逆线性表 $E' = \{e_n, e_{n-1}, \cdots, e_2, e_1\}$，要求逆线性表占用原线性表空间，并且用顺序和单链表两种方法表示，写出不同的处理过程。

4. 试用顺序存储结构设计一个算法，仅用一个辅助结点，实现将线性表中的结点循环右移 k 位的运算，并分析算法的时间复杂度。

5. 已知带头结点的动态单链表 L 中的结点是按整数值递增排列的，试写一算法将值为 x 的结点插入表 L 中，使表 L 仍然有序。

6. 设指针 la 和 lb 分别指向两个无头结点单链表的首结点，试设计从表 la 中删除自第 i 个元素起共 len 个元素后，将它们插入到表 lb 中第 i 个元素之前的算法。

7. 试编写在带头结点的动态单链表上实现线性表操作 LENGTH(L) 的算法，并将长度写入头结点的数据域中。

8. 假设有两个按元素值递增有序排列的线性表 A 和 B，均以单链表作存储结构，试编写算法将 A 表和 B 表合并成一个按元素值递减有序(即非递增有序，允许值相同)排列的线

性表 C，并要求利用原表(即 A 表和 B 表)的结点空间存放表 C。

9. 设线性表 A、B 和 C 递增有序，试在 A 表中删除既在 B 中出现又在 C 中出现的那些元素，且 A、B 和 C 分别以两种存储结构(顺序和链式)存储。

10. 设 A 是一个线性表$(a_0, a_1, \cdots, a_i, \cdots, a_{n-1})$，采用顺序存储结构，则在等概率情况下平均每插入一个元素需要移动的元素个数多少？若元素插在 a_i 和 a_{i+1} 之间$(0 \leqslant i \leqslant n-1)$的概率为 $\dfrac{n=i}{n(n+1)/2}$，则平均每插入一个元素所需要移动的元素个数是多少？

11. 链表所表示的元素是不是有序的？如果有序，则有序性体现在何处？

12. 假设在长度大于 1 的单循环链表中，既无头结点也无头指针。s 为指向链表中某个结点的指针，试编写算法删除结点*s 的直接前趋结点。

13. 设有一个双向链表，每个结点中除有 prior、data 和 next 三个域外，还有一个访问频度域 freq，在链表被启用之前，其值均初始化为零。每当在链表中进行一次 LOCATE(L,x) 运算时，令元素值为 x 的结点中 freq 域的值增 1，并使此链表中结点保持按访问频度递减的顺序排列，以使频繁访问的结点总是靠近表头，试编写符合上述要求的 LOCATE 运算的算法。

14. 已知由单链表表示的线性表中，含有三类字符的数据元素(如：字母字符、数字字符和其他字符)，试编写算法构造三个以循环链表表示的线性表，使每个表中只含同一类的字符，且利用原表中的结点空间作为这三个表的结点空间，头结点可另辟空间。

15. 已知多项式 P 和 Q 以循环链表存储，编写求两个多项式之差(P - Q)的算法。

第8章 栈 和 队 列

栈和队列是两种特殊的线性表，其特殊性表现在栈和队列的基本运算是线性表运算的子集。它们的逻辑结构和线性表相同，只是运算规则较线性表有更多的限制，故称它们为运算受限的线性表。

8.1 栈

8.1.1 栈的基本概念及其运算

栈是被限定仅在表尾进行插入和删除运算的线性表。我们把表尾称为栈顶；表头称为栈底。当栈中没有数据元素时称为空栈。例如，线性表 S：

$$S=(a_0, a_1, \cdots, a_n)$$

当我们把它看作栈来使用时，可以形象地描述为图 8.1 所示的形式。其中，a_1 是栈底元素，a_n 是栈顶元素，进栈是指插入数据元素，出栈是指删除数据元素。

从图 8.1 中可以看出，进栈是把数据元素放在栈顶，即最后进栈的数据元素在栈顶，而出栈是把栈顶的数据元素删除。因此，对于栈来说，最后进栈的数据元素最先出栈，故把栈称为后进先出(Last In First Out，LIFO)的数据结构，或先进后出(First In Last Out，FILO)的数据结构。

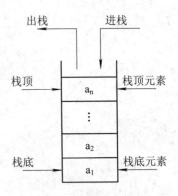

图 8.1 栈的示意图

栈的常用运算有以下五种：

(1) 置空栈 SETNULLS(S)：完成对栈的初始化。

(2) 判断栈是否为空 EMPTYS(S)：若栈 S 为空，则返回真；否则，返回假。

(3) 进栈 PUSHS(S, e)：在栈 S 的栈顶插入数据元素 e。

(4) 出栈 POPS(S)：删除栈 S 的栈顶数据元素，并返回出栈数据元素。

(5) 取栈顶元素 GETTOPS(S)：取栈 S 的栈顶数据元素，并返回数据元素。该操作完成后，栈的状态不变。

8.1.2 栈的存储结构

栈的存储结构有两种：顺序存储结构和链式存储结构。

1. 栈的顺序存储结构——顺序栈

栈是一种特殊的线性表，因此可以用线性表的方法来存储栈。最简单的方法是用一维数组来存储。由于栈底是固定不变的，而栈顶是随进栈、出栈操作动态变化的，因此为了实现对栈的操作，必须记住栈顶的当前位置。另外，栈是有容量限制的。鉴于以上考虑，我们把栈的顺序存储结构定义为

```
struct Stack
{    datatype elements[maxsize];
     int Top;
}
```

其中，maxsize 是栈的容量，datatype 是栈中数据元素的数据类型，Top 指示栈顶当前位置，栈底位置为 0。采用顺序存储结构的栈也称顺序栈。

在此定义下，我们来讨论栈的运算。图 8.2 说明了栈中数据元素和栈顶位置的关系。

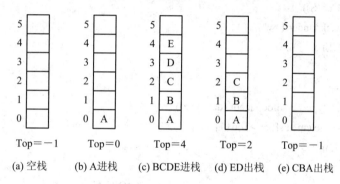

图 8.2　栈的状态变化

(1) 置空栈：将栈进行初始化，主要是将栈顶指针 Top 初始化为–1。其算法为

```
void SETNULLS(struct Stack *S)
{
  S—>Top=–1;
}                                    /* SETNULLS */
```

(2) 判断栈是否为空：在进行出栈操作时，首先必须判断栈是否为空，否则会出错。其算法为

```
int EMPTYS(struct Stack *S)
{
  if (S—>Top>=0) return (0);
  else return (1);
}                                    /* EMPTYS */
```

(3) 进栈：将数据元素 E 插入栈顶。其算法为

```
struct Stack *PUSHS(struct Stack *S, datatype E)
{
```

```
    if (S->Top>=maxsize-1)
      {   printf ("Stack Overflow");                              /* 上溢现象*/
          return (NULL);
      } else
      { S->Top++;
        S->elements[S->Top]=E;
      }
      return (s);
    }                                                             /* PUSHS*/
```

(4) 出栈：首先判断栈是否为空，若空则表示下溢，否则删除栈顶数据元素。其算法为

```
    datatype POPS(struct Stack *S)
    { datatype *temp;
      if (EMPTYS(S))
    { printf ("Stack Underflow");
      return (NULL);
    } else
    { S->Top--;
      temp=(datatype *)malloc(sizeof (datatype));
      *temp= S->elements[S->Top+1];
      return (temp);
      }
    }                                                             /* POPS */
```

(5) 取栈顶元素：只把栈顶元素的值取出，而不调整栈顶指针 Top 的值。其算法为

```
    datatype *GETTOPS(struct Stack *S)
    { datatype *temp;
      if (EMPTYS(S))
      { printf ("Stack is empty");
        return (NULL);
      } else
      { temp=(datatype *)malloc(sizeof (datatype));
      *temp= S->elements[S->Top];
        return (temp);
      }
    }                                                             /* GETTOPS */
```

在前面的栈运算中，进栈运算采用 Top 指针加 1 后再插入数据元素，若采用先插入数据元素再使 Top 指针加 1，那么以上五种运算该如何实现呢？请读者自行写出算法。

2. 栈的链式存储结构——链栈

顺序栈最大缺点是：当栈的容量不固定时，必须设置栈可容纳最多的数据元素作为栈

的容量，这样就会浪费很多存储空间，也可能产生空间溢出现象。栈采用链式存储结构就不会产生类似的问题。

采用链式存储结构的栈称为链栈。它是运算受限的单链表，其插入和删除操作仅在表头进行。链栈定义如下：

```
struct Node
{ datatype element;
  struct Node *next;
};
struct  Node *top;
```

图 8.3 是链栈示意图。栈顶是 top 指针，它唯一地确定一个链栈。当 top 等于 NULL 时，该链栈为空栈。

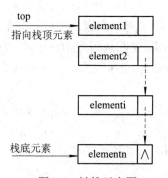

图 8.3　链栈示意图

下面仅给出链栈的出栈和进栈运算，其他运算请读者自行完成。

```
void PUSHL(struct Node *S,datatype E)
{ struct Node *p;                        /*进栈*/
  p=(struct Node*)malloc(1, sizeof (struct Node));
  p—>element=E;
  p—>next=S;
  S=p;
}                                        /* PUSHL */
datatype POPL(struct Node *S)            /*  出栈  */
{   datatype *X;
    if (S==NULL)
{  printf ("Stack is    underflow");
   return (NULL);
} else
{  X=(datatype *)malloc(sizeof (datatype));
 * X=S—>element;
   S=S—>next;
   return (X);
```

                }
            }   /* POPL */

8.2 栈 的 应 用

栈的应用非常广泛，只要问题满足后进先出(LIFO)原则，均可使用栈作为数据结构。栈的典型应用有

(1) "回溯" 问题的求解；

(2) 过程递归调用和过程嵌套。

下面我们举例来说明。

8.2.1 递归调用

由于过程嵌套和递归调用属同一类型问题，因此，我们仅以递归调用为例来说明栈在上述所述第二类典型应用中的作用。递归调用是指一个过程(函数)通过调用语句直接或间接调用自身的过程。下面以计算 Fibonacci 序列为例来说明栈在递归调用中的作用。

Fibonacci 序列定义为

$$Fib(n)=\begin{cases} 0 & (n=0) \\ 1 & (n=1) \\ Fib(n-1)+Fib(n-2) & (n>1) \end{cases}$$

该序列计算过程的算法描述如下：

```
int Fib (int n)
{ int fib;
  if (n==0)   fib=0;
  else      if (n==1) fib=1;
  else fib=Fib(n-1)+Fib(n-2);
  return (fib);
}                                    /* Fib */
```

当 n=5 时，递归执行过程如图 8.4 所示。

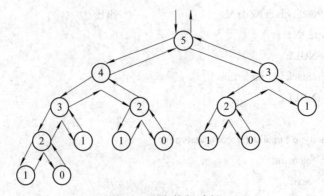

图 8.4 递归执行过程

栈在该递归调用的执行过程中用来存放每次调用中产生的中间结果。栈的变化过程如图 8.5 所示。

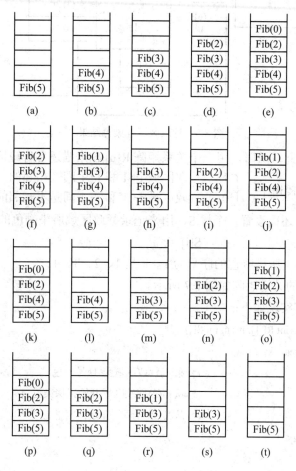

图 8.5　递归调用过程中栈的变化

8.2.2　地图染色问题

地图染色问题，可以根据四色定理来解决。四色定理是指用不多于四种的颜色对地图着色，使相邻的行政区域不重色。我们应用这个定理的结论，用回溯算法对一幅给定的虚构的地图染色。

假设虚构的一个地区的行政区域如图 8.6 所示，行政区域编号分别是(1)、(2)、(3)、(4)、(5)、(6)、(7)，1#、2#、3#、4#表示行政区的颜色。

回溯算法的基本思想：从第(1)号行政区域开始染色，每个区域逐次用颜色 1#、2#、3#、4#进行试探，若当前所取的颜色与周围已染色的行政区域不重色，则用栈记下该区域的颜色序号，否则依次用下一颜色进行试探；若出现用 1#到 4#颜色均与相邻区域的颜色重色，则需退栈回溯，修改当前栈顶的颜色序号，再进行试探。直到所有行政区域都已分配合适的颜色。

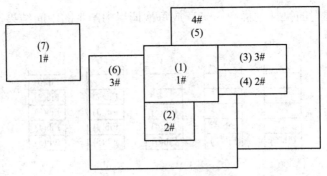

图 8.6　行政区域及染色结果

在计算机上实现此算法时，用一个关系矩阵 R[n][n]来描述各行政区域间的相邻关系：

$$R[i][j] = \begin{cases} 1, & \text{行政区域 } i+1 \text{ 和 } j+1 \text{ 间是相邻的} \\ 0, & \text{行政区域 } i+1 \text{ 和 } j+1 \text{ 间是不相邻的} \end{cases}$$

除关系矩阵 R 之外，还需设置一个栈 S，用来记录行政区域所染颜色的序号：

$$S[i] = k$$

上式表示行政区域 i+1 所染颜色的序号为 k，k 是 1、2、3、4 之一。

图 8.6 行政区域的关系矩阵如图 8.7 所示。

该算法用 C 语言实现如下：

```
void mapcolor (int R[][], int n, int S[])
{ int color，area，k;
    S[0]=1;                        /* 第(1)行政区域染 1#号颜色 */
    area=1;                        /* 从第(2)行政区域开始试探染色 */
    color=1;                       /* 从第 1#号颜色开始试探 */
     while (area<n)
       {
       while (color<=4)
       {
       k=0;                        /* 指示已染色区域 */
       while ((k<area)&&(S[k]*R[area][k]!=color))
         {
           k++;         /* 判断当前 area 区域与 k 区域是否重色，并找 k 区域能染的颜色 */
         }
       if (k<area)  color++;       /* area 区域与 k 区域重色 */
       else {                      /* area 区域与 k 区域不重色，再试探下一个行政区域 */
           S[area]=color;
           area++;
           color=1;
         }
```

```
        }                               /*   while (color<=4) end   */
          if (color>4)                  /* area 区域找不到合适的颜色  */
        {
         area-=1;                        /* 回溯并修改 area 区域所用颜色  */
         color=s[area]+1;
        }
      }
    }                                    /* mapcolor */
```

输入图 8.7 所示的矩阵 R，n 为 7，则该算法运行过程中栈 S 的变化过程如图 8.8 所示。

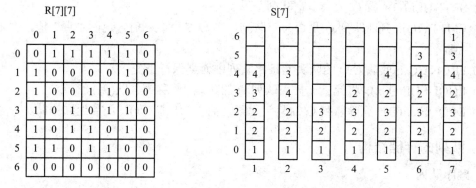

图 8.7　关系矩阵 R　　　　　　图 8.8　运行过程中栈 S 的变化过程

mapcolor 在运行过程中，当 area=5 时，即对第(6)行政区染色时，无论 color 为 1#、2#、3#、4#中的哪一个，都会产生与之相邻区域重色的问题，这时必须修改栈顶的颜色，而第(5)行政区的颜色为 4#，已不存在与其他区域不重色的颜色，故需继续退栈(回溯)，变更第(4)行政区的颜色 4#，由此，第(5)区的染色为 3#，但仍无法对第(6)行政区染色，再次退栈，直至将第(3)行政区染为颜色 3#时才能求得所有行政区的染色。

第 6 章中，给出了交通灯设置问题，利用以上介绍的方法可以完成交通灯的设置，请读者自己动手试一试。

8.3　队　列

8.3.1　队列的基本概念和运算

队列(Queue)也是一种运算受限的线性表。它只允许在表的一端进行插入，而在另一端进行删除。允许删除的一端称为队头，允许插入的一端称为队尾。

队列同现实生活中排队相仿，新来的成员总是加入队尾(即不允许"加塞")，每次离开的成员总是队列头上的(即不允许中途离队)，即当前"最老的"成员离队。换而言之，先进入队列的成员总是先离开队列。因此队列亦称作先进先出(First In First Out)的线性表，简称FIFO 表。

当队列中没有元素时，该队列称为空队列。在空队列中依次加入元素 a_1，a_2，…，a_n 之后，a_1 是队头元素，a_n 是队尾元素。显然出队的次序也只能是 a_1，a_2，…，a_n，也就是说队列的改变是依先进先出的原则进行的。图 8.9 是队列示意图。

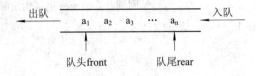

图 8.9　队列示意图

队列的基本运算有以下五种：

(1) SETNULL(Q)：置 Q 为一个空队列。

(2) EMPTY(Q)：判断队列 Q 是否为空队列，当 Q 是空队列时，返回"真"值，否则返回"假"值。

(3) FRONT(Q)：取队列 Q 的队头元素，队列中元素保持不变。

(4) ENQUEUE(Q, x)：将元素 x 插入队列 Q 的队尾，简称为入队(列)。

(5) DEQUEUE(Q)：删除队列 Q 的队头元素，简称为出队(列)，函数返回原队头元素。

8.3.2　队列的存储结构

1. 顺序队列

采用顺序存储结构的队列称为顺序队列。顺序队列实际上是运算受限的顺序表，和顺序表一样，顺序队列也必须用一个数组来存放当前队列中的元素。由于队列的队头和队尾的位置均是变化的，因而需要设置两个指针，分别指示当前队头元素和队尾元素在数组中的位置。顺序队列的类型 sequeue 和一个实际的顺序队列指针 sq 的说明如下：

```
struct sequeue
{
    datatype data[maxsize];
    int front，rear;
};                              /* 顺序队列的类型 */
sequeue *sq                     /* sq 是顺序队列的指针 */
```

为方便起见，我们规定头指针 front 总是指向当前队头元素的前一个位置，尾指针 rear 指向当前队尾元素的位置。一开始，队列的头、尾指针指向向量空间下界的前一个位置，在此设置为–1。若不考虑溢出，则入队运算可描述为

```
sq—>rear++;                     /* 尾指针加 1 */
sq—>data[sq—>rear]=x;          /* x 入队 */
```

出队运算可描述为

```
sq—>front++;                    /* 头指针加 1 */
```

图 8.10 说明了在顺序队列中，出队和入队运算时队列中的数据元素及其头、尾指针的变化情况。

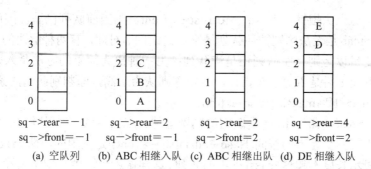

sq−>rear=−1　　sq−>rear=2　　sq−>rear=2　　sq−>rear=4

sq−>front=−1　　sq−>front=−1　　sq−>front=2　　sq−>front=2

(a) 空队列　　(b) ABC 相继入队　　(c) ABC 相继出队　　(d) DE 相继入队

图 8.10　顺序队列运算时的头、尾指针变化情况

　　显然，当前队列中的元素个数(即队列的长度)是(sq−>rear)−(sq−>front)。若 sq−>front= sq−>rear，则队列长度为 0，即当前队列是空队列，图 8.10(a)和 8.10(c)均表示空队列。队列为空时，再做出队操作便会产生"下溢"。队满的条件是当前队列长度等于向量空间的大小，即

$$(sq{-}{>}rear){-}(sq{-}{>}front) = maxsize$$

　　当队满时，再进行入队操作会产生"上溢"。但是如果当前尾指针等于数组的上界(即 sq−>rear=maxsize−1)时，即使队列不满(即当前队列长度小于 maxsize)，再进行入队操作也会引起溢出。例如，若图 8.10(d)是当前队列的状态，即 maxsize=5，sq−>rear=4，sq−>front=2，因为 sq−>rear+1>maxsize−1，故此时不能做入队操作，但当前队列并不满，我们把这种现象称为"假上溢"。产生该现象的原因是被删元素的空间在该元素被删除以后就永远使用不到。为克服这一缺点，可以在每次出队时将整个队列中的元素向前移动一个位置，也可以在发生假上溢时将整个队列中的元素向前移动直至头指针为−1，但这两种方法都会引起大量元素的移动，所以在实际应用中很少采用。

　　通常采用的方法是：设想向量 sq−>data[maxsize] 是一个首尾相接的圆环，即 sq−>data[0]接在 sq−> data[maxsize−1]之后，我们将这种意义下的队列称为循环队列，如图 8.11 所示。若当前尾指针等于数组的上界，则再做入队操作时，令尾指针等于数组的下界，这样就能利用到已被删除的元素空间，克服假上溢现象。因此入队操作时，在循环意义下的尾指针加 1 操作可描述为

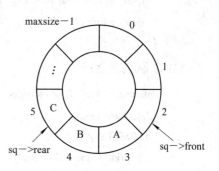

　　　　if (sq−>rear+1>=maxsize)　　sq−>rear=0;

　　　　else sq−>rear++;

如果利用"模"运算，上述循环意义下的尾指针加 1 操作，可以更简洁地描述为

　　　　sq−>rear=(sq−>rear+1)％maxsize

　　同样，出队操作时，在循环意义下的头指针加 1 操作，也可利用"模"运算来实现：

　　　　sq−>front=(sq−>front+1)％maxsize

　　因为出队和入队分别要将头指针和尾指针在循环意义下加 1，所以某一元素出队后，若头指针已从后面追上尾指针，即 sq−>front=sq−>rear，则当前队列为空；若某一元素入队后，

尾指针已从后面追上头指针，即 sq->rear=sq->front，则当前队列已满。因此，仅凭等式 sq->front=sq->rear 是无法区别循环队列是空还是满的。对此，有两种解决的办法：其一是引入一个标志变量以区别是空队列还是满队列；另一种更为简单的办法是入队前测试尾指针在循环意义下加 1 后是否等于头指针，若相等则认为队满，即判别队满的条件是

$$(sq->rear+1)\%maxsize==sq->front$$

从而保证了 sq->rear==sq->front 是队空的判别条件。应当注意，这里规定的队满条件使得循环向量中始终有一个元素的空间(即 sq->data[sq->front])是空闲的，即 maxsize 个分量的循环向量只能表示长度不超过 maxsize-1 的队列。这样做避免了由于判别另设的标志而造成时间上的损失。

循环队列的五种基本运算的算法描述如下：

(1) 置空队：

```
void SETNULLQS (sequeue *sq)              /* 置队列 sq 为空队 */
{
    sq->front=maxsize-1;
    sq->rear=maxsize-1;
}                                         /* SETNULLQS */
```

该算法中，令初始的队头、队尾指针等于 maxsize-1，是因为循环向量中位置 maxsize-1 是位置 0 的前一个位置，当然也可将初始的队头、队尾指针置为-1。

(2) 判队空：

```
int EMPTYQS(sequeue * sq)                 /* 判别队列 sq 是否为空 */
{
    if (sq->rear= =sq->front)    return (1);
    else    return (0) ;
}                                         /* EMPTYQS */
```

(3) 取队头元素：

```
datatype  *FRONTQS(sequeue * sq)          /* 取队列 sq 的队头元素 */
{datatype *tmp;
 if (EMPTYQS(sq)
    { printf ("queue is empty");
      return NULL;
    }
 else {
    tmp=(datatype *)malloc(sizeof (datatype));
    *tmp= sq->data[(sq->front+1)% maxsize];
    return (tmp);
    }
}                                         /* FRONTQS */
```

注意：因为队头指针总是指向队头元素的前一个位置，所以上述算法中返回的队头元素是当前头指针的下一个位置上的元素。

(4) 入队：

```
int ENQUEUEQS(sequeue * sq, datatype x)        /* 将新元素 x 插入队列 sq 的队尾 */
{ if (sq—>front==(sq—>rear+1)％ maxsize)
        { printf ("queue is full"); return (0); }    /* 队满上溢 */
    else {
        sq—>rear=(sq—>rear+1)％maxsize;
        sq—>data[sq—>rear]=x;
        return (1);
        }
}                                              /* ENQUEUEQS */
```

(5) 出队：

```
datatype *DEQUEUEQS(sequeue * sq)              /* 删除队列 sq 的头元素，并返回该元素 */
{datatype *tmp;
 if (EMPTYQS(sq))
   { printf ("queue is empty");   return NULL;}   /* 队空下溢 */
    else   {
              tmp=(datatype *)malloc(sizeof (datatype));
              sq—>front=(sq→front+1) ％ maxsize;
              *tmp= sq—>data[sq—>front];
              return (tmp);
          }
   }
```

2. 链队列

采用链式存储结构的队列简称为链队列，它是被限制仅在表头删除并仅在表尾插入的单链表。显然仅有单链表的头指针不便于在表尾进行插入操作，为此需再增加一个尾指针，指向链表上的最后一个结点。于是，一个链队列由一个头指针和一个尾指针唯一地确定。和顺序队列类似，我们也是将这两个指针封装在一起，将链队列的类型 linkqueue 定义为一个结构类型：

```
typedef struct
{   linklist *front, *rear;
} linkqueue;
 linkqueue *q;                    /* q 是链队列指针 */
```

和单链表一样，为了运算方便，我们也在队头结点前附加一个头结点，且头指针指向头结点。由此可知，一个链队列 q 为空时(即 q—>front=q—>rear)，其头指针和尾指针均指向头结点。链队列示意图如图 8.12 所示。

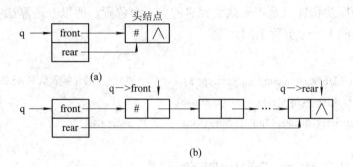

(a)

(b)

图 8.12　链队列示意图

链队列的五种基本运算的算法描述如下：

(1) 置空队：

```
void SETNULLQL(linkqueue *q)              /* 生成空链队列 q */
{    q->front=malloc(sizeof (linklist));    /* 申请头结点 */
     q->front->next=NULL;                 /* 尾指针也指向头结点 */
     q->rear= q->front;
}                                          / * SETNULLQL */
```

(2) 判队空：

```
int   EMPTYQL(linkqueue *q)               /* 判别队列 q 是否为空 */
{
    if (q->front==q->rear)
      return (1);                          /*  空队列返回 "真" */
      else return (0) ;
}                                          /* EMPTYQL */
```

(3) 取队头结点数据：

```
datatype *FRONTQL(linkqueue *q)           /*  取出链队列 q 的队头元素 */
{
    if (EMPTYQL(q))                        /*  队列空 */
    { printf ("queue is empty");
      return NULL;
    } else return (q->front->next);        /*  返回队头元素 */
}                                          /* FRONTQL */
```

(4) 入队：

```
void ENQUEUEQL(linkqueue *q, datatype x)          /*  将结点 x 加入队列 q 的尾端 */
{
    q->rear->next=malloc(sizeof (linklist));      /*  新结点插入尾端 */
    q->rear=q->rear->next;                        /*  尾指针指向新结点 */
    q->rear->data=x;                              /*  给新结点赋值 */
    q->rear->next=NULL;
}    /* ENQUEUEQL */
```

(5) 出队：
```
datatype *DEQUEUEQL(linkqueue *q)              /*  将队头元素删除  */
{ datatype *tmp;
  if (EMPTYQL(q))
  {
     printf ("queue is empty");
     return NULL;
  }else{
       s = q->front->next;                    /*  指向被删除的头结点  */
       if (s->next= =NULL)                     /*  当前链队列的长度等于 1 */
         { q->front->next=NULL;
           q->rear=q->front;
         }else                                /*  当前链队列的长度大于 1 */
           { q->front->next=s->next;          /*  修改头结点的指针  */
           }
       tmp=(datatype *)malloc(sizeof (datatype));
       *tmp=s->data
       return (tmp);                          /*  返回被删除结点的值  */
  }
}                                             /* DEQUEUEQL */
```

若当前链队列的长度大于 1，则出队操作只要修改头结点指针域即可，尾指针不变。 当然，若要返回被删的队头元素，在释放结点 *s 之前，还应该保存 *s 的数据。

若当前链队列的长度等于 1，则出队操作时，除修改头结点的指针域外，还应该修改尾指针，这是因为此时尾指针也是指向被删结点的，在该结点被删除之后，尾指针应指向头结点。

8.4   队列应用举例

由于队列的操作满足先进先出(FIFO)，因而凡具有 FIFO 特征的问题皆可利用队列作为数据结构来处理。下面我们给出具体的应用实例，以说明队列的应用。

8.4.1   离散事件仿真

人们在日常社会生活中时常会通过排队以得到各种社会服务，例如银行业务系统、各种票证出售系统等。这种服务系统设有若干窗口，客户可以在营业时间内随时前去。如果当时有空闲窗口，客户可以立即得到服务；若所有窗口均被客户占用，客户则需排在人数最少的队列后面。由于用户的到达时间、服务时间等均为随机的事件，特别是客户到达的时间是离散的，故称为离散事件。现要编制一个程序来模拟这种活动，并计算一天中客户的平均逗留时间。计算平均时间，要求掌握每个客户的到达时间和离开时间。

1. 具体问题

假设服务系统有四个窗口对外接待客户，在营业时间内不断有客户进入并要求服务。由于每个窗口只能接待一个客户，因此进入该服务系统的客户需在某一窗口前排队。如果窗口的服务员忙，则进入的客户需排队等待，如果服务员空闲则可立即得到服务，服务结束后客户从队列中撤离。计算一天中进入服务系统的客户的平均逗留时间。

2. 分析

为了模拟四个窗口服务系统必须有四个队列与每一个窗口相对应，并能反映每一窗口当前排队的客户数。当有一个客户到达时，则排在队列最短的窗口等待服务。当有一个客户被服务完毕，则离开相应的窗口，从队列中撤离。

为了计算平均逗留时间，我们必须记录客户的到达时间和离开时间。

因此，影响系统队列变化的原因有以下两种：

(1) 新客户进入服务系统，该客户加入到队列最短的窗口中。

(2) 四个队列中客户被服务完毕就撤离。

这两种原因导致系统队列共有五种情况，我们把这五种情况称为事件。由于这些事件是离散发生的，故称为离散事件。这些事件的发生是有先后顺序的，依次构成事件表。

在该服务系统中，某一时刻有且仅有一个事件(五种事件中的一个)发生。一旦某一事件发生，则系统状态(队列状态)需改变，因此，整个服务系统的模拟就是按事件表的次序，依次根据事件来确定系统状态的变化，即事件驱动模拟。

3. 模拟程序应如何运行

假设事件表中最早发生的是新客户到达，则随之应得到两个时间：一是本客户处理业务所需时间(逗留时间)；二是下一客户到达服务系统的时间间隔(到达时间间隔)。此时模拟程序应做的工作如下：

(1) 比较四个队列中的客户数，将新到客户插入到最短队列中。若队列原来是空的，则插入的客户为队头元素，此时应设定一个新的事件——刚进入服务系统的客户办完业务离开服务系统的事件插入事件表。

(2) 设定一个新的到达事件——下一客户即将到达服务系统的事件插入事件表。

若发生的事件是某队列中的客户被服务结束并离开服务系统，则模拟程序应做以下两件工作：

① 从队头删除客户，并计算该客户在服务系统中的逗留时间；

② 当队列非空时(客户离开后)，应把新的队头客户设定为一个新的离开事件，计算该客户离开服务系统的时间，并插入事件表。当服务系统停止营业后，若事件表为空，则程序运行结束。

4. 数据结构考虑

在上述模拟(仿真)程序中，应设置四个队列和一个有序事件表。

队列采用单链表来实现，其中单链表中的每个结点代表一个客户，应有两个数据：客户的到达时间间隔和逗留时间。该链队列有一个队头结点，包括的数据是队列中的客户数。

事件表用单链表来实现，其中的每个结点代表一个事件，其数据项有：事件发生时间和事件类型。事件类型为 0、1、2、3、4，其中 0 表示客户到达事件，1、2、3 和 4 分别表示四个窗口的客户离开事件。事件表中最多有五个事件，当事件表为空时，程序运行结束。

　　根据上面的讨论，我们把数据结构说明如下：

```
struct   queuenode
{ int   arrivetime,   duration;
     struct   queuenode  *next;
}
struct   queueheader
{     struct   queuenode  *front, *rear;
     int   queuenodenum;
}
struct   eventnode
{ int   occurtime;
     int   eventtype;
     struct   eventnode  *next;
}
struct   eventlist
{ eventnode  *front, *rear;
 int   eventnum;
}
struct   queueheader  *queue[m];
struct   eventlist  *eventlst;
```

5. 仿真程序的实现

　　根据以上的分析，我们给出该仿真程序的关键部分。有兴趣的读者可以据此写出完整的仿真程序。

```
void   Simulation ()
{
    totaltime=0;                    /*客户逗留时间 * /
    count=0;                        /*客户数  * /
    generate(pe);                   /*产生一个事件结点  *pe */
    pe－>occurtime=0;               /*初始化事件表*/
    pe－>eventtype=0;               /*第一个事件客户到达事件*/
    pe－>next=NULL;                 /*到达时刻为 0 */
    eventlst－>front=pe;
    eventlst－>rear=pe;
    eventlst－>eventnum=1;
    for(i=0; i<4; i++)              /*置空队列*/
      SETNULLQL(queue[i]);
```

```
        while(!EMPTYQL(eventlst))
        { delete_eventlist(eventlst, event);              /* 取发生事件并删除它 */
          if (event->eventtype= =0)                        /* 客户到达事件发生 */
          { count++;                                        /* 统计客户数 */
            random(durtime, interaltime); /* 产生该用户的逗留时间和下一客户的到达时间间隔 */
            if ((event->occurtime+interaltime)<closetime)
            { insert_eventlist(eventlst, (event->occurtime+interaltime, 0));  /* 插入到达事件 */
            }
            len=minlength();            /* 取最短队列号 */
            addqueue(queue[len], (event->occurtime, durtime))
                                                            /* 把刚到达的新客户加入到 minlen 队列中   */
            if (queue[len].queuenum==1)
                insert_eventlist(eventlst, (event->occurtime+durtime, len));
          }                                                 /* if (...==0)   */
          else {
                i=event->eventtype;
                deletequeue(q[i], f);                       /* 删除第 i 队列的头元素赋给 f */
                totaltime+=event->occurtime-f.arrivetime;   /* 客户逗留时间统计 */
                if (queue[i] ->queuenum!=0)
                insert_eventlist(eventlst, (event->occurtime+queue[i] ->front->duration, i));
              }                                             /*   else   */
        }                                                   /* while */
      }                                                     /* Simulation */
```

读者可以自行分析程序的运行过程。因为程序的可读性较好，易于理解，在此就不对它做进一步说明，只对其中的几个函数做一简单介绍。

generate( ):产生一个事件结点。

delete_eventlist (eventlst, event)：从事件表 eventlst 中删除一个最早发生的事件结点，并赋值给 event 指针。

random (durtime, interaltime)：产生两个随机数 durtime 和 interaltime，durtime 指逗留时间，interaltime 指下一个客户的到达时间间隔。

insert_eventlist (eventlst, eventnode)：在事件表 eventlst 中插入事件 eventnode。程序中，事件用(durtime,eventtype)来表示。

minlength( )：取四个队列中最短的队列序号。

addqueue (queue[i], (arrivetime, duration))：在队列 queue[i]中插入客户(arrivetime, duration)。arrivetime 表示到达时间间隔，duration 表示逗留时间。

deletequeue(queue[i], f)：在队列 queue[i]中删除队头元素，表示客户离开，并把结点的值赋给 f。

8.4.2 划分子集问题

1. 问题与分析

已知集合 $A = \{a_1, a_2, \cdots, a_n\}$，并已知集合上的关系 $R = \{(a_i, a_j)|a_i, a_j \in A, i \neq j\}$，其中 (a_i, a_j) 表示 a_i 与 a_j 之间的冲突关系。现要求将集合 A 划分成互不相交的子集 $A_1, A_2, \cdots, A_m(m \leq n)$，使任何子集上的元素之间均无冲突关系，同时要求划分的子集个数较少。

这类问题可以有各种各样的实际应用背景。例如在安排运动会比赛项目的日程时，需要考虑如何安排比赛项目，才能使同一运动员参加的不同项目不在同一日进行，同时又使比赛日程较短。

我们就运动会比赛日程安排来说明这类问题的解决方法。

设共有 9 个比赛项目，则 $A = \{1, 2, 3, 4, 5, 6, 7, 8, 9\}$。项目报名汇总后得到有冲突的项目如下：

$R = \{(2, 8), (9, 4), (2, 9), (2, 1), (2, 5), (6, 2), (5, 9), (5, 6), (5, 4), (7, 5), (7, 6), (3, 7), (6, 3)\}$

问题是如何划分 A，使 A 的子集 A_i 中的项目不冲突且子集数最少，即比赛天数最少。

2. 算法思想

求解上述问题可采用循环筛选法，以第 1 个元素开始，凡与第 1 个元素无冲突且与该组中的其他元素也无冲突的元素划归一组作为一个子集 A_1；再将 A 中剩余元素按同样的方法找出互不冲突的元素划归第二组，即子集 A_2；依此类推，直到 A 中所有元素都划归不同的组(子集)。

在计算机上实现时，首先要将集合中元素的冲突关系设置一个冲突关系矩阵，由一个二维数组 R[n][n]表示，若第 i 个元素与第 j 个元素有冲突则 R[i][j]=1，否则 R[i][j]=0。上述问题对应的关系矩阵 R 如图 8.13 所示。

R[n][n]	1	2	3	4	5	6	7	8	9
1	0	1	0	0	0	0	0	0	0
2	1	0	0	0	1	1	0	1	1
3	0	0	0	0	0	1	1	0	0
4	0	0	0	0	1	0	0	0	0
5	0	1	0	1	0	1	1	0	1
6	0	1	1	0	1	0	1	0	0
7	0	0	1	0	1	1	0	0	0
8	0	1	0	0	0	0	0	0	0
9	0	1	0	1	1	0	0	0	0

图 8.13 关系矩阵 R

循环队列 cq[n]用来存放集合 A 的元素；数组 Result[n]用来存放每个元素的分组号；newr[n]为工作数组。

3. 工作过程

初始状态：集合 A 中的元素放入 cq 中，Result 和 newr 置零，设组号 group=1，如图 8.14(a)所示。

接下来的工作过程如下：

(1) 第 1 个元素出队。将 R 中的第 1 行元素拷入 newr 中的对应位置，得

$$newr[\ ] = \{0, 1, 0, 0, 0, 0, 0, 0, 0\}$$

(2) 考察第 2 个元素。因为第 2 个元素与第 1 个元素有冲突，不能将 R 中的第二行加到 newr 中去，newr 保持不变。

(3) 考察第 3 个元素。由于它与第 1 个元素无冲突，将其归入 group=1 的组。

(4) 考察第 4 个元素。由于它与第 1、3 个元素均无冲突，故将其归入该组。newr 变为

$$newr[\ ]=\{0,\ 1,\ 0,\ 0,\ 1,\ 1,\ 1,\ 0,\ 1\}$$

(5) 考察第5~7个元素。由于第5~7个元素与第1、3或第4个元素有冲突，故不归入该组。

(6) 考察第8个元素。由于第8个元素与第1、3或第4个元素无冲突，故归入该组。newr 变为

$$newr[\ ]=\{0,\ 1,\ 0,\ 0,\ 1,\ 1,\ 1,\ 0,\ 1\}$$

(7) 考察第9个元素。由于第9个元素与第1、3、4、8个元素有冲突，故不能归入该组。

故第一组的元素应是$\{1,\ 3,\ 4,\ 8\}=A_1$。

设 group=2，newr 清零，此时 cq 变为 cq[]=$\{2,\ 5,\ 6,\ 7,\ 9\}$。

重复上述过程即可完成分组，即得到子集的划分。其最后结果为 $A_1=\{1,\ 3,\ 4,\ 8\}$，$A_2=\{2,\ 7\}$，$A_3=\{5\}$，$A_4=\{6,\ 9\}$。

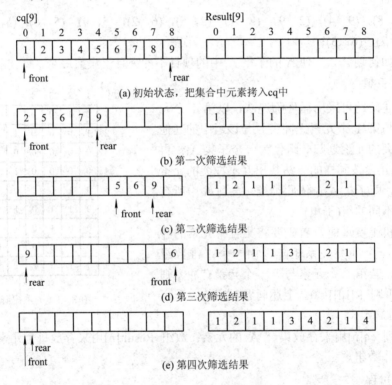

图 8.14　划分子集的筛选过程

4. 算法实现

依据以上分析，我们给出上述问题的求解算法：

```
void divideIntoGroup (int n, int R[n][n], int cq[n], int result[n])
{
    front=0;
    rear=n;
    for (i=0; i<n; i++)
    { newr [i]=0;
```

```
        cq [i]=i+1;
     }
     group=1;                          /* 以上是初始化过程   */
     pre=0;                            /* 前一个出队元素的编号  */
     while (front!=rear)
   {
   I=cq [front];
   front=(front+1)%n;
   if (I<pre)                          /* 开始下一次筛选的准备  */
   { group=group+1;
     result[I-1]=group;
     for (i=0; i<n; i++)
     newr[i]=R[I-1][i];
   } else if (newr [I-1]!=0)            /* 发生冲突的元素重新入队 */
       { rear=(rear+1)%(n+1);
         cq [rear]=I;
       } else{                         /* 不冲突，归入一组 */
       result[I-1]=group;
       for (i=0; i<n; i++)
       newr [i]+=R[I-1][i];
       }
   pre=I;                              /* 下一次筛选 */
   }
     }                                 /* divideIntoGroup */
```

习   题

1. 设有编号为 1，2，3，4 的四辆列车，顺序进入一个栈式结构的站台。具体写出这四辆列车开出车站的所有可能的顺序。

2. 试证明，若借助栈由输入序列 1，2，…，n 得到输出序列为 p_1，p_2，…，p_n(它是输入序列的一个排列)，则在输出序列中不可能出现这样的情形：存在着 $i<j<k$ 使 $p_j<p_k<p_i$。

3. 设单链表中存放着 n 个字符，试编写算法，判断该字符串是否有中心对称关系(例如 xyzzyx、xyzyx 都是中心对称的字符串)，要求用尽可能少的时间完成判断。(提示：将一半字符先依次进栈。)

4. 设计算法判断一个算术表达式的圆括号是否正确配对。(提示：对表达式进行扫描，凡遇 "(" 就进栈，遇 ")" 就退掉栈顶的 "("，表达式被扫描完毕，栈应为空。)

5. 两个栈共享向量空间 V[m]，它们的栈底分别设在向量的两端，每个元素占一个分量，试写出两个栈公用的栈操作算法：push(i, x)、pop(i)和 top(i)，其中 i 为 0 或 1，用以指示栈号。

6. 假设以 S 和 X 分别表示进栈和出栈操作，则初态和终态为栈空的进栈和出栈的操作序列，可以表示为仅由 S 和 X 组成的序列。可以实现的栈操作序列称为合法序列(例如 SSXX 为合法序列，SXXS 为非法序列)。试给出区分给定序列为合法或非法序列的一般准则，并证明：对同一输入序列的两个不同的合法序列不可能得到相同的输出元素序列。

7. Ackerman 函数的定义如下：

$$AKM(m, n) = \begin{cases} n+1, & \text{当 m=0 时} \\ AKM(m-1, 1), & \text{当 m}\neq 0, \text{n=0 时} \\ AKM(m-1, AKM(m, n-1)), & \text{当 m}\neq 0, \text{n}\neq 0 \text{ 时} \end{cases}$$

请写出递归算法。

8. 假设以带头结点的循环链表表示队列，并且只设一个指针指向队尾元素结点(注意不设头指针)，试编写相应的置空队、入队和出队的算法。

9. 对于循环向量中的循环队列，写出求队列长度的公式。

10. 编写一个算法，利用队列的基本运算返回队列中的最后一个元素。

11. 假设以数组 sequ [m]存放循环队列的元素，同时设变量 rear 和 quelen 分别指示循环队列中队尾元素的位置和内含元素的个数。试给出判别此循环队列的队满条件，并写出相应的入队和出队的算法(在出队的算法中要返回队头元素)。

第9章 数　　组

前面两章讨论的线性表(包括栈和队列)都是线性结构,在本章中我们将对线性表做进一步的推广,从而引出数组这种新的数据结构。

几乎所有的程序设计语言都允许用数组来描述数据。因此,数组已经是我们非常熟悉的数据类型,本书在讨论各种数据结构的顺序分配时,也是用一维数组来描述它们的存储结构的,在此,我们只是简单地讨论数组的逻辑结构定义和它的存储方式。

9.1　数组的定义和运算

首先,我们来观察一下数组结构。

一维数组$[a_1, a_2, \cdots, a_n]$,由固定的 n 个元素构成,每个元素除具有值以外,还带有一个下标值,以确定该元素在表中的位置。而二维数组:

$$A_{23} = \begin{bmatrix} a_{11} & a_{12} & a_{13} \\ a_{21} & a_{22} & a_{23} \end{bmatrix}$$

也是由固定的六个元素构成,每个元素由值与一对下标构成。此外,二维数组也可看作由两个一维数组与一对下标元素定义的一维数组,这时每个元素都受到两个下标关系约束,元素之间在每一个关系中仍具有线性特性,而在整个结构中呈非线性。例如二维数组:

$$A_{mn} = \begin{bmatrix} a_{11} & a_{12} & \cdots & a_{1n} \\ a_{21} & a_{22} & \cdots & a_{2n} \\ \vdots & \vdots & & \vdots \\ a_{m1} & a_{m2} & \cdots & a_{mn} \end{bmatrix}$$

又可以写成

$$A_{mn} = [[a_{11}\ a_{12}\ \cdots\ a_{1n}],\ [a_{21}\ a_{22}\ \cdots\ a_{2n}],\ \cdots,\ [a_{m1}\ a_{m2}\ \cdots\ a_{mn}]]$$

或

$$A_{mn} = [[a_{11}\ a_{21}\ \cdots\ a_{m1}],\ [a_{12}\ a_{22}\ \cdots\ a_{m2}],\ \cdots,\ [a_{1n}\ a_{2n}\ \cdots\ a_{mn}]]$$

由上可以发现:当维数为 1 时,数组是一种元素数目固定的线性表;当维数大于 1 时,数组可以看作线性表的推广。

同样,一个三维数组可以看成其元素用二维数组来定义的特殊线性表,依此类推,n 维数组是由 n–1 维数组定义的,这时每个元素受到 n 个下标关系约束。由此可见数组是一种复杂的数据结构,它可以由简单的数据结构辗转合成得到。

总结前面的数组定义关系，可以说数组是由值与下标构成的有序对，结构中的每一个元素都与其下标有关。

可见，数组结构具有以下三条性质：

(1) 元素数目固定，即一旦说明了一个数组结构，其元素数目不再有增减变化；

(2) 元素具有相同的类型；

(3) 元素的下标关系具有上下界的约束，并且下标有序。

对于数组，通常只有以下两种运算：

(1) 给定一组下标，存取相应的元素；

(2) 给定一组下标，修改相应元素中的某个数据项的值。

9.2　数组的顺序存储结构

由于数组一般不进行插入和删除运算，也就是说，一旦建立了数组，则结构中的元素个数和元素之间的关系就不再发生变动，因此，采用顺序存储结构表示数组是合理的。

我们知道，存储单元是一维的结构，而数组是多维的结构，那么用一组连续存储单元存放数组的元素就必然有个次序约定问题。二维数组的顺序存储具体又可分为以行为主序和以列为主序的优先存储，由于多维数组的下标不止两个，故存储时规定了以下标顺序或逆下标顺序为主序的两种优先存储。

行为主序的优先存储是将数组的元素按行优先顺序排列，第 i+1 行中的元素紧跟在第 i 行中元素的后面。同一行中元素以列下标次序排列。

列为主序的优先存储是将数组的元素按列优先顺序排列，第 j+1 列中的元素紧跟在第 j 列中元素的后面，同一列中元素以行下标次序排列。二维数组 A_{mn} 的两种存储方式如图 9.1 所示。

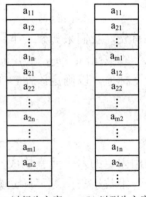

(a) 以行为主序　(b) 以列为主序

图 9.1　二维数组的两种存储方式

多维数组以下标顺序为主序则表示先排最右的下标，从右向左直到最左的下标；而逆下标顺序为主序则从最左开始向右排列。

在 BASIC, COBOL, PASCAL 和 C 语言中，数组是以行为主序存储的，而在 FORTRAN 语言中，数组则是以列为主序存储的。

按上述两种方式顺序存储的数组，只要知道开始结点的存储地址(即基地址)、维数、每维的上界和下界、每个数组元素所占用的单元数，就可以将数组元素的存储地址表示为其下标的线性函数。因此，数组中的任一元素可以在相同的时间内存取，即顺序存储的数组是一个随机存取结构。

例如，二维数组 A_{mn} 以行为主序存储在内存中，假设每个元素占用 d 个存储单元，则有

$$Loc\ (a_{ij}) = Loc\ (a_{11}) + [(i-1)*n + (j-1)]*d$$

上式的推导思路：结构中第 a_{ij} 个元素，其前面已存放了 i–1 行，共(i–1)*n 个元素，在

第 i 行中前面已存放了 $j-1$ 个元素，因而总共占用的空间为$((i-1)*n+j-1)*d$，再以 a_{11} 的存储地址作起始位置，即可推得。

同理，可推出以列为主序的优先存储地址计算公式为

$$Loc\ (a_{ij})=Loc\ (a_{11})+[(j-1)*m+(i-1)]*d$$

同样，三维数组 A_{mnp} 以行为主序存储，其地址计算公式为

$$Loc\ (a_{ijk})=Loc\ (a_{111})+[(i-1)*n*p+(j-1)*p+(k-1)]*d$$

读者不难推广到更多维的情况。

上述讨论均是假设数组的下界是 1，更一般的二维数组是 $A[c_1 \cdots d_1，c_2 \cdots d_2]$，这里 c_1，c_2 不一定是 1。a_{ij} 前一共有 $i-c_1$ 行，d_2-c_2+1 列，故这 $i-c_1$ 行共有$(i-c_1)*(d_2-c_2+1)$个元素，第 i 行上 a_{ij} 前一共有 $j-c_2$ 个元素，因此，a_{ij} 的地址计算公式为

$$Loc\ (a_{ij})=Loc\ (a_{c_1c_2})+[(i-c_1)*(d_2-c_2+1)+(j-c_2)]*d$$

值得注意的是，在 C 语言中，数组下标的下界是 0，因此在 C 语言中，二维数组的地址计算公式为

$$Loc\ (a_{ij})=Loc\ (a_{00})+(i*(d_2+1)+j)*d$$

以下讨论数组的存储结构时，均以 C 语言的下界表示。

9.3　矩阵的压缩存储

科学计算和工程应用中，经常使用矩阵。由于矩阵具有元素数目固定以及元素按下标关系有序排列的特点，因此在用高级语言编程时，人们会很自然地想到用二维数组来描述矩阵。矩阵在这种存储表示之下，可以对其元素进行随机存取，各种矩阵运算也非常简单，并且存储密度为 1。但是在某些情况下，矩阵中含有许多值相同的元素或许多零元素，在阶数比较高的情况下，矩阵用二维数组存储会造成空间的浪费。为了节省空间，我们可以对这类矩阵进行压缩存储。

所谓压缩存储，是指给多个值相同的元素只分配一个空间，对零元素不分配空间。

9.3.1　特殊矩阵

对于值相同的元素或者零元素在矩阵中的分布具有一定规律的矩阵，我们称其为特殊矩阵。下面分别讨论几种特殊矩阵的压缩存储。

1. 对角矩阵

对角矩阵中(如图 9.2 所示)，所有的非零元素都集中在以主对角线为中心的带状区域中，即除了主对角线上和主对角线邻近的上、下方以外，其余元素均为零。

我们考虑最简单的一种对角矩阵，即只在主对角线上含有非零元素的对角矩阵，如图 9.3 所示。

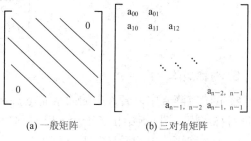

(a) 一般矩阵　　　　(b) 三对角矩阵

图 9.2　对角矩阵

$n×n$ 的方阵只含有 n 个非零元素，也就是说，只要用 n 个存储单元来存储即可，显然采用一维数组 $A[0, 1, \cdots, n-1]$ 即可，并且非零元素的下标关系与一维数组的下标也可找到一个唯一的对应关系，有 $A[0]=a_{00}$，$A[1]=a_{11}$，$\cdots$，$A[n-1]=a_{n-1, n-1}$。即 $A[k]$ 与 a_{ii} 对应关系是 $k=i$。通过这个关系可以对矩阵中的元素进行随机存取。

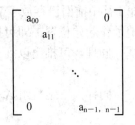

图 9.3　最简单的对角矩阵

2. 三角矩阵

以主对角线划分，三角矩阵有上三角矩阵和下三角矩阵两种。上三角矩阵是指矩阵的下三角(不包含对角线)中的元素均为常数(或零)的 n 阶矩阵，下三角矩阵则与之相反。图 9.4 给出了两种三角矩阵。

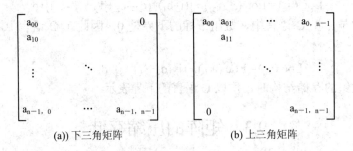

(a) 下三角矩阵　　　　　　(b) 上三角矩阵

图 9.4　三角矩阵

在三角矩阵中，值相同的元素可共享一个存储空间；若元素值为零，则可以不分配空间；其余元素有 $n*(n+1) / 2$ 个。

在存储时可考虑用 $A[0, 1, \cdots, n*(n+1)/2-1]$ 这样的数组来存储矩阵中的 $n*(n+1)/2$ 个非零元素。由于这些元素的排列是一个三角形，仍需采用一种规定将其排成一个线性序列，为此也可以使用前面介绍的以行为主序或以行为主序的优先存储的思想。

下面找出数组元素 $A[k]$ 与 a_{ij} 的关系。

在下三角矩阵中，a_{ij} 处在第 $i+1$ 行的第 $j+1$ 个元素，则其前面已存放的元素数目为 $i*(i+1)/2+j$。也就是说，a_{ij} 应是数组 A 的第 k 个元素，$k=i*(i+1)/2+j$，由此可得 $A[k]$ 与 a_{ij} 的对应关系是

$$k = \begin{cases} \dfrac{i*(i+1)}{2}+j & i \geqslant j \\ \dfrac{n*(n+1)}{2} & i < j \end{cases}$$

3. 对称矩阵

在 n 阶方阵 A 中，若 A 中的元素满足 $a_{ij}=a_{ji}(0 \leqslant i, j \leqslant n-1)$，则称 A 是对称矩阵，图 9.5 给出了一个 6 阶对称矩阵。

由于对称矩阵中的元素关于对角线对称，因此在存储时只需存储矩阵中上三角或下三角中的元素，使得对称的元素共享一个存储空间。假如我们存储下三角中的元素，则元素总数为 $n*(n+1)/2$，按行

$$\begin{bmatrix} 3 & 1 & 4 & 2 & 9 & 7 \\ 1 & 2 & 3 & 5 & 8 & 6 \\ 4 & 3 & 0 & 1 & 1 & 2 \\ 2 & 5 & 1 & 2 & 0 & 7 \\ 9 & 8 & 1 & 0 & 3 & 4 \\ 7 & 6 & 2 & 7 & 4 & 0 \end{bmatrix}$$

图 9.5　6 阶对称矩阵

优先顺序存储，可得 A[k]与 a_{ij} 的对应关系是

$$k=i*(i+1)/2+j \quad 0 \leqslant k \leqslant n*(n+1)/2, \ i \geqslant j$$

若 i<j 时，a_{ij} 在上三角矩阵中，由 $a_{ij}=a_{ji}$，因此有

$$k=j*(j+1)/2+i \quad i<j$$

一个统一的 k，i，j 的对应关系为

$$k=i*(i+1)/2+j$$

其中，$i=max(i,j)$，$j=min(i,j)$。

对于上述讨论的这些特殊矩阵，我们总能找到一个关系将其压缩存储到一维数组中，通过这个关系仍能对矩阵的元素进行随机存取。

9.3.2 稀疏矩阵

特殊矩阵中非零元素的分布都是有规律的，总可以找到矩阵中的元素与一维数组下标之间的对应关系。还有一类矩阵，也含有非零元素及较多的零元素，但非零元素的分布没有任何规律，这就是稀疏矩阵。

稀疏矩阵 $A_{m \times n}$ 中有 s 个非零元素，t 个零元素，若 $s \ll t$，则称 A 为稀疏矩阵。

对于 s 与 t 的比较数量级，人们只能靠感觉来判定，这与实际问题及对存储的要求有关。由于非零元素的分布一般是没有规律的，因此，在存储非零元素的同时，还必须存储适当的辅助信息，这样才能迅速确定一个非零元素是矩阵中的哪一个元素。下面我们仅讨论用三元组表及十字链表来表示非零元素时的两种稀疏矩阵的压缩存储。

1. 三元组表

若将表示稀疏矩阵的非零元素的三元组按行优先(或列优先)的顺序排列(跳过零元素)，则得到一个其结点均是三元组的线性表。我们将该线性表的顺序存储结构称为三元组表。因此，三元组表是稀疏矩阵的一种顺序存储结构。在以下的讨论中，我们均假定三元组表是按行优先顺序排列的。

显然，要唯一确定一个稀疏矩阵，还必须存储该矩阵的行数和列数。为了运算方便，我们还将非零元素的个数与三元组表存储在一起。因此，有如下的类型说明：

```
#define smax 16              /* 最大非零元素个数的常数 */
typedef int datatype;
typedef struct
{
 int i, j;                   /* 行号，列号 */
 datatype v;                 /* 元素值 */
} node;
 typedef struct
{
 int m, n, t;               /*行数，列数，非零元素个数*/
 node data[smax];           /* 三元组表 */
} spmatrix;                 /* 稀疏矩阵类型 */
```

例如，图 9.6(a)的稀疏矩阵 A 的三元组表如图 9.6(b)所示，a 是 spmatrix 型变量。

下面以矩阵的转置为例，说明在这种压缩存储结构中如何实现矩阵的运算。

一个 m×n 的矩阵 A，它的转置矩阵 B 是一个 n×m 矩阵，且 A[i][j]＝B[j][i]，0≤i≤m，0≤j≤n，即 A 的行是 B 的列，A 的列是 B 的行。例如图 9.6 中的 A 和图 9.7 中的 B 互为转置矩阵。

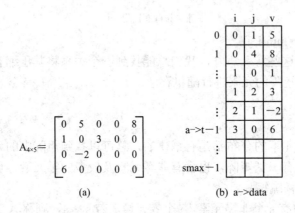

图 9.6 稀疏矩阵 A 和它的三元组表 a－>data

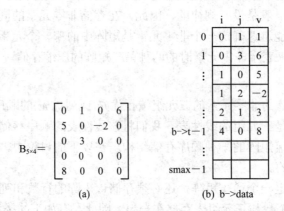

图 9.7 稀疏矩阵 B 和它的三元组表 b－>data

将 A 转置为 B，就是将 A 的三元组表 a－>data 置换为 B 的三元组表 b－>data，如果只是简单交换 a－>data 中 i 和 j 中的内容，那么得到的 b－>data 将是一个按列优先顺序存储的稀疏矩阵 B，要得到如图 9.7(b)所示的按行优先顺序存储的 b－>data，就必须重新排列三元组的顺序。

由于 A 的列是 B 的行，因此，按 a－>data 的列序转置，所得到的转置矩阵 B 的三元组表 b－>data 必定是按行优先顺序存储的。为了找到 A 的每一列中所有的非零元素，需要对三元组表 a－>data 从第一行起整个扫描一遍，由于 a－>data 是按 A 的行优先顺序存储的，因此得到的恰是 b－>data 应有的次序。

其算法描述如下：

```
spmatrix *TRANSMAT(spmatrix *a)
    /* 返回稀疏矩阵 A 的转置 */
```

```
{
    int ano, bno, col;                          /* ano 和 bno 分别指示 a—>data 和 b—>data 中结点序号
                                                   col 指示*a 的列号(即*b 的行号) */
    spmatrix *b;                                /* 存放转置后的矩阵 */
    b=malloc(sizeof(spmatrix));
    b—>m=a—>n;   b—>n=a—>m;                       /*行列数交换*/
    b—>t=a—>t;
    if (b—>t>0)                                  /* 有非零元素，则转置 */
    { bno=0
      for(col=0; col<a—>n; col++)                /* 按*a 的列序转置 */
      for(ano=0; ano<a—>t; ano++)                /* 扫描整个三元组表 */
      if (a—>data[ano].j==col)                   /* 列号为 col 则进行置换 */
      { b—>data[bno].i=a—>data[ano].j;
        b—>data[bno].j=a—>data[ano].i;
        b—>data[bno].v=a—>data[ano].v;
        bno++;                                   /* b—>data 结点序号加 1 */
      }
    }
    return b;                                    /* 返回转置结果指针 */
}                                                /* TRANSMAT */
```

该算法的时间主要耗费在 col 和 ano 的二重循环上，若 A 的列数为 n，非零元素个数为 t，则算法时间复杂度为 O(n*t)，即与 A 的列数和非零元素个数的乘积成正比。而通常用二维数组表示矩阵时，其转置算法的算法时间复杂度是 O(m*n)，它正比于行数和列数的乘积。由于非零元素个数一般远远大于行数，因此，上述稀疏矩阵转置算法的时间，大于非压缩存储的矩阵转置的时间。

2. 十字链表

当矩阵非零元素的位置或个数经常变动时，三元组就不适合作稀疏矩阵的存储结构。例如，我们要做运算 A+B，即将矩阵 B 加到矩阵 A 上，则会产生大量的数据元素的移动，此时，采用链表存储结构更为恰当。

在链表中，存放非零元素的结点结构如图 9.8 所示。其中，row、col、v 分别存放非零元素所在的行号、列号和值；down 指针指向同一列中下一个非零元素；right 指针指向同一行中下一个元素。稀疏矩阵同一行的非零元素通过 right 指针连成一个循环链表，同一列的非零元素也通过 down 指针连成一个循环链表。所以对于某个非零元素来说，它既是第 i 行循环链表中的结点，又是第 j 列循环链表中的一个结点，正好似处于一个十字交叉上面，故这样的链表称为十字链表。

row	col	v/next
down		right

图 9.8 非零元素结点结构

考虑到整个链表中结点结构的一致性，我们规定表头结点也具有五个域，其中 row、col 均为零，一个即用 next 来代替 v，next 是一个指针，其余两个仍为 right 和 down 指针域。

这样即可画出一个稀疏矩阵的十字链表，如图 9.9 所示。

下面我们给出十字链表的形式描述：

```
typedef struct lnode
{   int row, col;
    struct lnode *down, *right;
    union
    {
        struct lnode *next;              /* 表头结点使用 next 域 */
        datatype v;
    } uval;
} link;
```

有了这个描述，我们就可以完成十字链表的建立及其矩阵的各种运算。

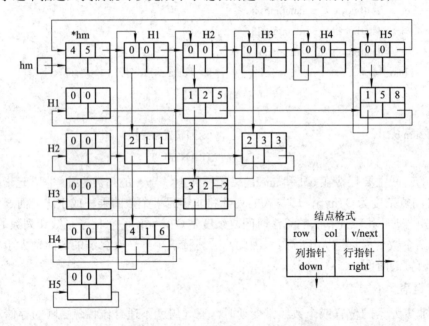

图 9.9   图 9.6(a)的稀疏矩阵 A 的十字链表

习   题

1. 求按行优先顺序存储的四维数组顺序存储的地址计算公式。

2. 已知三维数组 M[2…3, − 4…2, − 1…4]，且每个元素占用 2 个存储单元，起始地址为 100，按行优先顺序存储，求：

(1) M 所含的元素个数；

(2) M[2, 2, 2]，M[3, − 3, 3]的存储地址。

3. 设上三角矩阵 $A_{n \times n}$，将其上三角元素逐行存于数组 B[m]中，使得 B[k]=a_{ij} 且 k=f1(i) +f2(j)+c。试推导出函数 f1、f2 和常数 c。

4. 设三对角矩阵 $A_{n \times n}$ 按行优先顺序压缩存储在数组 B[3*n-2]之中，且有 B[k-1]=a_{ij}，求：

(1) 用 i, j 表示 k 的下标变换公式；

(2) 用 k 表示 i, j 的下标变换公式。

5. 若在矩阵 A_{mxn} 中存在一个元素 A[i-1][j-1]，其满足 A[i-1][j-1]是第 i 行元素中最小值，且又是第 j 列元素中最大值，则称此元素为该矩阵的一个马鞍点。假设以二维数组存储矩阵 A_{mxn}，试设计求出矩阵中所有马鞍点的算法，并分析所设计算法在最坏情况下的时间复杂度。

6. 已知稀疏矩阵用三元组表示，编写 C=A*B 的算法。

7. 设矩阵

$$A = \begin{bmatrix} 0 & 4 & 0 & 1 \\ 4 & 2 & 0 & 0 \\ 0 & 0 & 0 & 0 \\ 1 & 0 & 0 & 0 \end{bmatrix}$$

a. 若将 A 视为对称矩阵，画出对其压缩存储的存储表，并讨论如何存取 A 中元素 a_{ij} (0<=i, j<4);

b.若将 A 视为稀疏矩阵，画出 A 的三元组表结构。

8. 画出下列矩阵 X 的三元组表和十字链表：

$$X = \begin{bmatrix} 15 & 0 & 0 & 22 & 0 & -15 \\ 0 & 11 & 3 & 0 & 0 & 0 \\ 0 & 0 & 0 & -6 & 0 & 0 \\ 0 & 0 & 0 & 0 & 0 & 0 \\ 91 & 0 & 0 & 0 & 0 & 0 \\ 0 & 0 & 28 & 0 & 0 & 0 \end{bmatrix}$$

第10章 树

树又称为树形结构，它是一类很重要的非线性数据结构。类似于自然界中的树，树形结构的元素结点之间存在明显的分支和层次关系。树形结构在客观世界中大量存在，例如人类社会中的家谱、各种社会组织机构、操作系统中的多级目录、源程序中的语法结构和数据中的层次结构等。

本章首先介绍树的基本概念，然后重点讨论二叉树的存储表示及各种运算，最后介绍二叉树的应用实例。

10.1 树的基本概念

树是一种按层次关系组织起来的分支结构，例如一个学校由若干个系组成，而每个系又由若干个教研室组成，这样一个学校的教学组织机构可用图 10.1 来表示。它很像一棵倒画的树。这里的"树根"是学校，树的"分支点"是各系，而各教研室则是"树叶"。从图中也可以看出学校结点构成了整个树的根，而各系又构成了学校结点的子树。对于树，我们可给出以下定义。

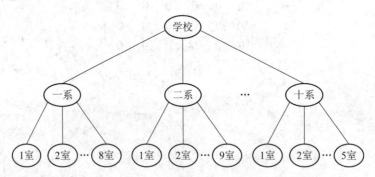

图 10.1 学校的教学组织机构图

定义 树(Tree)是 n(n>0)个结点的有限集合 T，它满足如下两个条件：

(1) 有且仅有一个特定的称为根(Root)的结点，它没有前趋结点。

(2) 其余的结点可分成 m 个互不相交的有限集合 T_1, T_2, …, T_m，其中每个集合又是一棵树，称为根的子树。

将 n=0 时的空集合定义为空树(有的书上也将 n=1 的集合定义为空树)。

以上的定义是一个递归的定义，即树的定义中又用到了树的概念。树的递归定义刻画了树的固有特性。

树的表示通常采用以下几种方法：

(1) 直观表示法：使用圆圈表示结点，连线表示结点之间的关系，结点的名字可写在圆圈内或圆圈旁，如图 10.1 所示。

(2) 文氏图表示法：使用圆圈表示结点，用圆圈的相互包含表示结点之间的关系，如图 10.2(a)所示。

(3) 目录表示法：使用凹入的线条表示结点，以线条的长短表示结点间的关系，长线条包含短线条，如图 10.2(b)所示。

(4) 嵌套括号表示法：使用括号表示结点，括号的相互包含表示结点间的关系，如图 10.2(c)所示。

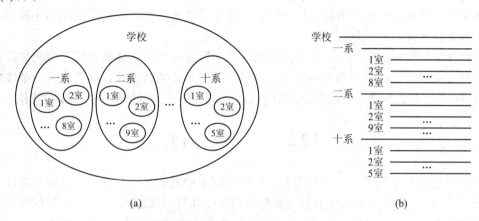

(a)　　　　　　　　　　　　　　　　　　(b)

(学校 (一系(1室) (2室)···(8室)) (二系(1室)
(2室)···(9室)) ··· (十系(1室) (2室) ··· (5室)))

(c)

图 10.2　树的表示法

在树形结构的描述中，人们常用到以下的一些术语，其中许多术语借用了家族谱中的一些习惯用语：

(1) 结点：树中的一个元素，包含数据项及若干指向其子树的分支。

(2) 结点的度：结点拥有的子树个数，如图 10.1 中的学校结点的度为 10，一系结点的度为 8。

(3) 树的度：树中最大的结点的度，如图 10.1 中的树的度为 10。

(4) 叶子：度为零的结点，又称为终端结点，如图 10.1 中的 1 室、2 室等结点。

(5) 孩子：一个结点的子树的根称为该结点的孩子，如图 10.1 中的一系、二系是学校的孩子。

(6) 双亲：一个结点的直接上层结点称为该结点的双亲，如图 10.1 中的学校是一系、二系的双亲。

(7) 兄弟：同一双亲的孩子互称为兄弟，如图 10.1 中的一系、二系互为兄弟。

(8) 结点的层次：从根结点开始，根结点为第一层，根的孩子为第二层，第二层的孩子为第三层，依次类推，图10.1中的树共分了三层。

(9) 树的深度：树中结点的最大层次数，如图 10.1 中的树的深度为 3。

(10) 堂兄弟：双亲在同一层上的结点互称为堂兄弟，如图 10.1 中一系 1 室和二系 1 室互为堂兄弟。

(11) 路径：若存在一个结点序列 k_1，k_2，…，k_j，可使 k_1 到达 k_j，则称这个结点序列是 k_1 到达 k_j 的一条路径。

(12) 子孙和祖先：若存在 k_1 到 k_j 的一条路径 k_1，k_2，…，k_j，则 k_1，…，k_{j-1} 为 k_j 的祖先，而 k_2，…，k_j 为 k_1 的子孙。在图 10.1 中，学校和各系是教研室的祖先，而系和教研室是学校的子孙。

(13) 森林：$m(m \geq 0)$ 棵互不相交的树的集合构成森林。一棵树的根被删除，就得到了子树构成的森林；当在森林中加上一个根结点时，森林就变为一棵树。

(14) 有序树和无序树：若树中每个结点的各个子树从左到右是有次序的(即不能互换)，则称该树为有序树，否则为无序树。

树的存储结构根据应用可以有多种形式，但主要使用顺序存储和链式存储两种存储结构。顺序存储，首先必须对树形结构的结点进行某种方式的线性化，使之成为一个线性序列，然后存储。链式存储，使用多指针域的结点形式，每一个指针域指向一棵树的根结点。

10.2 二 叉 树

二叉树是树形结构的一种重要类型，在实际应用中具有重要的意义，这体现在以下三个方面：① 许多实际问题抽象出来的数据结构往往具有二叉树的形式；② 任何树都可通过简单的转换得到与之对应的二叉树；③ 二叉树的存储结构和算法都比较简单。

10.2.1 二叉树的基本概念

类似于树的定义，二叉树的定义可由以下的递归形式给出。

定义 二叉树是 $n(n \geq 0)$ 个结点的有限集，它或为空树($n=0$)，或由一个根结点及两棵互不相交、分别称作这个根的左子树和右子树构成。

由二叉树的定义，我们可以得到二叉树的五种基本形态，如图 10.3 所示。当 $n=0$ 时，得到空树；$n=1$ 时，得到仅有一个根结点的二叉树；当根结点的右子树为空时，得到一个仅有左子树的二叉树；当根结点的左子树为空时，得到一个仅有右子树的二叉树；当左、右子树均非空时，得到一般的二叉树。

(a) 空二叉树　(b) 仅有根结点　(c) 左子树　(d) 右子树　(e) 左、右子树均非空

图 10.3　二叉树的基本形态

除了五种基本形态外，二叉树还有两种常用的特殊形态：满二叉树和完全二叉树。

一棵深度为 k 且有 $2^k - 1$ 个结点的二叉树称为满二叉树。满二叉树的特点是每一层的结点数都达到该层可具有的最大结点数，因而满二叉树中不存在结点的度为 1 的结点。

当对满二叉树中的结点按照从根结点开始，自上而下、从左至右进行连续编号时，可得到如图 10.4(a)所示的带有编号的满二叉树。

如果一个深度为 k 的二叉树，它的结点也按上述规则进行编号后，得到的顺序与满二叉树相应结点编号顺序一致，则称这个二叉树为完全二叉树。图 10.4(b)是一个有 6 个结点的完全二叉树，而图 10.4(c)是一个非完全二叉树。从上面关于完全二叉树的描述中可以给出完全二叉树的另一种描述形式：若一棵二叉树至多只有最下面两层上的结点的度可以小于 2，并且最下面一层的结点都集中在该层最左边的若干位置上，则称此二叉树为完全二叉树。

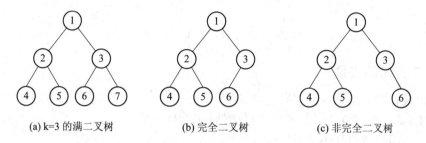

(a) k=3 的满二叉树　　　　(b) 完全二叉树　　　　(c) 非完全二叉树

图 10.4　满二叉树、完全二叉树和非完全二叉树

二叉树与无序树的不同之处在于，无序树的子树无次序可分，并且可以相互交换，而二叉树的子树则有次序可分，并且不能相互交换。二叉树与有序树也不同，若某个结点只有一个孩子时，有序树不区分左、右次序，而二叉树则要区分左、右次序。

任何一棵树都可以转换为一棵二叉树，同时一棵二叉树也可转换成一棵树，而且这种转换具有唯一性。

将一棵树转换为二叉树的方法如下：

(1) 在兄弟之间增加一条连线；

(2) 对每个结点，除了保留与其左孩子的连线外，除去与其他孩子之间的连线；

(3) 以树的根结点为轴心，将整个树顺时针旋转 45°。

图 10.5(a)、(b)、(c)给出了一棵树转换为二叉树的过程。从转换结果可以看出，任何一棵树转换为对应的二叉树后，二叉树的左子树为空。

一棵二叉树到树的转换规则如下：

(1) 若结点 X 是双亲 Y 的左孩子，则把 X 的右孩子，右孩子的右孩子……都与 Y 用线相连；

(2) 去掉原有的双亲到右孩子的连线。

图 10.5(d)、(e)给出了一棵二叉树转换为树的过程。

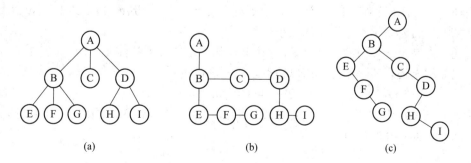

(a)　　　　　　　　　(b)　　　　　　　　　(c)

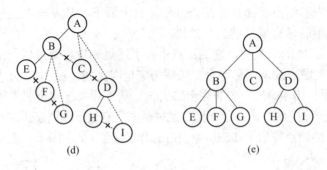

$$\text{(d)} \qquad\qquad\qquad\qquad \text{(e)}$$

图 10.5　树与二叉树相互转换示例

10.2.2　二叉树的性质

二叉树具有以下几个重要性质：

性质 1　二叉树的第 i 层至多有 2^{i-1} 个结点(i≥1)。

证明　可用数学归纳法予以证明。

当 i=1 时，有 $2^{i-1}=2^0=1$，同时第一层上只有一个根结点，故命题成立。

设当 i=k 时成立，即第 k 层上至多有 2^{k-1} 个结点。

则当 i=k+1 时，由于二叉树的每个结点至多有两个孩子，所以第 k+1 层上至多有 2× $2^{k-1}=2^k$ 个结点，故命题成立。

性质 2　深度为 k 的二叉树至多有 2^k-1 个结点(k≥1)。

证明　性质 1 给出了二叉树每一层中含有的最大结点数，深度为 k 的二叉树的结点总数至多为

$$\sum_{i=1}^{k} 2^{i-1} = 2^k - 1$$

故命题成立。

性质 3　对任何一棵二叉树，如果其终端结点数为 n_0，度为 2 的结点数为 n_2，则 $n_0=n_2+1$。

证明　设度为 1 的结点数为 n_1，则一棵二叉树的结点总数为

$$n=n_0+n_1+n_2 \tag{10.1}$$

因为除根结点外，其余结点都有一个进入的分支(边)，设 B 为分支总数，则 n=B+1。又考虑到分支是由度为 1 和 2 的结点发出的，故有 $B=2n_2+n_1$，即

$$n=2n_2+n_1+1 \tag{10.2}$$

比较式(10.1)、式(10.2)，可得 $n_0=n_2+1$，故命题成立。

性质 4　具有 n 个结点的完全二叉树的深度为 $\lfloor lbn \rfloor +1$ 或 $\lceil lb(n+1) \rceil$。其中 $\lfloor x \rfloor$ 表示不大于 x 的最大整数，$\lceil x \rceil$ 表示不小于 x 的最小整数。

证明　由完全二叉树的定义可知，一个 k 层的完全二叉树的前 k-1 层共有 $2^{k-1}-1$ 个结点，第 k 层上还有若干结点，所以结点总数 n 满足关系：

$$2^{k-1}-1<n\leq 2^k-1 \tag{10.3}$$

因而可推出 $2^{k-1}\leq n<2^k$，取对数后可得 k-1≤lbn<k。因为 k 为整数，故有 k-1=$\lfloor lbn \rfloor$，即 k=$\lfloor lbn \rfloor$+1。

同样利用式(10.3)有 $2^{k-1}<n+1\leqslant2^{k}$，取对数得 $k-1<\text{lb}(n+1)\leqslant k$，因而 $k=\lceil\text{lb}(n+1)\rceil$，故命题成立。

10.3　二叉树的存储结构

二叉树的存储结构与树形结构的存储结构类似，都存在多种形式，但常用的主要是顺序存储结构和链式存储结构。

10.3.1　顺序存储结构

二叉树的顺序存储结构是将二叉树的所有结点，按照一定的顺序，存储到一片连续的存储单元中。结点的顺序将反映结点之间的逻辑关系。

在一棵完全二叉树中，按照从根结点起自上而下、从左至右的方式对结点进行顺序编号，便可得到一个反映结点之间关系的线性序列。一个具有 n ($n=10$)个结点的完全二叉树各结点的顺序编号如图 10.6 所示。这时只要按照结点的编号顺序依次将各结点存储到一个具有 $n+1$ 个单元的向量中去，就实现了完全二叉树的顺序存储。图 10.6 所示的完全二叉树的顺序存储结构如表 10.1 所示。

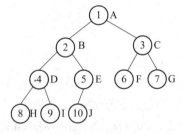

图 10.6　完全二叉树的结点编号

表10.1　图10.6的完全二叉树的顺序存储

编　号	0	1	2	3	4	5	6	7	8	9	10
结点值		A	B	C	D	E	F	G	H	I	J

按照以上的顺序编号方法，我们可以从一个结点的编号推得它的双亲以及左、右孩子和兄弟等的编号。对一棵具有 n 个结点的完全二叉树，确定相应编号的规则如下：

(1) 若 $i=1$，则 i 结点是根结点；若 $i>1$，则 i 结点的双亲编号为 $\lfloor i/2\rfloor$。

(2) 若 $2i>n$，则 i 结点无左孩子，i 结点是终端结点；若 $2i\leqslant n$，则 $2i$ 是结点 i 的左孩子。

(3) 若 $2i+1>n$，则 i 结点无右孩子；若 $2i+1\leqslant n$，则 $2i+1$ 是结点 i 的右孩子。

(4) 若 i 为奇数且不等于 1 时，结点 i 的左兄弟是结点 $i-1$，否则结点 i 没有左兄弟。

(5) 若 i 为偶数且小于 n 时，结点 i 的右兄弟是结点 $i+1$，否则结点 i 没有右兄弟。

对于完全二叉树这样一种特殊情况，其结点的层次顺序序列反映了整个二叉树的结构，这样我们便可使用结点的编号对应存储单元的编号方式将各结点依次存储到线性表中。完全二叉树，采用顺序存储既简单又节省存储空间。但一般的二叉树，为了能用结点在向量中的相对位置来表示结点之间的逻辑关系，则需要通过增添一些结点来构成完全二叉树，然后再按以上的方法进行存储。

图 10.7 和表 10.2 给出了一般的二叉树构成完全二叉树并用顺序存储结构存储的示例，其中方形结点为虚结点，并用符号@来表示结点值。

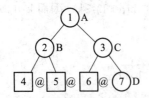

表10.2			一般的二叉树的顺序存储				

编　号	0	1	2	3	4	5	6	7
结点值		A	B	C	@	@	@	D

图 10.7　一般的二叉树的结点编号

一般的二叉树，通过虚结点来构成完全二叉树，虽然保持了结点间的逻辑关系，但也造成了存储空间的浪费，即一个深度为 k 且只有 k 个结点的二叉树需要 $2^k - 1$ 个存储单元。因为二叉树的顺序存储结构与顺序表的存储结构相似，故二叉树的顺序存储结构的 C 语言描述与顺序表的 C 语言描述类似，即

```
#define    maxsize 1024
typedef    int    datatype;
typedef    struct
{datatype data [maxsize];
int    last;
} sequenlist;
```

此处的 last 指在表中存放最后一个结点的位置。

10.3.2　链式存储结构

链式存储是二叉树的一种自然链接方法。在一定的条件下，链式存储可节省存储单元。由于二叉树的每个结点最多有两个孩子，所以采用链式存储结构来存储二叉树时，每个结点应至少包括三个域：结点数据域(data)、左孩子指针域(lchild)和右孩子指针域(rchild)，这样二叉树链式存储的结点结构如图 10.8 所示。

lchild	data	rchild

图 10.8　二叉树链式存储的结点结构

由于二叉树的链式存储结构中用两个指针域来分别指向相应的分支，故二叉树的链式存储结构也称为二叉链表。二叉链表结点的 C 语言逻辑描述为

```
typedef    int    datatype;
typedef    struct    node
{
    datatype    data;
    struct    node    *lchild    *rchild;
}    bitree;
bitree    *root;
```

其中 root 是指向根结点的头指针，当二叉树为空时，root=NULL。若结点的某个孩子不存在时，则相应的指针为空。

在具有 n 个结点的二叉树中，一共有 2n 个指针域，其中 n－1 个用来指示结点的左、右孩子，其余 n＋1 个指针域为空。

在上述的二叉链表中，要寻找某结点的双亲是很困难的。为了方便寻找，可在每个结点上再增加一个指向其双亲的指针域 parent，从而形成带双亲指针的二叉链表。这种具有三个指针域的二叉树链式存储结构也称为三叉链表。图 10.9 给出了二叉链表和三叉链表的图形表示。

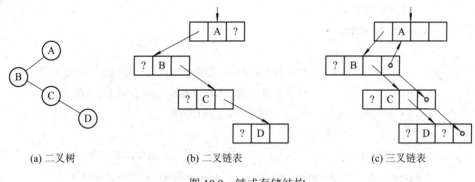

(a) 二叉树   (b) 二叉链表   (c) 三叉链表

图 10.9 链式存储结构

10.3.3 二叉树的建立

二叉树的建立是指如何在内存中建立二叉树存储结构。二叉树的顺序存储结构的建立比较简单，只需将二叉树各个结点的信息(值)按原有的逻辑关系送入相应的向量单元中即可。二叉树链式存储结构的建立算法有多种，它们依赖于按照何种形式来输入二叉树的逻辑结构信息。一种常见的算法是按照完全二叉树的层次顺序，依次输入结点信息来建立二叉链表。一般的二叉树则必须通过添加若干个虚结点使其成为完全二叉树，然后再用以上算法来建立二叉链表。该算法的基本思想是：依次输入结点信息，若输入的结点不是虚结点，则建立一个新结点；若新结点是第一个结点，则令其为根结点，否则将新结点作为孩子链接到它的双亲结点上；如此反复进行，直到输入结束标志"＃"为止。

为了使新结点能够与双亲结点正确链接，并考虑到这种方法中先建立的结点，其孩子结点也一定先建立的特点，我们可以设置一个指针类型的数组构成的队列来保存已输入结点的地址，并使队尾指针(rear)指向当前输入的结点，队头指针(front)指向这个结点的双亲结点。由于根结点的地址放在队列的第一个单元里，所以当 rear 为偶数时，则 rear 所指的结点应作为左孩子与其双亲链接，否则 rear 所指的结点应作为右孩子与其双亲链接。若双亲结点或孩子结点为虚结点，则无须链接。若一个双亲结点与两个孩子链接完毕，则进行出队操作，使队头指针指向下一个待链接的双亲结点。具体算法如下：

```
bitree    *CREATREE( )    /* 建立二叉树函数，函数返回指向根结点的指针 */
{char    ch;              /* 结点信息变量 */
 bitree   *Q [maxsize];   /* 设置指针类型数组来构成队列 */
 int  front, rear;        /* 队头和队尾指针变量 */
 bitree   *root, *s;      /* 根结点指针和中间指针变量 */
 root=NULL;               /* 二叉树置空 */
```

```
    front=1;   rear=0;        /* 设置队列指针变量初值 */
    while(ch=getchar()!='#')    /* 输入一个字符，当不是结束符时执行以下操作 */
{   s=NULL;
        if(ch!='@')        /* @表示虚结点，当不是虚结点时建立新结点 */
    { s=malloc(sizeof (bitree));
      s->data=ch;
      s->lchild=NULL;
      s->rchild=NULL;
    }
        rear++;            /* 队尾指针增 1，指向新结点地址应存放的单元 */
    Q[rear]=s;            /* 将新结点地址入队或虚结点指针 NULL 入队 */
    if (rear= =1)   root=s;    /* 输入的第一个结点作为根结点 */
    else
    {   if (s && Q[front])        /* 孩子和双亲结点都不是虚结点 */
        if (rear % 2= =0) Q[front]->lchild=s;   /* rear 为偶数，新结点是左孩子 */
        else Q[front]->rchild=s;            /* rear 为奇数且不等于 1，新结点是右孩子 */
        if (rear % 2= =1)
            front++;                    /* 结点* Q[front]的两个孩子处理完毕，出队 */
    }
}
return root;                        /* 返回根指针 */
}                                  /* CREATREE    */
```

10.4 二叉树的遍历

二叉树的遍历是指按某种搜索路线来巡访二叉树中的每一个结点，且每个结点仅被访问一次。这里的访问是指对结点所做的各种处理，例如一种简单的处理是输出结点的信息。二叉树的遍历算法是二叉树运算中的基本算法，很多二叉树的操作都可以在遍历算法的基础上加以实现。按照搜索路线的不同，二叉树的遍历可分为深度优先遍历和广度优先遍历两种方式，下面将分别加以介绍。

10.4.1 二叉树的深度优先遍历

根据二叉树的递归定义可知，二叉树是由根结点、左子树和右子树三个基本部分组成。我们只要能依次遍历这三个基本部分，便可遍历整个二叉树。若设 L、D 和 R 分别表示遍历左子树、访问根结点和遍历右子树，则有 DLR、LDR、LRD、DRL、RDL 和 RLD 等六种不同的二叉树深度优先遍历方案。若限定按先左后右的顺序进行遍历，则只有 DLR(先(前)序(根)遍历)、LDR (中序(根)遍历)和 LRD (后序(根)遍历)三种遍历方案。

由于遍历左、右子树的子问题和遍历整个二叉树的原问题具有相同的特征属性，所以我们可使用递归的方法来实现二叉树的深度优先遍历。下面介绍三种遍历方案的递归算法。

1. 先序遍历算法

若二叉树非空，执行以下操作：

(1) 访问根结点；

(2) 先序遍历左子树；

(3) 先序遍历右子树。

假设访问根结点是打印结点信息，二叉链表作为二叉树的存储结构，则用 C 语言描述的先序遍历算法如下：

```
void  preorder(bitree *p)              /* 先序遍历二叉树，p 指向二叉树的根结点 */
{ ① if (p!=NULL)                       /* 二叉树 p 非空，则执行以下操作 */
    { ② printf (" %c ", p—>data);      /* 访问 p 所指结点 */
      ③ preorder (p—>lchild);          /* 先序遍历左子树 */
      ④ preorder (p—>rchild);          /* 先序遍历右子树 */
    }
  ⑤ return;                            /* 返回 */
}                                      /* preorder */
```

为了便于理解递归算法 preorder，我们可先对算法 preorder 中的可执行语句分别加上标号①～⑤，然后结合图 10.10 来理解该算法执行过程，算法执行过程示意图如图 10.11 所示。此时得到的先序遍历序列为 A，B，D，E，C，F，L，G。

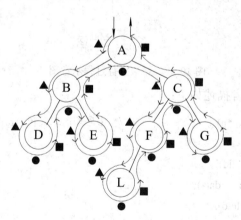

图 10.10　二叉树的遍历路线

2. 中序遍历算法

若二叉树非空，执行以下操作：

(1) 中序遍历左子树；

(2) 访问根结点；

(3) 中序遍历右子树。

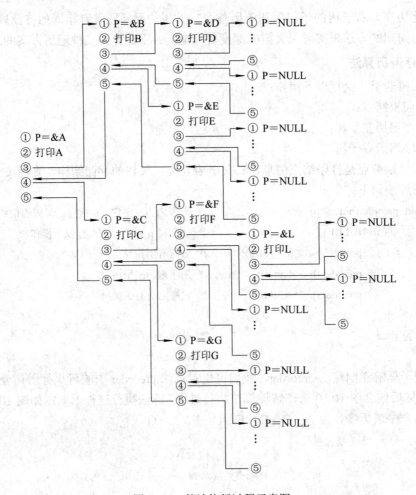

图 10.11　算法执行过程示意图

中序遍历算法的 C 语言描述如下：

```
void  inorder(bitree    *p)                    /* 中序遍历二叉树，p 指向二叉树的根结点 */
{ if (p!=NULL)
    { inorder (p—>lchild);
      printf (" %c ", p—>data);
      inorder (p—>rchild);
    }
  return;
}                                              /* inorder */
```

对图 10.10 中的二叉树进行中序遍历，得到的中序遍历序列为 D，B，E，A，L，F，C，G。

3. 后序遍历算法

若二叉树非空，执行以下操作：

(1) 后序遍历左子树；

(2) 后序遍历右子树；

(3) 访问根结点。

后序遍历算法的 C 语言描述如下：

```
void postorder (bitree *p)              /* 后序遍历二叉树，p 指向二叉树的根结点 */
{ if (p!=NULL)
    {   postorder (p—>lchild);
        postorder (p—>rchild);
        printf (" %c ", p—>data);
    }
    return;
}                                       /* postorder */
```

对图 10.10 中的二叉树进行后序遍历，得到的后序遍历序列为 D，E，B，L，F，G，C，A。

从遍历过程中可以看出，遍历时每个结点要途经三次，先序遍历是在第一次途经时访问结点，如图 10.10 中的三角标志所示。中序遍历是在第二次途经时访问结点，如图 10.10 中的小圆圈所示。后序遍历是在第三次途经时访问结点，如图 10.10 中的小方块所示。

为了区别树形结构中的前趋和后继结点与遍历序列中的前趋和后继结点，在给出遍历序列时，应同时给出遍历方案的名称。

10.4.2　二叉树的广度优先遍历

二叉树的广度优先遍历又称为按层次遍历，这种遍历方式是先遍历二叉树的第一层结点，然后遍历第二层结点……最后遍历最下层的结点。而对每一层的遍历是按从左至右的方式进行的。

按照广度优先遍历方式，上层中先被访问的结点，它的下层孩子也必然先被访问，因此在实现这种遍历算法时，需要使用一个队列。在遍历进行之前先把二叉树的根结点的存储地址入队，然后依次从队列中出队结点的存储地址，每出队一个结点的存储地址则对该结点进行访问，最后依次将该结点的左孩子和右孩子的存储地址入队，如此反复，直到队空为止。具体算法如下：

```
bitree*Q[maxsize];                  /* 设置指针类型数组来构成队列 */
void Layer (bitree *p)              /* 层次遍历二叉树，p 指向二叉树的根结点 */
{ bitree    *s;
    if ( p!=NULL )
{   rear=1;                         /* 队尾指针置初值 */
    front=0;                        /* 队头指针置初值 */
    Q[rear]=p;                      /* 根结点入队 */
    while ( front<rear )            /* 当队非空时，执行以下操作 */
    {   front ++;
        s=Q[front];                 /* 从队列中出队队头结点 */
        printf (" %c ", s—>data);   /* 访问出队结点 */
```

```
        if ( s→lchild!=NULL)                    /* s 所指结点的左孩子结点入队 */
        {      rear++;
               Q[rear]=s→lchild;
        }
        if (s→rchild!=NULL)
        {      rear++;                           /* s 所指结点的右孩子结点入队 */
               Q[rear]=s→rchild;
        }
      }
    }
  return;
  }                                              /* Layer */
```

对图 10.10 中的二叉树进行广度优先遍历, 可得到遍历序列 A, B, C, D, E, F, G, L。

10.4.3　深度优先的非递归算法

前面描述的三种深度优先遍历算法都是用递归方式给出的。虽然递归算法比较紧凑, 结构清晰, 但它的运行效率比较低, 可读性通常也较差, 同时并非所有程序设计语言都允许递归, 因此有时需要将一个递归算法转化为等价的非递归算法。完成其转化的一种简单方法, 就是通过对递归的调用过程进行考察而得来的。这种方法使用一个堆栈 stack[N]来保存每次调用的参数, 这个堆栈的栈顶指针为 top, 另设一个活动指针 p 来指向当前访问的结点。这里将讨论中序遍历的非递归算法, 关于先序和后序遍历的非递归算法, 请读者自行设计。

中序遍历的非递归算法的基本思想是, 当 p 所指的结点非空时, 将该结点的存储地址进栈, 然后再将 p 指向该结点的左孩子结点; 当 p 所指的结点为空时, 从栈顶退出栈顶元素 p, 并访问该结点, 然后再将 p 指向该结点的右孩子结点; 如此反复, 直到 p 为空并且栈顶指针 top = -1 为止。具体算法如下:

```
        bitree       stack[N];          /* N 为所设栈的最大容量 */
        void ninorder(p)                /* 非递归中序遍历二叉树, p 指向二叉树的根结点 */
        bitree       *p;
        {    bitree    *s;
             if ( p!=NULL)
             { top = -1;
               s = p;
               while( ( top != -1) || ( s != NULL) )
               { while( s != NULL)
               { if ( top = =N-1)
               {    printf ( " overflow ");
                              return;
               }
```

```
                                 else
                                 { top++;
                                 stack[top] = s;
                                 s = s—>lchild;
                                      }
                               }
                          s = stack[top];
                          top --;
                          printf ( " % c ", s—>data);
                          s = s—>rchild;
                        }
                     }
                return;
             }     /* ninorder */
```

如果二叉树有 n 个结点，因为每个结点都要进栈和出栈一次，这样进栈和出栈的次数都是 n 次，所以这个算法的时间复杂度为 O(n)。

10.4.4　从遍历序列恢复二叉树

前面讨论了由二叉树得到其遍历序列，这里将讨论其逆过程，即在已知结点的遍历序列的条件下，恢复相应的二叉树。在已知一棵任意二叉树的先序遍历序列和中序遍历序列，或者中序遍历序列和后序遍历序列的条件下，这棵二叉树可以唯一地确定。特殊情况下，不能根据先序遍历序列和后序遍历序列来确定对应的二叉树。

从定义可知，二叉树的先序遍历是先访问根结点，然后按先序遍历方式遍历根结点的左子树，最后按先序遍历方式遍历根结点的右子树，所以在先序遍历序列中，第一个结点必定是二叉树的根结点。中序遍历是先按中序遍历方式遍历根结点的左子树，然后访问根结点，最后按中序遍历方式遍历根结点的右子树，所以在中序遍历序列中，已知的根结点将中序序列分割成两个子序列。在根结点左边的子序列，是根结点的左子树的中序序列，而在根结点右边的子序列，是根结点右子树的中序序列。经过先序序列中对应的左子树序列确定其第一个结点是左子树的根结点；通过先序序列中对应的右子树序列确定其第一个结点是右子树的根结点。这样就确定了二叉树的根结点和左子树及右子树的根结点。利用左子树和右子树的根结点，又可分别将左子树序列和右子树序列划分成两个子序列。如此反复，直到取尽先序序列中的结点时，便得到一棵二叉树。

例如，当已知一棵二叉树的先序序列为 A，B，D，G，C，E，F，H，而中序序列为 D，G，B，A，E，C，H，F，则可按以下方式来确定相应的二叉树。

从先序序列可确定 A 是二叉树的根结点，再根据 A 在中序序列中的位置，可知结点 D、G、B 在 A 的左子树上，E、C、H、F 在 A 的右子树上；根据先序序列确定 B 和 C 分别是 A 的左子树和右子树的根，再根据 B 和 C 在 D、G、B 和 E、C、H、F 中的位置，可知 D、G 在 B 的左子树上，B 的右子树为空，C 的左子树仅有结点 E，C 的右子树包含结点 H、F；

根据先序序列可知 D 是 B 的左子树的根，G 是 D 的右子树的根，E 是 C 的左子树的根，F 是 C 的右子树的根；最后确定 H 是 F 的左子树的根。构造过程如图 10.12 所示。

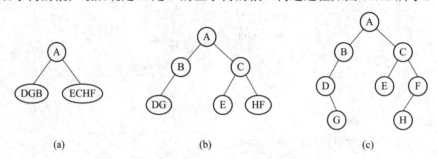

图 10.12　由先序和中序序列构造二叉树的过程

从上面的叙述中能看出，二叉树的构造过程具有明显的递归特征，故可以很容易地用递归算法来实现。

递归算法的基本思想是：先将先序和中序序列分别存在两个数组 preod[n] 和 inod[n] 中，然后取先序序列的第一个元素建立整个树的根结点，并利用中序序列确定根结点的左、右子树结点在先序序列中的位置，最后用先序序列和中序序列分别对左子树和右子树进行构造。具体算法如下：

```
datatype    preod[maxsize], inod[maxsize];            /* 设置先序与中序序列存放数组 */
bitree    *BPI(datatype    preod[ ], datatype inod[ ], int i, int j, int k, int l)
    /*  i, j, k, 1 分别是要构造的二叉树的先序和中序序列数组的起点和终点下标 */
{int  m;          bitree *p;
p = malloc (sizeof(bitree));                          /* 构造根结点 */
p—>data=preod[i];
m=k;
while ( inod[m] != preod[i] )
          m++;                                        /* 查找根结点在中序序列中的位置 */
if ( m= =k )     p—>lchild = NULL;                    /* 对左子树进行构造 */
else       p—>lchild = BPI( preod, inod, i+1, i+m-k, k, m-1 );
if ( m= =l )     p—>rchild=NULL;                      /* 对右子树进行构造 */
else   p—>rchild = BPI( preod, inod, i+m-k+1, j, m+1, l );
return (p);
}                                                     /* BPI  */
```

已知二叉树的中序序列和后序序列构造相应的二叉树的算法与已知先序序列和中序序列构造一棵二叉树的算法类似，只是在确定二叉树根结点时是从后序序列的最后一个元素开始。具体算法请读者自己设计。

10.4.5　遍历算法的应用

二叉树的遍历算法是许多二叉树运算的算法设计的基础，因此遍历算法的应用很广泛。下面仅以遍历算法求二叉树的叶子结点数和深度为例进行介绍，以加深对二叉树遍历算法的理解。

1. 统计一棵二叉树中的叶子结点数

因为叶子结点是二叉树中那些左孩子和右孩子均不存在的结点，所以可在二叉树的遍历过程中，对这种特殊结点进行计数，来完成对叶子结点数的统计。这个统计可在任何一种遍历方式下进行，下面是利用中序遍历来实现的算法：

```
int    count =0;
int    countleaf(p)
bitree      *p;
{if ( p != NULL ){
      count = countleaf( p->lchild );        /* 对左子树上的叶子结点计数*/
      if ( (p->lchild= =NULL)&&(p->rchild= =NULL))
               count=count+1;
      count = countleaf(p->rchild);        /* 对右子树上的叶子结点计数*/
   }
   return    count;
   }                                      /* countleaf    */
```

2. 求二叉树的深度

二叉树的深度是二叉树中结点层次的最大值，可通过先序遍历来计算二叉树中每个结点的层次，其中的最大值即为二叉树的深度。具体算法如下：

```
int    l=h=0;
int    treedepth( p, l )
bitree *p;    int    l;
{    if ( p!= NULL) {
     l++;
     if( l>h )    h=l;
     h=treedepth( p->lchild, l );          /* 计算左子树的深度    */
     h=treedepth( p->rchild, l );          /* 计算右子树的深度    */
   }
   return    h;
   }                                      /* treedepth    */
```

10.5　二叉树的应用

二叉树结构在许多实际问题中都得到了应用。例如在通信中，对于概率不等的数据的发送，为使传送的代码长度最短，人们使用了哈夫曼编码。下面我们介绍几种典型应用。

10.5.1　哈夫曼树及应用

前面已对路径的概念进行了介绍，若树中的两个结点之间存在一条路径，则路径的长度是指路径所经过的边(即连接两个结点的线段)的数目。例如 k_1，k_2，$\cdots$，k_n 是一条路径，则该路径长度为 $n-1$。树的路径长度是根到树中每一结点的路径长度之和。在结点数目相同的二叉树中，完全二叉树的路径长度最短。当然也可能有其他非完全二叉树具有同完全二叉树相同的路径长度。这可以从图 10.13 所示的具有四个结点的三种二叉树中看出。

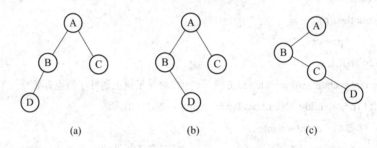

图 10.13　四结点构成的三种二叉树

设路径长度用 PL 表示，则图 10.13(a)、(b)、(c)所示二叉树的路径长度分别为

(a) PL = 0+1+1+2 = 4;

(b) PL = 0+1+1+2 = 4;

(c) PL = 0+1+2+3 = 6。

当树中的结点被赋予一个称之为权的有某种意义的实数时，则该结点的带权路径长度为结点到根之间的路径长度与结点权值的乘积。树的带权路径长度为树中所有叶子结点的带权路径长度之和，记作

$$WPL = \sum_{i=1}^{n} w_i l_i$$

其中，n 为树中叶子结点的数目，w_i 为叶子结点 i 的权值，l_i 为叶子结点 i 到根结点之间的路径长度。

在有 n 个带权叶子结点的所有二叉树中，带权路径长度 WPL 最小的二叉树称为最优二叉树或哈夫曼树。

由于 WPL 是所有叶子结点的权值与路径长度乘积的和，所以要使 WPL 尽可能小，就必须使每个叶子结点的路径长度与权值之积尽可能小。但由于权值是确定的，所以只能通过调整叶子结点的路径长度来使结点的权值和路径长度之积尽可能小。也就是说，当一个叶子结点的权值比较大时，应让该叶子结点尽可能接近根结点，这样就减小了路径长度，从而减小了 WPL。

权值为 w_1，w_2，$\cdots$，w_n 的 n 个叶子结点形成的二叉树，可以具有多种形态，其中被称为哈夫曼树的二叉树并不是唯一的。例如，用四个权值分别为 3，4，5，7 的叶子结点 A，B，C，D 来构造二叉树，可以得到以下两棵哈夫曼树，如图 10.14 所示。这两棵树的 WPL 分别为

(a) WPL = 3 × 2+4 × 2+5 × 2+7 × 2=38;

(b) WPL = 3 × 3+4 × 3+5 × 2+7=38。

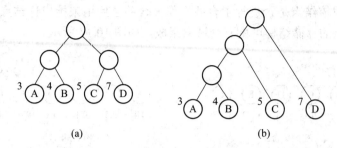

图 10.14　不同形态的哈夫曼树

在叶子结点数和权值相同的二叉树中，完全二叉树不一定是最优二叉树。例如，权值分别为 2，4，5，7 的四个结点 A，B，C，D，构造出的完全二叉树和哈夫曼树如图 10.15 所示。

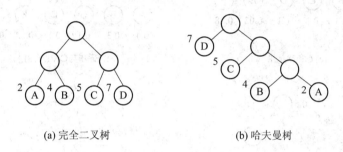

(a) 完全二叉树　　　　　　　　　(b) 哈夫曼树

图 10.15　完全二叉树与哈夫曼树

图 10.15 所示两棵树的 WPL 分别为

(a) WPL $= 2 \times 2 + 4 \times 2 + 5 \times 2 + 7 \times 2 = 36$；

(b) WPL $= 2 \times 3 + 4 \times 3 + 5 \times 2 + 7 \times 1 = 35$。

以上我们对哈夫曼树的概念进行了介绍，下面介绍哈夫曼树的构造、编码和译码。

1. 哈夫曼树的构造

哈夫曼最早给出了一个带有一般规律的算法来构造哈夫曼树。其算法思想如下：

(1) 根据给定的 n 个权值 $\{w_1, w_2, \cdots, w_n\}$ 构造 n 棵二叉树的集合 $F = \{T_1, T_2, \cdots, T_n\}$，其中 T_i 中只有一个权值为 w_i 的根结点，左、右子树均为空。

(2) 在 F 中选取两棵根结点的权值最小的树作为左、右子树以构造一棵新的二叉树，且新的二叉树的根结点的权值为左、右子树上根结点的权值之和。

(3) 在 F 中删除这两棵中权值最小的树，同时将新得到的二叉树加入 F 中。

(4) 重复(2)、(3)直到 F 中仅剩一棵树为止，这棵树就是哈夫曼树。

下面通过对权值为 0.4、0.3、0.1、0.1、0.02、0.08 的六个叶子结点 A、B、C、D、E、F 构造哈夫曼树来观察哈夫曼树的构造过程，如图 10.16 所示。

从上面的构造过程可以看出，新结点是通过对两个具有最小权值的结点进行合并来产生的。一个有 n 个叶子结点的初始集合，要生成哈夫曼树共要进行 n − 1 次合并，产生 n − 1 个新结点。最终求得的哈夫曼树共有 2n − 1 个结点，并且哈夫曼树中没有度为 1 的分支结点。我们常称度不为 1 的结点的二叉树为严格二叉树。为了区别一个结点是否已经进行了合并操作，我们可以通过设置一个标志来标识，这个标志取名为 parent 变量，这个变量在结点合并之前指出该结点是否进行了合并操作，合并之后用来指出该结点的双亲结点的地址。这样一个结点的存储结构可由五个域来组成，如图 10.17 所示。

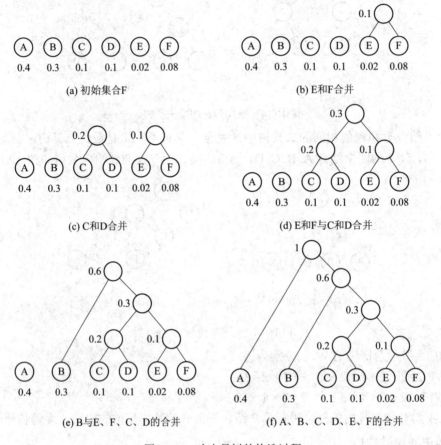

图 10.16　哈夫曼树的构造过程

lchild	data 结点值	weight 权值	rchild	parent

图 10.17　结点的存储结构

结点的存储结构的 C 语言描述如下：

```
# define n                        /* 叶子结点数 */
# define  m   2*n–1               /* 结点总数 */
typedef    char datatype;
typedef    struct
{
    float weight;
    datatype data;
    int lchild, rchild, parent;
} hufmtree;
hufmtree    tree[m];
```

按以上的存储结构构造哈夫曼树的算法如下：

```
HUFFMAN(hufmtree tree[ ])
{   int   i, j, p;
    char  ch;
    float small1, small2, f;
    for( i=0; i<m; i++)                        /* 初始化 */
    { tree[i].parent=0;
      tree[i].lchild=0;
      tree[i].rchild=0;
      tree[i].weight=0.0;
      tree[i].data= '0';
      }
    for ( i=0; i<n; i++)                        /* 输入前 n 个结点的权值 */
    { scanf (" %f ", &f);
      tree[i].weight=f;
      scanf(" %c ", &ch);
      tree[i].data=ch;
    }
    for( i=n; i<m ; i++ )                        /* 进行 n－1 次合并，产生 n－1 个新结点 */
    { p1=p2=0;
      small1=small2=Maxval;                      /* Maxval 是 float 类型的最大值 */
    for ( j=0; j<=i-1; j++ )
            if ( tree[j].parent= =0)
        if ( tree[j].weight<small1 )
        {     small2=small1;                      /* 改变最小权值、次最小权值及对应位置 */
              small1=tree[j].weight;
              p2=p1;
              p1=j;
        } else   if ( tree[j].weight<small2 )     /* 改变次小权值及位置 */
        {     small2=tree[j].weight;
              p2=j; }
              tree[p1].parent=i;                  /* 给合并的两个结点的双亲域赋值 */
              tree[p2].parent=i;
              tree[i].lchild=p1;
              tree[i].rchild=p2;
              tree[i].weight = tree[p1].weight+tree[p2].weight;
      }
}                                                /* HUFFMAN */
```

用上述算法对图 10.16 中的叶子结点集合构造哈夫曼树，该哈夫曼树的初始状态如图 10.18(a)所示，第一次合并状态如图 10.18(b)所示，结果状态如图 10.18(c)所示。

数组下标	lchild	data	weight	rchild	parent
0	0	A	0.4	0	0
1	0	B	0.3	0	0
2	0	C	0.1	0	0
3	0	D	0.1	0	0
4	0	E	0.02	0	0
5	0	F	0.08	0	0
6	0	'0	0	0	0
7	0	'0	0	0	0
8	0	'0	0	0	0
9	0	'0	0	0	0
10	0	'0	0	0	0

(a)

数组下标	lchild	data	weight	rchild	parent
0	0	A	0.4	0	0
1	0	B	0.3	0	0
2	0	C	0.1	0	0
3	0	D	0.1	0	0
4	0	E	0.02	0	6
5	0	F	0.08	0	6
6	4	'0	0.1	5	0
7	0	'0	0	0	0
8	0	'0	0	0	0
9	0	'0	0	0	0
10	0	'0	0	0	0

(b)

数组下标	lchild	data	weight	rchild	parent
0	0	A	0.4	0	10
1	0	B	0.3	0	9
2	0	C	0.1	0	7
3	0	D	0.1	0	7
4	0	E	0.02	0	6
5	0	F	0.08	0	6
6	4	'0	0.1	5	8
7	2	'0	0.2	3	8
8	6	'0	0.3	7	9
9	1	'0	0.6	8	10
10	0	'0	1	9	0

(c)

图 10.18 哈夫曼树的初始状态、第一次合并状态和结果状态

在算法中，每次合并时都是将具有较小权值的结点作为合并后结点的左孩子，而具有较大权值的结点作为合并后结点的右孩子。

2. 哈夫曼编码

从哈夫曼树根结点开始，对左子树分配代码"0"，右子树分配代码"1"，一直到达叶

子结点为止，然后将从根沿每条路径到达叶子结点的代码排列起来，便得到了哈夫曼编码。

　　由于从根向叶子结点搜索进行哈夫曼编码时，每遇到一个分支都需要将所经过的代码分别存入不同的编码数组中，而具体对应于哪一个叶子结点的编码数组又不易确定，所以在计算机中实现哈夫曼编码有一定困难。

　　因为每个叶子结点将对应一个编码数组，每个结点都有指向双亲的地址域，所以可以从叶子结点出发向上回溯到根结点来确定叶子结点对应的编码。因为形成哈夫曼树的每一次合并操作都将对应一次代码分配，n 个叶子结点的最大编码长度不会超过 n－1，所以可为每个叶子结点分配一个长度为 n 的编码数组。由于从叶子结点向上回溯时生成的代码序列与实际编码时的代码序列顺序相反，所以需要使用一个整型量来指出代码序列在编码数组中的起始位置，以便按实际编码时的代码序列顺序输出。

　　具体的编码数组结构描述如下：

```
typedef    char  datatype;
typedef    struct
{char       bits[n];           /* 编码数组位串，其中 n 为叶子结点数 */
int    start;                  /* 编码在位串的起始位置 */
datatype data;                 /* 结点值 */
} codetype;
codetype code[n];
```

　　哈夫曼编码算法的基本思想：从叶子 tree[i]出发，利用双亲地址找到双亲结点 tree[p]，再利用 tree[p]的 lchild 和 rchild 指针域判断 tree[i]是 tree[p]的左孩子还是右孩子，然后决定分配代码是 "0" 还是 "1"，然后以 tree[p]为出发点继续向上回溯，直到根结点为止。

　　具体算法描述如下：

```
HUFFMANCODE(codetype code[ ], hufmtree tree[ ] )
/* code 存放求出的哈夫曼编码的数组，tree 已知的哈夫曼树 */
{ int i, c, p;
    codetype cd;                    /* 缓冲变量 */
    for ( i=0; i<n; i++ )           /* n 为叶子结点数 */
    {    cd. start=n;
         c=i;                       /* 从叶子结点出发向上回溯 */
         p=tree[c].parent;
         cd.data=tree[c].data;
         while( p!=0 )
         {    cd.start －－ ;
              if( tree[p]. lchild = = c)   cd.bits[cd.start]= '0';
              else cd.bits [cd.start]='1';
              c=p;
              p=tree[c].parent;
         }
    code[i]=cd;                     /* 一个字符的编码存入 code[i] */
    }
```

对图 10.16 所示的哈夫曼树进行编码，可得到表 10.3 所示的编码表。

表 10.3　code 数组中的编码表

下标	bits					start	data
0					0	5	A
1				1	0	4	B
2		1	1	1	0	2	C
3		1	1	1	1	2	D
4		1	1	0	0	2	E
5		1	1	0	1	2	F

3. 哈夫曼树译码

哈夫曼树译码是指由给定的代码求出代码所表示的结点值，它是哈夫曼树编码的逆过程。译码的过程是，从根结点出发，逐个读入电文中的二进制代码，若代码为 0 则走向左孩子，否则走向右孩子，一旦到达叶子结点，便可译出代码所对应的字符；然后又重新从根结点开始继续译码，直到二进制电文结束。具体译码算法如下：

```
HUFFMANDECODE(codetype code[ ]，hufmtree tree[ ])
{ int  i, c, p, b;
  int endflag=－1;                                /* 电文结束标志取－1 */
  i=m－1;                                         /* 从根结点开始向下搜索 */
  scanf ( "%d", &b);                              /* 读入一个二进制代码 */
  while ( b != endflag)
  {    if( b= =0)  i=tree[i].lchild;              /* 走向左孩子 */
       else  i=tree[i].rchild;                    /* 走向右孩子 */
       if ( tree[i].lchild= =0 )                  /* tree[i]是叶子结点 */
       {    putchar ( code[i].data);
            i=m－1;                               /* 回到根结点 */
       }
       scanf("%d", &b);                           /* 读入下一个二进制代码 */
  }
  if ((tree[i].lchild!=0)&&(i!=m－1) )            /* 电文读完尚未到叶子结点 */
     printf ( "\n ERROR\n");                      /* 输入电文有错 */
}                                                 /* HUFFMANDECODE   */
```

算法中之所以使用 tree[i].lchild 是否等于 0 来判定 tree[i]是否为叶子结点，是由于哈夫曼树是严格二叉树，树中无度为 1 的结点。

10.5.2　二叉排序树

树形结构的一个重要应用是用来组织目录。树形结构的目录称为树目录。

对于具有不等长表目的线性表，我们可以把每个表目的关键码值和其他属性数据分开存放，并将每个表目的关键码值和其他属性数据的地址组织在一个目录表中，这样不等长表目线性表的检索、排序等运算就可以在等长表目的目录表上进行，这给操作带来了很大的方便。利用二叉排序树，可以将目录表组织成二叉树的形式，这样既具有顺序表那样较高的检索效率，又具有链表那样的插入、删除运算灵活的特性。

1. 二叉排序树的概念

如果一棵二叉树的每个结点对应一个关键码值，并且每个结点的左子树中所有结点的关键码值都小于该结点的关键码值，而右子树中所有结点的关键码值都大于该结点的关键码值，则这个二叉树称为二叉排序树。图 10.19 给出了一个二叉排序树的示例。图中每个结点的关键码值是以关键码字母的 ASCII 码来表示的。两个关键码值的比较，按以下方式进行：若第 1 个字母的 ASCII 码值相同，则比较第 2 个字母的 ASCII 码值；若第 2 个字母的 ASCII 码值也相同，则比较第 3 个字母的 ASCII 码值……一直到最后一个字母，从而可确定两个关键码值的大小关系。

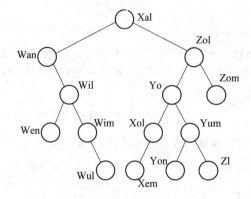

图 10.19　二叉排序树的示例

当我们对二叉排序树进行中序遍历时，可以发现所得到的中序序列是一个递增有序序列。这是二叉排序树的一个重要性质，也是二叉排序树名称的由来。

对图 10.19 进行中序遍历，可得到序列 Wan，Wen，Wil，Wim，Wul，Xal，Xem，Xol，Yo，Yon，Yum，Zl，Zol，Zom。

在二叉排序树的操作中，二叉链表可作为存储结构，其结点结构描述如下：

```
typedef      int keytype;
typedef      struct      node
{ keytype key;                          /* 关键字项 */
    datatype other;                     /* 其他数据项 */
    struct      node *lchild, *rchild;   /* 左、右指针 */
} bstnode;
```

2. 二叉排序树的构造

二叉排序树的构造是指将一个给定的数据元素序列构造为相应的二叉排序树。

任给的一组数据元素{R_1，R_2，…，R_n}，可按以下方法来构造二叉排序树：

(1) 令 R_1 为二叉树的根；

(2) 若 $R_2 < R_1$，令 R_2 为 R_1 左子树的根结点，否则 R_2 为 R_1 右子树的根结点；

(3) 将 R_3，R_4，…，R_n 结点，依次与前面生成的结点比较以确定输入结点的位置。

这一方法中一个结点的插入，可用以下的非递归插入算法来实现：

```
bstnode    *INSERTBST ( t, s)        /* t 为二叉排序树的根指针，s 为输入的结点指针 */
bstnode    * t, * s;                 /* 函数，返回值为插入*s 后二叉排序树的根指针  */
{ bstnode * f, *p;
  p=t;
  while ( p!=NULL )
  { f=p;                             /* f 指向 *p 结点双亲  */
    if (s—>key= =p—>key) return t;   /* 树中已有结点*s，无须插入  */
    if (s—>key< p—>key ) p=p—>lchild;  /* 在左子树中查找插入位置  */
      else p=p—>rchild;              /* 在右子树中查找插入位置  */
  }
  if (t = = NULL)   return s;        /* 原树为空, 返回 s 作为根指针  */
  if (s—>key<f—>key)   f—>lchild=s;  /* 将*s 插入为*f 的左孩子  */
  else f—>rchild =s;                 /* 将*s 插入为*f 的右孩子  */
  return t;
}                                    /* INSERTBST */
```

从空的二叉排序树开始，生成二叉排序树的算法如下：

```
bstnode *CREATBST( )                 /* 生成二叉排序树 */
{ bstnode        *t, *s;
  keytype    key, endflag=0;         /* endflag 为结点结束标志  */
  datatype    data;
  t=NULL;                            /* 设置二叉排序树的初态为空树  */
  scanf (" %d ", &key);              /* 读入一个结点的关键字  */
  while( key != endflag )            /* 输入未到结束标志时，执行以下操作  */
  { s=malloc( sizeof ( bstnode ) );  /* 申请新结点  */
    s—>lchild = s—>rchild = NULL;    /* 赋初值  */
    s—>key = key;
    scanf ( " %d ", &data );         /* 读入结点的其他数据项  */
    s—>other = data;
    t=INSERTBST( t, s )              /* 将新结点插入树 t 中  */
    scanf ( " %d " , &key )          /* 读入下一个结点的关键字  */
  }
  return   t;
}                                    /* CREATBST */
```

对于一个关键字序列 10，18，3，8，12，2，7，3，其生成二叉排序树的过程如图 10.20 所示。

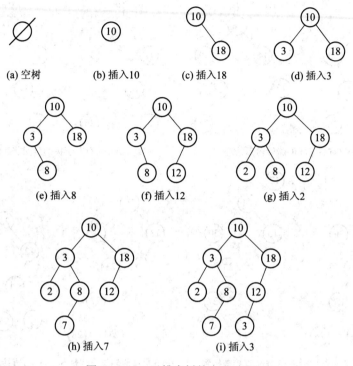

图 10.20　二叉排序树的生成过程

从上述的生成过程可以看出，每次插入的新结点都是二叉排序树的叶子结点并且不需移动其他结点，所以二叉排序树在进行插入操作时比向量(线性表)操作更方便。由于对二叉排序树进行中序遍历时，可以得到一个按关键字大小排列的有序序列，所以对一个无序序列可通过构造二叉排序树和对这个排序树进行中序遍历来产生一个有序序列。

3. 二叉排序树中结点的删除

在二叉排序树中删除某个结点之后，要求保留下来的结点仍然保持二叉排序树的特点，即每个结点的左子树中所有结点的关键码值都小于该结点的关键码值，而右子树中的所有结点的关键码值都大于该结点的关键码值。

若要删除的结点由 p 指出，双亲结点由 q 指出，则二叉排序树中结点的删除可分以下三种情况考虑：

(1) 若 p 指向叶子结点，则直接将该结点删除。

(2) 若 p 所指结点只有左子树 p_L 或只有右子树 p_R，此时只要使 p_L 或 p_R 成为 q 所指结点的左子树或右子树即可，如图 10.21(a)和(b)所示。

(3) 若 p 所指结点的左子树 p_L 和右子树 p_R 均非空，则需要将 p_L 和 p_R 链接到合适的位置上，并且保持二叉排序树的特点，即应使中序遍历该二叉树所得序列的相对位置不变。具体做法有两种：① 令 p_L 直接链接到 q 的左(或右)孩子链域上，p_R 链接到 p 结点中序前趋结点 s 上(s 是 p_L 最右下的结点)；② 以 p 结点的直接中序前趋结点或后继结点替代 p 所指结点，然后再从原二叉排序树中删去该直接前趋结点或后继结点，如图 10.21(d)、(e)、(f)

所示。从图中可以看出使用①做法，会使二叉树的深度增加，所以①做法不如②做法好。

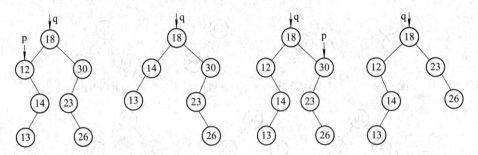

(a) p 仅有右子树的删除前后情况   (b) p 仅有左子树的删除前后情况

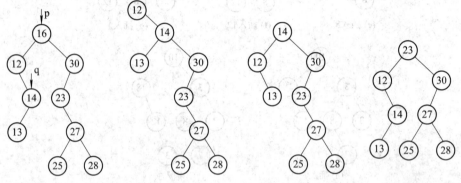

(c) 初始二叉树   (d) p_R 直接链接到 q   (e) p 直接前趋结点代替 p   (f) p 直接后继结点代替 p

图 10.21   二叉排序树的结点删除

综合以上几种情况，下面给出二叉排序树中删除一个结点的算法。

```
bstnode    *DELBSTNODE( t, k)        /* 在二叉排序树中删去关键字为 k 的结点 */
bstnode    *t;
keytype    k;
{ bstnode *p, *q, *s, *f;
  p=t;   q=NULL;
  while ( p!=NULL )                  /* 查找关键字为 k 的待删结点*p */
  {  if ( p->key= =k)   break;       /* 找到，跳出循环 */
     q=p;                            /* q 指向*p 的双亲 */
     if ( p->key>k )   p=p->lchild;
     else   p=p->rchild;
  }
  if ( p= =NULL )    return   t;     /* 找不到，返回原二叉树 */
  if ( p->lchild= =NULL)             /* p 所指结点的左子树为空 */
  { if (q= =NULL)   t=p->rchild;     /* p 所指结点是原二叉排序树的根 */
    else   if (q->lchild= =p)        /* p 所指结点是*q 的左孩子 */
       q->lchild=p->rchild;          /* 将 p 所指右子树链接到*q 的左指针域上 */
```

```
        else   q—>rchild=p—>rchild;      /* 将 p 所指右子树链接到*q 的右指针域上 */
      free(p);                        /* 释放被删结点 */
        }
    else                              /* p 所指结点有左子树时，则按图 10.21(e)方法进行 */
    { f=p;   s=p—>lchild;
      while(s—>rchild != NULL )        /* 在 p_L 中查找最右下结点 */
      { f=s;   s=s—>rchild; }
       if ( f= =p )   f—>lchild=s—>lchild;   /* 将 s 所指结点的左子树链接到*f 上*/
       else f—>rchild=s—>lchild;
       p—>key=s—>key;                  /* 将 s 所指结点的值赋给*p */
       p—>other=s—>other;
       free (s);                       /* 释放被删结点 */
    }
    return   t;
   }                                  /* DELBSTNODE */
```

图 10.21(d)和(e)中做法所对应的算法，请读者自行设计。

习   题

1. 已知一棵树边的集合为 { (i, m), (i, n), (e, i), (b, e), (b, d), (a, b), (g, j), (g, k), (c, g), (c, f), (h, l), (c, h), (a, c) }，画出该树，并回答下列问题:
(1) 哪个是根结点?
(2) 哪些是叶子结点?
(3) 哪个是 g 的双亲?
(4) 哪些是 g 的祖先?
(5) 哪些是 g 的孩子?
(6) 哪些是 b 的子孙?
(7) 哪些是 f 的兄弟，哪些是 f 的堂兄弟?
(8) 树的深度是多少? b 为根的子树的深度是多少?
(9) 结点 c 的度是多少? 树的度是多少?
2. 三个结点可构成多少种不同的树和二叉树?
3. 一个深度为 L 的满 k 叉树有如下性质: 第 L 层上的结点均为叶子，其余各层上每个结点均有 k 棵非空子树。如果按层次顺序从 1 开始对全部结点编号，问:
(1) 各层的结点数目是多少?
(2) 编号为 n 的结点的双亲结点(若存在)的编号是多少?
(3) 编号为 n 的结点的第 i 个孩子结点(若存在)的编号是多少?
(4) 编号为 n 的结点有右兄弟的条件是什么? 右兄弟的编号是多少?

4. 一棵度为 2 的树与一棵二叉树有什么区别？

5. 已知一棵度为 m 的树中有 n_1 个度为 1 的结点，n_2 个度为 2 的结点，…，n_m 个度为 m 的结点，问该树中有多少个叶子结点？

6. 编写一个算法判断一棵二叉树是否为完全二叉树。

7. 写出图 10.22 所示二叉树的先序、中序和后序遍历序列。

8. 试找出分别满足下面条件的所有二叉树：

(1) 先序序列和中序序列相同；

(2) 中序序列和后序序列相同；

(3) 先序序列和后序序列相同。

图 10.22　二叉树

9. 已知先序遍历二叉树的结果为 A，B，C，试问有几种不同的二叉树可得到这一遍历结果？

10. 一棵 n 个结点的完全二叉树以向量作为存储结构，试编写非递归算法实现对该树进行先序遍历。

11. 以二叉链表作存储结构，试编写非递归的先序遍历算法。

12. 已知二叉树的先序序列与中序序列分别存放在 preod[n] 和 inod[n] 数组中，并且各结点的数据值均不相同。请写出构造该二叉链表结构的非递归算法。

13. 在二叉树中查找值为 x 的结点，试编写算法打印值为 x 的结点的所有祖先。假设值为 x 的结点不多于 1 个。

(提示：利用后序遍历非递归算法，当找到值为 x 的结点时打印栈中有关内容。)

14. 已知二叉树采用二叉链表存储结构，指向根结点存储地址的指针为 t。试编写一算法，判断该二叉树是否为完全二叉树。

15. 已知二叉树采用二叉链表存储结构，试编写一算法交换二叉树所有左、右子树的位置，即结点的左子树变成结点的右子树，右子树变为左子树。

16. 已知二叉树采用二叉链表作为存储结构，根结点存储地址为 T。试编写一算法删除该二叉树中数据值为 x 的结点及其子树。

17. 已知一棵二叉树的中序序列和后序序列分别为 D, G, B, A, E, C, H, F 和 G, D, B, E, H, F, C, A，画出这棵二叉树。

18. 假设用于通信的电文由 10 个不同的符号来组成，这些符号在电文中出现的频率为 8, 21, 37, 24, 6, 18, 23, 41, 56, 14，试为这 10 个符号设计相应的哈夫曼编码。

19. 试对结点序列 {21, 18, 37, 42, 65, 24, 19, 26, 45, 25} 画出相应的二叉排序树，并且画出删除了结点 37 后的二叉排序树。

20. 假设二叉树采用顺序存储结构，如图 10.23 所示。

1	2	3	4	5	6	7	8	9	10	11	12	13	14
b	c	a	@	d	@	g	@	@	f	e	@	@	h

图 10.23　顺序存储结构的二叉树

(1) 画出此二叉树树形；

(2) 写出此二叉树的先序、中序和后序遍历序列；

(3) 将此二叉树转换为森林。

21. 判断以下说法正误:

(1) 完全二叉树一定存在度为 1 的结点。

(2) 深度为 k 的二叉树中结点总数最多为 $2^k - 1$。

(3) 二叉树的遍历结果不是唯一的。

(4) 一棵树的叶结点，在前序遍历和后序遍历下，皆在相同的位置出现。

(5) 对一棵二叉树进行层次遍历时，应借助于一个栈。

(6) 由一棵二叉树的先序序列和后序序列可以唯一确定该二叉树。

(7) 完全二叉树中，若一个结点没有左孩子，则它必是树叶。

(8) 一棵树中的叶子数一定等于与其对应的二叉树的叶子数。

(9) 完全二叉树的存储结构通常采用顺序存储结构。

(10) 将一棵树转成二叉树，根结点没有左子树。

(11) 一棵哈夫曼树的带权路径长度等于其中所有分支结点的权值之和。

(12) 当一棵具有 n 个叶子结点的二叉树的 WPL 值为最小时，称该树为哈夫曼树，且二叉树的形状必是唯一的。

(13) 哈夫曼树是带权路径长度最短的树，路径上权值较大的结点离根较近。

第 11 章 图

图(Graph)是一种比线性表和树更为复杂的非线性数据结构。图的元素关系既不像线性表的元素只有一个直接前趋和直接后继，也不像树的元素具有明显的层次关系。图的元素关系是任意的，每个元素(也称为顶点)具有多个直接前趋和后继，所以图可以表达数据元素之间广泛存在的更为复杂的关系。图在语言学、逻辑学、数学、物理、化学、通信和计算机科学等领域中得到了广泛的应用。

本章首先介绍图的基本概念，然后介绍图的存储方法、相关算法和应用等。

11.1 图的基本概念

图(G)是一种非线性数据结构，它由两个集合 V(G) 和 E(G)组成，记为 G = (V，E)，其中 V(G)是顶点(Vertex)的非空有限集合，也称顶点集，而 E(G)是 V(G)中任意两个顶点之间的关系集合，又称为边(Edge)的有限集合，或边集。

当 G 中的每条边有方向时，则称 G 为有向图。有向边通常使用由两个顶点组成的有序对来表示，记为〈起点，终点〉。有向边又称为弧，因此弧的起始顶点称为弧尾，终止顶点称为弧头。例如图 11.1(a)给出了一个有向图的示例，该图的顶点集和边集分别为

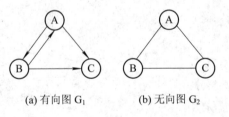

(a) 有向图 G_1 (b) 无向图 G_2

图 11.1 有向图和无向图示例

V(G_1) = {A，B，C}

E(G_1) = {<A，B>，<B，A>，<B，C>，<A，C>}

若 G 中的每条边是无方向的，则称 G 为无向图。这时两个顶点之间最多只存在一条边。无向图用两个顶点组成的无序对表示，记为(顶点 1，顶点 2)。图 11.1(b)给出了一个无向图的示例，该图的顶点集和边集分别为

V(G_2) = {A，B，C}

E(G_2) = {(A，B)，(B，C)，(C，A)}={(B，A)，(C，B)，(A，C)}

在下面的讨论中，我们不考虑顶点到其自身的边，也不允许一条边在图中重复出现，如图 11.2 所示。在以上两条约束下，边和顶点之间存在以下的关系：

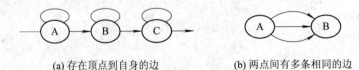

(a) 存在顶点到自身的边   (b) 两点间有多条相同的边

图 11.2 本章中不考虑的图例

(1) 一个无向图，它的顶点数 n 和边数 e 满足 0≤e≤n(n − 1)/2 的关系。如果 e = n(n − 1)/2，则该无向图称为完全无向图。

(2) 一个有向图，它的顶点数 n 和边数 e 满足 0≤e≤n(n − 1)的关系。如果 e = n(n − 1)，则该有向图称为完全有向图。

(3) 如果一个图的顶点数 n 和边数 e 满足 e < nlgn，则该图为稀疏图，否则为稠密图。

如果两个同类型的图 $G_1 = (V_1，E_1)$ 和 $G_2 = (V_2，E_2)$ 存在关系 $V_1 \subseteq V_2$，$E_1 \subseteq E_2$，则称 G_1 是 G_2 的子图。图 11.3 给出了图 11.1 所示有向图 G_1 和无向图 G_2 的子图的示例。

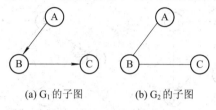

(a) G_1 的子图　　(b) G_2 的子图

图 11.3　子图示例

在无向图 G 中，若边 $(v_i，v_j) \in E(G)$，则称顶点 v_i 和 v_j 相互邻接，两个顶点互为邻接点，并称边 $(v_i，v_j)$ 关联于顶点 v_i 和 v_j 或称边 $(v_i，v_j)$ 与顶点 v_i 和 v_j 相关联。例如在图 11.1(b) 中的顶点 A 与顶点 B 和 C 互为邻接点，而关联于顶点 A 的边是 (A，B) 和 (A，C)。在有向图 G 中，若边 $\langle v_i，v_j \rangle \in E(G)$ 则称为顶点 v_i 邻接于 v_j 或 v_j 邻接于 v_i，并称边 $\langle v_i，v_j \rangle$ 关联于顶点 v_i 和 v_j 或称边 $\langle v_i，v_j \rangle$ 与顶点 v_i 和 v_j 相关联。

在无向图中关联于某一顶点 v_i 的边的数目称为顶点 v_i 的度，记为 $D(v_i)$。例如图 11.1(b) 中的顶点 A 的度为 2。在有向图中，把以顶点 v_i 为终点的边的数目称为顶点 v_i 的入度，记为 $ID(v_i)$；把以顶点 v_i 为起点的边的数目称为顶点 v_i 的出度，记为 $OD(v_i)$；把顶点 v_i 的度定义为该顶点的入度和出度之和。例如图 11.1(a) 中顶点 A 的入度为 1，出度为 2，度为 3。

如果图 G 中有 n 个顶点，e 条边，且每个顶点的度为 $D(v_i)(1 \leq i \leq n)$，则存在以下关系：

$$e = \frac{\sum_{i=1}^{n} D(v_i)}{2}$$

在一个图中，如果图的边或弧具有一个与它相关的数时，这个数就称为该边或弧的权，这个数常用来表示一个顶点到另一个顶点的距离或耗费。如果图中的每条边都具有权时，这个带权图就称为网络，简称为网。图 11.4 给出了一个网络示例。

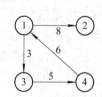

图 11.4　网络示例

在一个图中，若从顶点 v_1 出发，沿着一些边经过顶点 v_1，v_2，…，v_{n-1} 到达顶点 v_n，则称顶点序列 $(v_1，v_2，…，v_{n-1}，v_n)$ 为从 v_1 到 v_n 的一条路径。

例如在图 11.1(b) 中，(A，B，C) 是一条路径。而在图 11.1(a) 中，(A，C，B) 就不是一条路径。将无权图沿路径所经过的边数称为该路径的长度。而网络，则取沿路径各边的权之和作为此路径的长度。在图 11.4 中顶点 1 到顶点 4 的路径长度为 8。

若路径中的顶点不重复出现，则这条路径被称为简单路径。起点和终点相同并且路径长度不小于 2 的简单路径称为简单回路或简单环。例如图 11.1(b) 的无向图中顶点序列 (A，B，C) 是一条简单路径，而 (A，B，C，A) 则是一个简单环。

在一个有向图中，若存在一个顶点 v，从该顶点沿路径可到达图中其他的所有顶点，则这个有向图称为有根图，顶点 v 称为该图的根。例如图 11.1(a)所示就是一个有根图，该图的根是 A 和 B。

在无向图 G 中，若顶点 v_i 和 v_j $(i \neq j)$有路径相通，则称 v_i 和 v_j 是连通的。如果 V(G)中的任意两个顶点都连通，则称图 G 是连通图，否则为非连通图。例如图 11.1(b)所示就是一个连通图。

无向图 G 中的极大连通子图称为 G 的连通分量。对任何连通图而言，连通分量就是其自身，而非连通图可有多个连通分量。图 11.5 给出了一个无向图和它的两个连通分量。

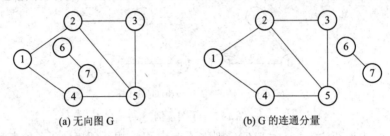

(a) 无向图 G   (b) G 的连通分量

图 11.5　无向图及其连通分量

在有向图 G 中，若从 v_i 到 $v_j(i \neq j)$、从 v_j 到 v_i 都存在路径，则称 v_i 和 v_j 是强连通的。若有向图 G 中的任意两个顶点都是强连通的，则称该图为强连通图。有向图中的极大连通子图称作有向图的强连通分量。例如图 11.1(a)中的顶点 A 和 B 是强连通的，但该有向图不是一个强连通图。

11.2　图的存储方法

由于图的结构复杂，任意两个顶点之间都可能存在联系，所以无法以数据元素在存储区中的物理位置来表示图元素之间的关系，但仍可以借助一个二维数组中各单元的数据取值或用多重链表来表示图元素之间的关系。图无论采用什么存储方法，都需要存储图中各顶点本身的信息和存储顶点与顶点之间的关系。图的存储方法很多，常用的有邻接矩阵存储方法、邻接表存储方法、十字链表存储方法和多重邻接表存储方法，至于具体选择哪种存储方法，取决于具体的应用和所要施加的运算。这里仅介绍邻接矩阵存储方法和邻接表存储方法。

11.2.1　邻接矩阵存储方法

邻接矩阵存储方法使用一个一维数组来存放图的每个结点的数据信息，并使用一个二维数组(又称为邻接矩阵)来表示图的各顶点之间的关系。一个有 n 个顶点的图 G，将使用一个 n×n 的矩阵来表示其顶点之间的关系，矩阵的每一行和每一列都对应一个顶点。矩阵中的元素 A[i, j]可按以下规则取值：

$$A[i, j] = \begin{cases} 1, & \text{若}(v_i, v_j)\text{或} < v_i, v_j > \in E(G) \\ 0, & \text{若}(v_i, v_j)\text{或} < v_i, v_j > \notin E(G) \end{cases} \quad 0 \leqslant i, \ j \leqslant n - 1$$

图 11.6(a)和(b)的邻接矩阵分别为 A_1 和 A_2：

$$A_1 = \begin{bmatrix} 0 & 1 & 1 & 0 \\ 0 & 0 & 0 & 0 \\ 0 & 0 & 0 & 1 \\ 1 & 0 & 0 & 0 \end{bmatrix}, \quad A_2 = \begin{bmatrix} 0 & 1 & 1 & 1 \\ 1 & 0 & 0 & 0 \\ 1 & 0 & 0 & 1 \\ 1 & 0 & 1 & 0 \end{bmatrix}$$

(a) 有向图 G_1 (b) 无向图 G_2

图 11.6   有向图 G_1 和无向图 G_2 示例

在无向图的邻接矩阵中，行或列中的非零元素个数等于对应的顶点的度；在有向图中，邻接矩阵每行非零元素的个数等于该顶点的出度，每列非零元素的个数等于该顶点的入度。

对于网络，邻接矩阵元素 A[i, j]可按以下规则取值：

$$A[i, \ j] = \begin{cases} w_{ij}, & 若(v_i, \ v_j)或 < v_i, \ v_j > \in E(G) \\ 0或\infty, & 若(v_i, \ v_j)或 < v_i, \ v_j > \notin E(G) \end{cases} \quad 0 \leqslant i, \ j \leqslant n-1$$

图 11.4 所示网络的邻接矩阵为

$$A = \begin{bmatrix} 0 & 8 & 3 & 0 \\ 0 & 0 & 0 & 0 \\ 0 & 0 & 0 & 5 \\ 6 & 0 & 0 & 0 \end{bmatrix}$$

当一个图用邻接矩阵表示时，可用以下数据类型来说明：

```
#define     n                            /* 图的顶点数 */
#define     e                            /* 图的边数  */
typedef    char       vextype;           /* 顶点的数据类型 */
typedef    float      adjtype;           /* 顶点权值的数据类型 */
typedef    struct
{ vextype       vexs[n];                 /* 顶点数组 */
  adjtype    arcs[n][n];                 /* 邻接矩阵 */
} graph;
```

利用上述数据类型说明，下面给出一个无向网络邻接矩阵的建立算法：

```
CREATGRAPH(graph      *g )        /* 建立无向网络 */
{ int        i, j, k;
  float      w;
  for( i=0; i<n; i++ )
```

```
        g—>vexs[i]=getchar( );                /* 读入顶点信息，建立顶点表 */
        for( i=0; i<n; i++ )
          for(j=0; j<n; j++)
              g—>arcs[i][j]=0;                 /* 邻接矩阵初始化 */
        for( k=0; k<e; k++ )
        { scanf ( " %d%d%f ", &i, &j, &w);    /* 读入边(vᵢ, vⱼ)上的权 w */
              g—>arcs[i][j]=w;                 /* 写入邻接矩阵 */
              g—>arcs[j][i]=w;
        }
    }                                          /* CREATGRAPH */
```

如要建立无向图，可在以上算法中改变 w 的类型，并使输入值为 1 即可；如要建立有向网络，只需将写入邻接矩阵的两个语句中的后一个语句"g—>arcs[j][i]=w;"去除即可。在以上算法中，如果邻接矩阵是一个稀疏矩阵，则存在存储空间浪费现象。

该算法的时间复杂度是 $O(n + n^2 + e)$。由于通常 $e \ll n^2$，所以算法的时间复杂度是 $O(n^2)$。

11.2.2　邻接表存储方法

邻接表存储方法是一种顺序存储与链式存储相结合的存储方法。这种方法只考虑非零元素，所以在图的顶点很多而边很少时，可以节省存储空间。

邻接表存储结构由两部分组成，每个顶点 v_i 使用一个具有两个域的结构体数组来存储，这个数组称为顶点表。其中一个域称为顶点域(vertex)，用来存放顶点本身的数据信息；而另一个域称为指针域(link)，用来存放依附于该顶点的边所组成的单链表的表头结点的存储位置。邻接于 v_i 的顶点 v_j 链接成的单链表称为 v_i 的邻接链表。邻接链表中的每个结点由两个域构成：一是邻接点域(adjvex)，用来存放与 v_i 相邻接的顶点 v_j 的序号 j (可以是顶点 v_j 在顶点表中所占数组单元的下标)；二是链域(next)，用来将邻接链表中的结点链接在一起。顶点表和邻接链表中的结点可用以下的数据类型来说明：

```
        typedef   char   vextype;        /* 定义顶点数据信息类型 */
        typedef   struct   node          /* 邻接链表结点 */
        { int  adjvex;                   /* 邻接点域 */
            struct   node   *next;       /* 链域 */
        } edgenode;
        typedef   struct
        { vextype   vertex;              /* 顶点域 */
            edgenode      *link;         /* 指针域 */
        } vexnode;
        vexnode ga[n];                   /* 顶点表 */
```

对于无向图，v_i 的邻接链表中每个结点都对应与 v_i 相关联的一条边，所以我们将无向图的邻接链表称为边表。对于有向图，v_i 的邻接链表中每个结点都对应以 v_i 为起点射出的一条边，所以有向图的邻接链表也称为出边表。有向图还有一种逆邻接表表示法，这种方

法的 v_i 邻接链表中的每个结点对应以 v_i 为终点的一条边,这种邻接链表称为入边表。图11.6(a)的邻接表和逆邻接表如图 11.7(a)、(b)所示。图 11.6(b)的邻接表如图 11.7(c)所示,其中∧表示该域为空。

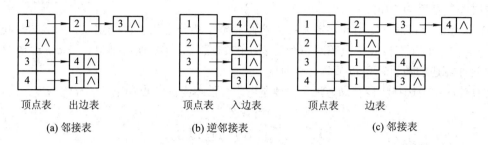

顶点表　出边表　　　　　顶点表　入边表　　　　　顶点表　边表

(a) 邻接表　　　　　　(b) 逆邻接表　　　　　　(c) 邻接表

图 11.7　邻接表和逆邻接表

无论是无向图还是有向图,其邻接表的建立都比较简单,下面给出无向图邻接表的建立算法:

```
CREATADJLIST(Vexnode  ga[ ])        /* 建立无向图的邻接表  */
{ int           i, j, k;
  edgenode      *s;
  for( i=0; i<n; i++)
  { ga[i]. vertex=getchar( );        /* 读入顶点信息和边表头指针初始化  */
   ga[i]. link=NULL;
  }
  for( k=0; k<e; k++)                /* 建立边表  */
  {    scanf ("%d%d", &i, &j );       /* 读入边(vᵢ, vⱼ)的顶点序号  */
    s=malloc( sizeof(edgenode));      /* 生成邻接点序号为 j 的边表结点*s */
    s—>adjvex=j;
    s—>next=ga[i]. link;
    ga[i]. link=s;                   /* 将*s 插入顶点 vᵢ 的边表头部  */
    s=malloc(sizeof (edgenode));      /* 生成邻接点序号为 i 的边表结点*s */
    s—>adjvex=i;
    s—>next=ga[j]. link;
    ga[j]. link=s;                   /* 将*s 插入顶点 vⱼ 的边表头部*/
  }
}                                    /* CREATADJLIST   */
```

如要建立有向图的邻接表,则只需去除上述算法中生成邻接点序号为 i 的边表结点*s,并将*s 插入顶点 v_j 边表头部那一段语句组即可。若要建立网络的邻接表,只要在边表的每个结点中增加一个存储边的权的数据域即可。

上述算法的时间复杂度是 O(n+e)。

邻接矩阵和邻接表是图最常用的存储结构,它们各有所长,具体体现在以下几点:

(1) 一个图的邻接矩阵是唯一的,而其邻接表不唯一,这是因为邻接链表中的结点的链接次序取决于建立邻接表的算法和边的输入次序。

(2) 在邻接矩阵中判定(v_i, v_j)或$\langle v_i, v_j \rangle$是不是图的一条边，只需判定矩阵的第 i 行第 j 列的元素是否为零即可。而在邻接表中，则需要扫描 v_i 对应的邻接链表，最坏的情况下，算法的时间复杂度为 O(n)。

(3) 求边的数目时，使用邻接矩阵必须检测完整个矩阵之后才能确定，其算法的时间复杂度为 $O(n^2)$；而在邻接表中只需对每个边表中的结点个数计数便可确定。当 $e \ll n^2$ 时，使用邻接表计算边的数目，可以节省计算时间。

在具体应用中选择哪种存储方法，主要是考虑算法本身的特点和空间的存储密度来确定。

11.3　图 的 遍 历

图的遍历是指从图的某一顶点出发，沿着某条搜索路径对图的每个顶点进行一次访问。图的遍历算法是求解图的连通性、拓扑排序和关键路径等算法的基础。

图的任一顶点都可能和其他顶点相邻接，所以图的遍历比树的遍历复杂得多。在图的遍历中访问某个顶点之后，可能又会沿着某条路径回到该顶点上。为了避免对同一顶点的重复访问，需要使用一个辅助数组 visited[n](其中 n 为顶点数)来对顶点进行标识，如果顶点 i 被访问，则 visited[i]置 1，否则保持为 0。

图的遍历方法常用的有深度优先搜索遍历和广度优先搜索遍历。下面以无向图为例进行讨论，有向图的情况与此类似。

11.3.1　深度优先搜索遍历

图的深度优先搜索遍历类似于树的先序遍历，是树的先序遍历的推广。在假设初始状态是图的所有顶点都未被访问的前提下，图的深度优先搜索遍历从图的某一顶点 v_i 出发，先访问此顶点，并进行标记；然后依次搜索 v_i 的每个邻接点 v_j，若 v_j 未被访问过，则对 v_j 进行访问和标记；接着依次搜索 v_j 的每个邻接点，若 v_j 的邻接点未被访问过，则访问 v_j 的邻接点，并进行标记，直到和 v_i 有路径相通的顶点都被访问。若图中尚有顶点未被访问过(非连通的情况下)，则另选图中的一个未被访问的顶点作为出发点，重复上述过程，直到所有顶点都被访问为止。

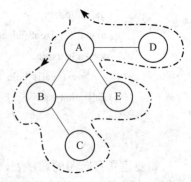

这种方法在访问了顶点 v_i 后，访问 v_i 的一个邻接点 v_j；访问 v_j 之后，又访问 v_j 的一个邻接点，依次类推，尽可能向深度方向搜索，所以称为深度优先搜索遍历。显然这种搜索方法具有递归的性质。图 11.8 给出了一个深度优先搜索遍历的示例，其中虚线表示一种搜索路线。相应的顶点访问序列为 A，B，C，E，D。

图 11.8　深度优先搜索遍历过程

当选择邻接矩阵作为图的存储结构时，深度优先搜索遍历算法如下：

```
int    visited[n];            /* 定义 visited 为全局变量，n 为顶点数  */
graph  g;                     /* g 为全局变量 */
```

```
DFSA(int i)                    /* 从 v_i 出发深度优先搜索图 g，g 用邻接矩阵表示 */
{    int    j;
     printf("node:%c\n", g.vexs[i]);              /* 访问出发点 v_i */
     visited[i]=1;                                /* 标记 v_i 已被访问 */
     for(j=0; j<n; j++)                           /* 依次搜索 v_i 的邻接点 */
          if( (g.arcs[i][j]= =1)&&(visited[j]= =0))
     DFSA(j);        /* 若 v_i 的邻接点 v_j 未被访问过，则从 v_j 出发进行深度优先搜索遍历 */
}                                                 /* DFSA */
```

在以上的算法中，每进行一次 DFSA(i)的调用，for 循环中 j 的变化范围是 0～n–1，而 DFSA(i)要被调用 n 次，所以算法的时间复杂度为 $O(n^2)$。因为上述算法采用递归调用，需要使用一个长度为 n–1 的工作栈和长度为 n 的辅助数组，所以算法的空间复杂度为 $O(n)$。

对于一个图，按深度优先搜索遍历先后顺序得到的顶点序列称为该图的深度优先搜索遍历序列，简称为 DFS 序列。一个图的 DFS 序列不一定唯一，它与算法、图的存储结构和初始出发点有关。当确定了多个邻接点，并按邻接点的序号从小到大进行选择和指定初始出发点时，邻接矩阵作为存储结构时得到的 DFS 序列是唯一的。

假设顶点 A，B，C，D，E 对应的标识数组元素为 visited[0]，visited[1]，…，visited[4]，使用以上算法从顶点 A 开始对图 11.8 进行深度优先搜索遍历的过程如下：

(1) 调用 DFSA(0)访问顶点 A，并将 visited[0]置为 1，表示顶点 A 已被访问过。接着从 A 的一个未被访问的邻接点 B 出发，进行深度优先搜索遍历。

(2) 调用 DFSA(1)访问顶点 B，并将 visited[1]置为 1，表示顶点 B 已被访问过。接着从 B 的一个未被访问的邻接点 C 出发，进行深度优先搜索遍历。

(3) 调用 DFSA(2)访问顶点 C，并将 visited[2]置为 1，表示顶点 C 已被访问过。由于此时顶点 C 的所有邻接点均已被访问过，因而退回到进入顶点 C 之前的顶点 B。而顶点 B 的另一个邻接点 E 未被访问，接着从 E 出发进行深度优先搜索遍历。

(4) 调用 DFSA(4)访问顶点 E，并将 visited[4]置为 1，表示顶点 E 已被访问过。由于此时顶点 E 的所有邻接点均已被访问过，因而退回到进入顶点 E 之前的顶点 B。因为顶点 B 的所有邻接点都已被访问过，故又退回到进入顶点 B 之前的顶点 A。而顶点 A 的另一个邻接点 D 未被访问，接着从 D 出发进行深度优先搜索遍历。

(5) 调用 DFSA(3)访问顶点 D，并将 visited[3]置为 1，表示顶点 D 已被访问过。由于此时顶点 D 的所有邻接点均已被访问过，因而退回到进入顶点 D 之前的顶点 A。因为 A 的所有邻接点均已被访问过，这表明图中与顶点 A 相通的顶点都已被访问。因为图 11.8 是一个连通图，所以遍历过程结束，所得到的 DFS 序列为 A，B，C，E，D。

以邻接表为存储结构的深度优先搜索遍历算法，也采用递归的方式，同时也需要使用辅助数组 visited[n]来标记顶点的访问情况，具体算法如下：

```
DFSL(int i)                    /* 从 v_i 出发深度优先搜索遍历图 ga，ga 用邻接表表示 */
{ edgenode    *p;
  printf("node:%c\n", ga[i]. vertex);    /* 访问顶点 v_i */
  visited[i]=1;                          /* 标记 v_i 已被访问 */
```

```
        p=ga[i].link;                    /* 取 v_i 的边表头指针 */
        while( p!=NULL )                 /* 依次搜索 v_i 的邻接点 */
        {  if (visited[p—>adjvex]= =0)
              DFSL(p—>adjvex);   /* 从 v_i 的未曾被访问过的邻接点出发进行深度优先搜索遍历 */
            p=p—>next;
        }
    }                                     /* DFSL */
```

当图 11.8 所示的图采用图 11.9 所示的邻接表来表示时，按以上算法进行遍历得到的序列为 A，B，C，E，D。

因为搜索 n 个顶点的所有邻接点需要对边表各结点扫描一遍，而边表结点的数目为 2e，所以算法的时间复杂度为 $O(2e+n)$，空间复杂度为 $O(n)$。

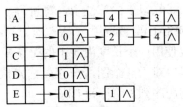

图 11.9　邻接表的一种表示

在使用邻接表作为存储结构时，由于图的邻接表不唯一，所以 DFSL 算法得到的 DFS 序列也不唯一，它取决于邻接表中边表结点的链接次序。

11.3.2　广度优先搜索遍历

图的广度优先搜索遍历类似于树的按层次遍历，在假设初始状态是图的所有顶点都未被访问的条件下，从图的某一顶点 v_i 出发，先访问 v_i，然后访问 v_i 的邻接点 v_j。在所有的 v_j 都被访问之后，再访问 v_j 的邻接点 v_k，依次类推，直到所有和初始出发点 v_i 有路径相通的顶点都被访问为止。若图是非连通的，则选择一个未曾被访问的顶点作为起始点，重复以上过程，直到图的所有顶点都被访问为止。

在这种方法的遍历过程中，先被访问的顶点，其邻接点也先被访问，具有先进先出的特性，所以可以使用一个队列来保存已访问过的顶点，以确定对访问过的顶点的邻接点的访问次序。为了避免重复访问一个顶点，也使用了一个辅助数组 visited[n]来标记顶点的访问情况。下面分别给出以邻接矩阵和邻接表为存储结构时的广度优先搜索遍历算法 BFSA 和 BFSL：

```
    BFSA(int k)                      /* 从 v_k 出发广度优先搜索遍历图 g，g 用邻接矩阵表示 */
    { int i, j;
      SETNULL(Q);                    /* Q 置为空队 */
      printf("%c\n", g.vexs[k]);     /* 访问出发点 v_k */
      visited[k]=1;                  /* 标记 v_k 已被访问 */
      ENQUEUE(Q, k);                 /* 访问过的顶点序号入队 */
      while( !EMPTY(Q) )             /* 队非空时执行下列操作 */
      { i=DEQUEUE(Q);                /* 队头元素序号出队 */
        for( j=0; j<n; j++)
        if ( ( g.arcs[i][j]= =1)&&( visited[j]!=1 ) )
        {    printf("%c\n", g.vexs[j]);    /* 访问 v_i 未曾被访问的邻接点 v_j */
```

```
                    visited[j]=1;
                    ENQUEUE(Q, j);         /* 访问过的顶点入队 */
                }
            }
    }    /* BFSA */
    BFSL(k)                    /* 从 v_k 出发广度优先搜索遍历图 ga，ga 采用邻接表表示 */

    int   k;
    {  int i;
       edgenode  *p;
       SETNULL(Q);                 /* 置空队 */
       printf("%c\n", ga[k].vertex);    /* 访问出发点 v_k */
       visited[k]=1;               /* 标记 v_k 已被访问 */
       ENQUEUE(Q, k);              /* 访问过的顶点序号入队 */
       while( !EMPTY(Q) )
       { i=DEQUEUE(Q);             /* 队头元素序号出队 */
         p=ga[i]. link;            /* 取 v_i 的边表头指针 */
         while( p!=NULL)           /* 依次搜索 v_i 的邻接点 */
         { if (visited[p—>adjvex]!=1)   /* v_i 的邻接点未曾被访问 */
             { printf ("%c\n", ga[p—>adjvex].vertex);
                 visited[padjvex]=1;
                 ENQUEUE(Q, p—>adjvex);      /* 访问过的顶点入队 */
             }
             p=p—>next;
         }
       }
    }                              /* BFSL */
```

对于有 n 个顶点和 e 条边的连通图，BFSA 算法的 while 循环和 for 循环都需执行 n 次，所以 BFSA 算法的时间复杂度为 $O(n^2)$，同时 BFSA 算法使用了一个长度均为 n 的队列和辅助数组，其空间复杂度为 O(n)；BFSL 算法的外 while 循环要执行 n 次，而内 while 循环执行次数总计是边表结点的总个数 2e，所以 BFSL 算法的时间复杂度为 O(n + 2e)，同时 BFSL 算法也使用了一个长度均为 n 的队列和辅助数组，其空间复杂度为 O(n)。

对一个图，按广度优先搜索遍历先后顺序得到的顶点序列称为该图的广度优先搜索遍历序列，简称为 BFS 序列。一个图的 BFS 序列也不是唯一的，它与算法、图的存储结构和初始出发点有关。但当确定了多个邻接点时，按邻接点的序号从小到大进行选择和指定初始出发点后，以邻接矩阵作为存储结构时得到的 BFS 序列是唯一的，而以邻接表作为存储结构时得到的 BFS 序列并不唯一，它取决于邻接表中边表结点的链接次序。

假设顶点 A，B，C，D，E 对应的标识数组元素为 visited[0]，visited[1]，…，visited[4]，

使用 BFSA 算法对图 11.8 所示的图从顶点 A 开始的广度优先搜索遍历过程如下：

(1) 调用 BFSA(0)，访问顶点 A，并将 visited[0] 置 1，然后将顶点 A 的序号 0 入队，第一个出队的顶点序号是 0，搜索到 A 的三个邻接点 B，D，E，对它们进行访问并将序号 1，3，4 入队。

(2) 第二个出队的顶点序号是 1，搜索到 B 的三个邻接点 A，E，C，对未进行访问过的顶点 C 进行访问并将其序号 2 入队。

(3) 第三个出队的顶点序号是 3，搜索到 D 的一个邻接点 A，因已访问过，故无序号入队。

(4) 第四个出队的顶点序号是 4，搜索到 E 的两个邻接点 A 和 B，因已访问过，故无顶点序号入队。

(5) 第五个出队的顶点序号是 2，搜索到 C 的一个邻接点 B，因已访问过，故无顶点序号入队。又因为此时队列中已无顶点序号，队列为空，所以搜索过程结束。搜索遍历得到的 BFS 序列是 A，B，D，E，C。

使用 BFSL 算法，对图 11.9 所示的图从顶点 A 开始的广度优先搜索遍历过程如下：

(1) 调用 BFSL(0)，访问顶点 A，将 visited[0] 置 1，然后将顶点 A 的序号 0 入队，第一个出队的顶点序号是 0，搜索到 A 的邻接点 B，E，D，对它们进行访问，并将序号 1，4，3 入队。

(2) 第二个出队的顶点序号是 1，搜索到 B 的邻接点 A，C，E，对未访问过的邻接点 C 进行访问，并将序号 2 入队。

(3) 第三个出队的顶点序号是 4，搜索到 E 的两个邻接点 A 和 B，因都已访问过，故无顶点序号入队。

(4) 第四个出队的顶点序号是 3，搜索到 D 的邻接点 A，因已访问过，故无顶点序号入队。

(5) 第五个出队的顶点序号是 2，搜索到 C 的邻接点 B，因已访问过，故无顶点序号入队。又因为此时队列中已无顶点序号，队列为空，所以搜索过程结束。搜索遍历得到的 BFS 序列是 A，B，E，D，C。

11.4　生成树和最小生成树

在图论中，生存树是指一个无回路存在的连通图。一个连通图 G 的生成树指的是一个包含了 G 的所有顶点的树。对于一个有 n 个顶点的连通图 G，其生成树包含了 n − 1 条边，从而生成树是 G 的一个极小连通的子图。所谓极小是指该子图具有连通所需的最小边数，若去掉一条边，该子图就变成了非连通图；若任意增加一条边，该子图就有回路产生。

当给定一个无向连通图 G 后，如何找出它的生成树呢？我们可以从 G 的任意顶点出发，进行一次深度优先搜索或广度优先搜索来访问 G 中的 n 个顶点，并将顺次访问的两个顶点之间的路径记录下来。这样 G 中的 n 个顶点和从初始点出发顺次访问余下的 n − 1 个顶点所经过的 n − 1 条边就构成了 G 的极小连通子图，也就是 G 的一棵生成树。

通常我们将深度优先搜索得到的生成树称为深度优先搜索生成树，简称为 DFS 生成树，而将广度优先搜索得到的生成树称为广度优先搜索生成树，简称为 BFS 生成树。对于前面所给的 DFSA 和 BFSA 算法,只需在 if 语句中的 DFSA 调用语句前或 if 语句中加入将(v_i, v_j)打印出来的语句,即可构成相应的生成树算法。

连通图的生成树不是唯一的,它取决于遍历方法和遍历的初始出发点。在遍历方法确定之后,从不同的顶点出发进行遍历,可以得到不同的生成树。对于非连通图可通过多次调用由 DFSA 或 BFSA 构成的生成树算法来求出非连通图中各连通分量对应的生成树,这些生成树构成了非连通图的生成森林。使用 DFSA 构成的生成树算法和 BFSA 构成的生成树算法对图 11.8 所示的图从顶点 A 开始进行遍历,得到的生成树如图 11.10 所示。

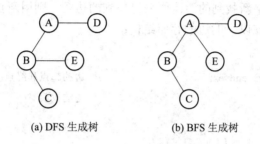

(a) DFS 生成树   (b) BFS 生成树

图 11.10　生成树的示例

当对一个连通网络构造生成树时,可以得到一个带权的生成树。我们把生成树各边的权值总和作为生成树的权,而具有最小权值的生成树构成了连通网络的最小生成树。

最小生成树的构造是有实际应用价值的。例如要在 n 个城市之间建立通信网络,而不同城市之间建立通信线路需要一定的花费,构造最小生成树,将对应使用最少的经费来建立相应的通信网络。也就是说,构造最小生成树,就是在给定 n 个顶点所对应的权矩阵(代价矩阵)的条件下,给出代价最小的生成树。

构造最小生成树的算法有多种,其中大多数算法都利用了最小生成树的一个性质(简称 MST 性质)。MST 性质指出:假设 $G = (V, E)$ 是一个连通网络,U 是 V 中的一个真子集,若存在顶点 $u(u \in U)$ 和顶点 $v(v \in (V - U))$ 的边(u, v)是一条具有最小权的边,则必存在 G 的一棵最小生成树包括这条边(u, v)。MST 性质可用反证法加以证明:假设 G 中的任何一棵最小生成树 T 都不包含(u, v),其中 $u \in U$ 和 $v \in (V - U)$。由于 T 是最小生成树,所以必然有一条边(u', v')(其中 $u' \in U$ 和 $v' \in (V - U)$)连接两个顶点集 U 和 V–U。当(u, v)加入 T 中时,T 中必然存在一条包含了(u, v)的回路,如图 11.11

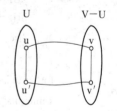

图 11.11　含有(u, v)的回路

所示。如果在 T 中保留(u, v),去掉(u', v'),则得到另一棵生成树 T'。因为(u, v)的权小于(u', v')的权,故 T'的权小于 T 的权,这与假设矛盾,因此 MTS 性质得到证明。

下面介绍构造最小生成树的两种常用算法:Prim(普里姆)算法和 Kruskal(克鲁斯卡尔)算法。

1. Prim 算法

设 $G(V, E)$ 是有 n 个顶点的连通网络,$T = (U, TE)$ 是要构造的生成树,初始时 $U = \{\phi\}$,$TE = \{\phi\}$。首先从 V 中取出一个顶点 u_0 放入生成树的顶点集 U 中作为第一个顶点,此时 $T = (\{u_0\}, \{\phi\})$;然后从 $u \in U$,$v \in (V - U)$ 的边(u, v)中找一条权值最小的边(u^*, v^*),将其

放入 TE 中并将 v^* 放入 U 中，此时 T = ({u_0, v^*}, {(u_0, v^*)})；继续从 u∈U，v∈(V − U) 的边(u，v)中找一条权值最小的边(u^*，v^*)，将其放入 TE 中并将 v*放入 U 中，直到 U = V 为止。这时 T 的 TE 中必有 n − 1 条边，构成所要构造的最小生成树。

显然，Prim 算法的关键是如何找到连接 U 和 V − U 的最短边(代价最小边)来扩充 T。设当前生成树 T 中已有 k 个顶点，则 U 和 V − U 中可能存在的边数最多为 k(n − k)条，在如此多的边中寻找一条代价最小的边是困难的。注意：在相邻的寻找最小代价的边的过程中，有些操作具有重复性，所以可通过将前一次寻找所得到的最小边存储起来，然后与新找到的边进行比较，如果新找到的边比原来已找到的边短，则用新找到的边代替原有的边，否则保持不变。为此设立以下的边的存储结构：

```
typedef    struct
{    int    fromvex, endvex;              /* 边的起点和终点 */
     float length;                        /* 边的权值 */
} edge;
edge  T[n−1];
float dist[n][n];                         /* 连通网络的带权邻接矩阵 */
```

这样便可给出 Prim 算法描述：

```
Prim (int i)            /* i 给出选取的第一个顶点的下标, 最终结果保存在 T[n − 1]数组中 */
{    int    j, k, m, v, min, max=100000;
     float d;
     edge e;
     v=i;                                 /* 将选定顶点送入中间变量 v */
     for( j=0; j<=n−2; j++)               /* 构造第一个顶点 */
     {   T[j].fromvex=v;
         if(j>=v)   {T[j].endvex=j+1; T[j].length=dist[v][j+1]; }
         else   {T[j].endvex=j;    T[j].length=dist[v][j]; }
     }
     for( k=0; k<n−1; k++)                /* 求第 k 条边 */
     { min=max;
         for(j=k; j<n−1; j++)             /* 找出最短的边并将最短边的下标记录在 m 中 */
         if ( T[j].length<min )
         { min=T[j].length;
             m=j;
         }
         e=T[m]; T[m]=T[k]; T[k]=e;       /* 将最短的边交换到 T[k]单元 */
         v=T[k].endvex;                   /* v 中存放新找到的最短边在 V−U 中的顶点 */
         for( j=k+1; j<n−1; j++)          /*修改所存储的最小边集*/
         {   d=dist[v][T[j].endvex];
             if(d<T[j].length);
```

```
            {       T[j].length=d;
                    T[j].fromvex=v;
                    }
            }
        }
    }                                               /* Prim */
```

以上算法中构造第一个顶点所需的时间是 O(n)，求 k 条边的时间大约为

$$\sum_{k=0}^{n-2}(\sum_{j=k}^{n-2}O(1)+\sum_{j=k+1}^{n-2}O(1)\,)\approx 2\sum_{k=0}^{n-2}\sum_{j=k}^{n-2}O(1)$$

其中 O(1) 表示某一正常数 C，所以上述公式的时间复杂度是 $O(n^2)$。

下面结合图 11.12 所示的例子来观察以上算法的工作过程。设选定的第一个顶点为 2。

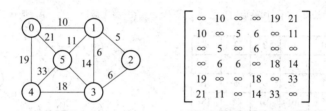

图 11.12　一个网络及其邻接矩阵

首先将顶点值 2 写入 T[i].fromvex，并将其余顶点值写入相应的 T[i].endvex，然后从 dist 矩阵中取出第 2 行写入相应的 T[i].length 中，得到图 11.13(a)所示数组；在图 11.13(a)中找出具有最小权值的边(2，1)，将其交换到下标值为 0 的单元中，然后从 dist 矩阵中取出第 1 行的权值与相应的 T[i].length 作比较，若取出的权值小于相应的 T[i].length，则进行替换，否则保持不变，这里由于边(2，0)和(2，5)的权值大于边(1，0)和(1，5)的权值，进行相应的替换可得到图 11.3(b)所示数组；在图 11.3(b)中找出具有最小权值的边(2，3)，将其交换到下标值为 1 的单元中，然后从 dist 矩阵中取出第 3 行的权值与相应的 T[i].length 作比较，可见边(3，4)的权值小于边(2，4)的权值，故进行相应的替换可得到图 11.3(c)所示数组；在图 11.3(c)中找出具有最小权值的边(1，0)，因其已在下标为 2 的单元中，故交换后仍然保持不变，然后从 dist 矩阵中取出第 0 行的权值与相应的 T[i]. Length 作比较，可见边(0，4)和(0，5)的权值大于边(3，4)和(1，5)的权值，故不进行替换，得到图 11.3(d)所示数组；在图 11.3(d)中找出具有最小权值的边(1，5)，将其交换到下标值为 3 的单元中，然后从 dist 矩阵中取出第 5 行的权值与相应的 T[i].length 作比较，因边(5，4)的权值大于边(3，4)的权值，故不替换，得到图 11.3(e)所示数组。至此，整个算法结束，即得出了如图 11.3(f)所示的最小生成树。

2. Kruskal 算法

Kruskal 算法是从另一条途径来求网络的最小生成树。设 G = (V，E)是一个有 n 个顶点的连通图，则令最小生成树的初始状态为只有 n 个顶点而无任何边的非连通图 T = (V，{φ})，此时图的每个顶点自成一个连通分量。按照权值递增的顺序依次选择 E 中的边，若该边依

附于 T 中两个不同的连通分量，则将此边加入 TE 中，否则舍去此边而选择下一条代价最小的边，直到 T 中所有顶点都在同一连通分量上为止。这时的 T，便是 G 的一棵最小生成树。对于图 11.12 所示的网络，按 Kruskal 算法构造最小生成树的过程如图 11.14 所示。

下标	0	1	2	3	4
fromves	2	2	2	2	2
endvex	0	1	3	4	5
length	∞	(5)	6	∞	∞

(a) 初始化后的 T 数组

下标	0	1	2	3	4
fromves	2	1	2	2	1
endvex	1	0	3	4	5
length	5	10	(6)	∞	11

(b) 找出最短边(2，1)，调整后的 T 数组

下标	0	1	2	3	4
fromves	2	2	1	3	1
endvex	1	3	0	4	5
length	5	6	(10)	18	11

(c) 找出最短边(2，3)，调整后的数组

下标	0	1	2	3	4
fromves	2	2	1	3	1
endvex	1	3	0	4	5
length	5	6	10	18	(11)

(d) 找出最短边(1，0)，调整后的数组

下标	0	1	2	3	4
fromves	2	2	1	1	3
endvex	1	3	0	5	4
length	5	6	10	11	18

(e) 找出最短边(1，5)，调整后的数组

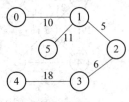

(f) 最小生成树

图 11.13　T 数组变化情况及最小生成树

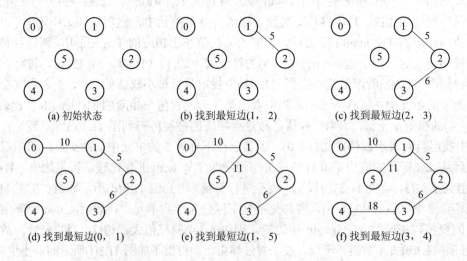

图 11.14　Kruskal 算法构造最小生成树的过程

在图 11.14(c)中可选择最短边(2，3)，也可选择边(1，3)，这样所构造出的最小生成树是不同的，即最小生成树的形式不唯一，但权值的总和是相同的。在选择了最短边(2，3)之后，在图 11.14(d)中本应首先选择边(1，3)，因其顶点在同一个分量上，故舍去这条边而选择下一条代价最小的边。在图 11.14(f)中也是本应首先选择边(3，5)，但因顶点 3 和 5 在同一个

分量上，故舍去此边而选择下一条代价最小边(3，4)。

在 Kruskal 算法中，每次都要选择所有边中的最短的边，若用邻接矩阵实现时，则每找一条最短的边就需要对整个邻接矩阵扫描一遍，这样整个算法复杂度太高，而使用邻接表时，由于每条边都被连接两次，这也使寻找最短边的计算时间加倍，所以我们采用以下的存储结构来对图的边进行表示：

```
    typedef    struct
    { int fromvex, endvex;          /* 边的起点和终点 */
      float length;                 /* 边的权值 */
      int sign;                     /* 该边是否已选择过的标志信息 */
    }    edge;
edge T[e]                           /* e 为图中的边数 */
int G[n];              /* 判断该边的两个顶点是不是在同一个分量上的数组，n 为顶点数 */
```

在 Kruskal 算法中，如何判定所选择的边是否在同一个分量上，是整个算法的关键和难点。为此我们设置一个 G 数组，利用 G 数组的每一个单元存放一个顶点信息的特性，通过判断两个顶点对应单元的信息是否相同来判定所选择的边是否在同一个分量上。具体算法如下：

```
    Kruskal(int n, int e)                    /*n 表示图中的顶点数目，e 表示图中的边数目*/
    { int i, j, k, l, min ; t
      for ( i=0; i<=n-1; i++)                /* 数组 G 置初值 */
      G[i]=i;
      for ( i=0; i<=e-1; i++)                /* 输入边信息 */
      { scanf(" %d%d%f ", &T[i]. fromvex，&T[i].endvex, &T[i]. length);
        T[i].sign=0;
      }
      j=0;
      while(j<n-1)
      { min=1000;
        for ( i=0; i<=e-1; i++) {            /* 寻找最短边 */
          if( T[i].sign= =0   )
            if(  T[i].length<min )
              { k=T[i].fromvex; l=T[i].endvex; T[i].sigh=1; }
          if(G[k]= =G[l])   T[i].sign=2;     /* 在同一分量上舍去 */
          else {  j++;
            for(t=0; t<n; t++)               /* 将最短边的两个顶点并入同一分量 */
              if(G[t]= =l) G[t]=k;
          } }
      }
    }                                        /* Kruskal */
```

如果边的信息是按权值从小到大依次存储到 T 数组中，则 Kruskal 算法的时间复杂度约为 O(e)。一般情况下，Kruskal 算法的时间复杂度约为 O(elge)，与网络中的边数有关，故适合求边稀疏网络的最小生成树；而 Prim 算法的时间复杂度为 O(n²)，与网络中的边数无关，适合求边稠密网络的最小生成树。

11.5 最 短 路 径

一个实际的交通网络在计算机中可用图的结构来表示。在这类图的结构中经常考虑的问题有两个：一是两个顶点之间是否存在路径；二是在有多条路径的条件下，哪条路径最短。由于交通网络中的运输路线往往是有方向性的，因此将以有向网络来进行讨论，而无向网络的情况与此相似。在讨论中，习惯上称路径的开始点为源点(Source)，路径的最后一个顶点为终点(Destination)，而最短路径意味着沿路径的各边权值之和最小。在求最短路径时，为方便起见，规定邻接矩阵中某一顶点到自身的权值为 0，即当 i=j 时，dist[i][j] =0。

最短路径问题的研究分为两种情况：一是从某个源点到其余各顶点的最短路径；二是每一对顶点之间的最短路径。

11.5.1 从某个源点到其余各顶点的最短路径

迪杰斯特拉(Dijkstra)通过对大量图的某个源点到其余顶点的最短路径的顶点构成集合和路径长度之间关系的研究发现：若按长度递增的次序来产生源点到其余顶点的最短路径，则当前正要生成的最短路径除终点外，其余顶点的最短路径已生成，即设 A 为源点，U 为已求得的最短路径的终点的集合 (初态时为空集)，则下一条长度较长的最短路径 (设它的终点为 X) 或是弧(A, X)，或是中间只经过 U 集合中的顶点，最后到达 X 的路径。例如在图 11.15 中，要生成从 F 点到其他顶点的最短路径，首先应找到最短的路径 F−>B，然后找到最短的路径 F−>B−>C。这里除终点 C 以外，其余顶点的最短路径 F−>B 已生成。

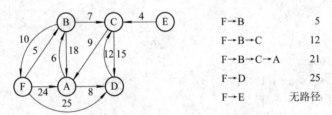

F→B	5
F→B→C	12
F→B→C→A	21
F→D	25
F→E	无路径

图 11.15 有向网络 G 和 F 到其他顶点的最短距离

迪杰斯特拉提出的按路径长度递增次序来产生源点到各顶点的最短路径的算法思想是，对有 n 个顶点的有向连通网络 G=(V, E)，首先从 V 中取出源点 u_0 放入最短路径顶点集合 U 中，这时的最短路径网络 S=({u_0}, {φ})；然后从 u∈U 和 v∈(V − U)中找一条代价最小的边(u^*, v^*)加入 S 中，此时 S=({u_0, v^*}, {(u_0, v^*)})。每往 U 中增加一个顶点，则要对 V − U 中的各顶点的权值进行一次修正。若加进 v^* 作为中间顶点，使得从 u_0 到其他属于 V − U 的顶点 v_i 的路径比不加 v^* 时短，则修改 u_0 到 v_i 的权值，即以(u_0, v^*)的权值加上 (v^*, v_i)的权值来代替原(u_0, v_i)的权值，否则不修改 u_0 到 v_i 的权值。接着再从权值修正后的 V − U 中选择最短的边加入 S 中，如此反复，直到 U = V 为止。

对图 11.15 中的有向网络按以上算法思想处理，从源点 F 到其余顶点的最短路径的求解过程如图 11.16 所示。其中单圆圈表示 U 中的顶点，而双圆圈表示 V－U 中的顶点。连接 U 中两个顶点的有向边用实线表示，连接 U 和 V－U 中两个顶点的有向边用虚线表示。圆圈旁的数字为源点到该顶点当前的距离值。

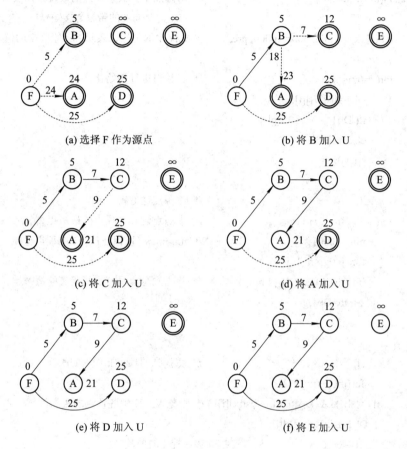

图 11.16　Dijkstra 算法求最短路径示例

初始时，S 中只有一个源点 F，它到 V－U 中各顶点的路径如图 11.16(a)所示；选择图 11.16(a)中最小代价边(F，B)，同时由于路径(F，A)大于(F，B，A)、(F，C)大于(F，B，C)，进行相应调整可得到图 11.16(b)所示路径；选择图 11.16(b)中的最小代价边(B，C)，同时由于(F，B，A)大于(F，B，C，A)，进行相应调整可得到图 11.16(c)所示路径；选择图 11.16(c)中最小代价边(C，A)即可得到图 11.16(d)所示路径；选择图 11.16(d)中最小代价边(F，D)即可得到图 11.16(e)所示路径；最后选择(F，E)即可得到图 11.16(f)所示路径。

在计算机上实现此算法时，需要设置一个用于存放源点到其他顶点的最短距离数组 D[n]，以便从中找出最短路径。因为我们不仅希望得到最短路径长度，而且也希望能给出最短路径具体经过哪些顶点，所以设置一个路径数组 p[n]，其中 p[i]表示从源点到达顶点 i 时，顶点 i 的前趋顶点。为了防止对已经生成的最短路径进行重复操作，使用一个标识数组 s[n]来记录最短路径生成情况，若 s[i]=1 表示源点到顶点 i 的最短路径已产生，而 s[i]=0 表示最短路径还未产生。当顶点 A，B，C，D，E，F 对应标号 0，1，2，3，4，5 时，具体算法描述

如下:

```
        float  D[n];
        int    p[n], s[n];
        Dijkstra(int v, float dist[][])              /* 求源点 v 到其余顶点的最短路径及长度,
                                                        dist 为有向图的带权邻接矩*/
        {   int i, j, k, v₁, min, max=10000, pre;     /* Max 中的值用以表示 dist 矩阵中的值∞ */
            v₁=v;
            for( i=0; i<n; i++)                       /* 各数组进行初始化  */
            {   D[i]=dist[v₁][i];
                if( D[i] != Max )   p[i]= v₁+1;
                else p[i]=0;
                s[i]=0;
            }
            s[v₁]=1;                                  /* 将源点送 U */
            for( i=0; i<n-1; i++)                     /* 求源点到其余顶点的最短距离  */
            {   min=10001;                            /* min>max, 以保证值为∞的顶点也能加入 U */
                for( j=0; j<n-1; j++)
                if( ( !s[j] )&&(D[j]<min) )            /* 找出到源点具有最短距离的边  */
                { min=D[j];
                  k=j;
                }
                s[k]=1;                               /* 将找到的顶点 k 送入 U */
                for(j=0; j<n; j++)
                if( ( !s[j])&&(D[j]>D[k]+dist[k][j]) ) /* 调整 V−U 中各顶点的距离值 */
                { D[j]=D[k]+dist[k][j];
                  p[j]=k+1;                           /* k 是 j 的前趋  */
                }
            }                                         /* 所有顶点已扩充到 U 中  */
            for( i=0; i<n; i++)
            {   printf(" %f %d ", D[i], i)
                pre=p[i];
                while ((pre!=0)&&(pre!=v+1))
                {   printf (" <−%d ", pre−1);
                    pre=p[pre−1];
                }
            printf(" <−%d ", v);
            }
        }                                             /* Dijkstra */
```

对图 11.15 中的有向网络 G, 以 F 点为源点, 执行上述算法时, D、p、s 数组的变化状

况如表 11.1 所示。

打印输出的结果为

21	$0 \leftarrow 2 \leftarrow 1 \leftarrow 5$
5	$1 \leftarrow 5$
12	$2 \leftarrow 1 \leftarrow 5$
25	$3 \leftarrow 5$
Max	$4 \leftarrow 5$
0	$5 \leftarrow 5$

Dijkstra 算法的时间复杂度为 $O(n^2)$，空间复杂度是 $O(n)$。

表 11.1　Dijkstra 算法动态执行情况

循　环	U	k	D[0]，D[1]，…，D[5]	p[0]，p[1]，…，p[5]	s[0]，s[1]，…，s[5]
初始化	{F}	—	24 5 max 25 max 0	6 6 0 6 0 6	0 0 0 0 0 1
1	{F，B}	1	23 5 12　25 max 0	2 6 2 6 0 6	0 1 0 0 0 1
2	{F，B，C}	2	21 5 12　25 max 0	3 6 2 6 0 6	0 1 1 0 0 1
3	{F，B，C，A}	0	21 5 12　25 max 0	3 6 2 6 0 6	1 1 1 0 0 1
4	{F，B，C，A，D}	3	21 5 12　25 max 0	3 6 2 6 0 6	1 1 1 1 0 1
5	{F，B，C，A，D，E}	4	21 5 12　25 max 0	3 6 2 6 0 6	1 1 1 1 1 1

11.5.2　每一对顶点之间的最短路径

求一个有 n 个顶点的有向网络 G=(V，E)中的每一对顶点之间的最短路径，可以依次把有向网络的每个顶点作为源点，重复执行 n 次 Dijkstra 算法，从而得到每对顶点之间的最短路径。这种算法的时间复杂度为 $O(n^3)$。弗洛伊德(Floyd)于 1962 年提出了解决这一问题的另一种算法。它形式比较简单，易于理解，而时间复杂度同样为 $O(n^3)$。

Floyd 算法是根据给定有向网络的邻接矩阵 dist[n][n]来求顶点 v_i 到顶点 v_j 的最短路径。这一算法的基本思想是，假设 v_i 和 v_j 之间存在一条路径，但这并不一定是最短路径，试着在 v_i 和 v_j 之间增加一个中间顶点 v_k。若增加 v_k 后的路径$(v_i，v_k，v_j)$比$(v_i，v_j)$短，则以新的路径代替原路径，并且将 dist[i][j]的值修改为新路径的权值；若增加 v_k 后的路径$(v_i，v_k，v_j)$比$(v_i，v_j)$更长，则维持 dist[i][j]不变。然后在修改后的 dist 矩阵中，另选一个顶点作为中间顶点，重复以上的操作，直到除 v_i 和 v_j 顶点的其余顶点都成为过中间顶点为止。当我们对初始的邻接矩阵 dist[n][n]，依次以顶点 v_1，v_2，…，v_n 为中间顶点实施以上操作时，将递推地产生出一个矩阵序列 dist$^{(k)}$[n][n](k = 0，1，2，…，n)。这里初始邻接矩阵 dist[n][n]被看作 dist$^{(0)}$[n][n]，它给出每一对顶点之间的直接路径的权值；dist$^{(k)}$[n][n]($1 \leqslant k < n$)给出了中间顶点的序号不大于 k 的最短路径长度，而 dist$^{(n)}$[n][n]给出了每一对顶点之间的最短路径长度。为了给出每一对顶点之间最短路径所经过的具体路径，可用一个 path 矩阵来记录具体路径。path$^{(0)}$给出了每一对顶点之间的直接路径，而 path$^{(n)}$给出了每一对顶点之间的最短路径，path 矩阵中每个元素 path[i][j]所保存的值是顶点 v_i 到顶点 v_j 时 v_j 的前趋顶点。

为了在算法中始终保持初始邻接矩阵 dist[n][n]中的元素值不变，可设置一个 A[n][n]矩阵来保存每步所求得的所有顶点对之间的当前最短路径长度。这样可给出以下算法：

```
int    path[n][n];                          /* 路径矩阵 */
Floyd(float A[ ][n], dist[ ][n])            /* A 是路径长度矩阵，dist 是有向网络 G 的带权邻接矩阵 */
{    int i, j, k, next, max=10000;
     for (i=0; i<n; i++)                     /* 设置 A 和 path 的初值 */
     for (j=0; j<n; j++)
     {   if (dist[i][j] !=Max )   path[i][j]=i+1;    /* i 是 j 的前趋 */
         else    path[i][j]=0;
         A[i][j]=dist[i][j];
     }
     for (k=0; k<n; k++)                      /* 以 0，1，…，n－1 为中间顶点做 n 次 */
         for (i=0; i<n; i++)
         for (j=0; j<n; j++)
             if (A[i][j]>(A[i][k]+A[k][j]))
             { A[i][j]=A[i][k]+A[k][j];        /* 修改路径长度 */
               path[i][j]=path[k][j];          /* 修改路径 */
             }
         for (i=0; i<n; i++)       /* 输出所有顶点对 i，j 之间最短路径的长度和路径 */
         for (j=0; j<n; j++)
         { printf ( " %f%d ", A[i][j], j);
               pre=path[i][j];
               while ((pre!=0)&&(pre!=i+1))
               {
               printf ("<－%d ", pre－1);
               pre=path[i][pre－1];
               }
               printf ("<－%d\n ", i);
         }

}                                /* Floyd */
```

对图 11.15 中的有向网络 G 执行以上算法，矩阵 A 和 path 的变化状况如图 11.17 所示。

由于 $A^{(4)} = A^{(5)} = A^{(6)}$ 和 $path^{(4)} = path^{(5)} = path^{(6)}$，所以表中省略了 $A^{(5)}$，$A^{(6)}$ 和 $path^{(5)}$，$path^{(6)}$，打印输出的结果为

```
0          0←0
6          1←0
13         2←1←0
8          3←0
max        4←0
16         5←1←0
…          …
```

$$
\begin{array}{ll}
25 & 3\leftarrow 5 \\
\text{max} & 4\leftarrow 5 \\
0 & 5\leftarrow 5
\end{array}
$$

$$
A^{(0)}=\begin{bmatrix}
0 & 6 & \infty & 8 & \infty & \infty \\
18 & 0 & 7 & \infty & \infty & 10 \\
9 & \infty & 0 & 15 & \infty & \infty \\
\infty & \infty & 12 & 0 & \infty & \infty \\
\infty & \infty & 4 & \infty & 0 & \infty \\
24 & 5 & \infty & 25 & \infty & 0
\end{bmatrix}
\quad
path^{(0)}=\begin{bmatrix}
1 & 1 & 0 & 1 & 0 & 0 \\
2 & 2 & 2 & 0 & 0 & 2 \\
3 & 0 & 3 & 3 & 0 & 0 \\
0 & 0 & 4 & 4 & 0 & 0 \\
0 & 0 & 5 & 0 & 5 & 0 \\
6 & 6 & 0 & 6 & 0 & 6
\end{bmatrix}
\quad
A^{(1)}=\begin{bmatrix}
0 & 6 & \infty & 8 & \infty & \infty \\
18 & 0 & 7 & 26 & \infty & 10 \\
9 & 15 & 0 & 15 & \infty & \infty \\
\infty & \infty & 12 & 0 & \infty & \infty \\
\infty & \infty & 4 & \infty & 0 & \infty \\
24 & 5 & \infty & 25 & \infty & 0
\end{bmatrix}
$$

$$
path^{(1)}=\begin{bmatrix}
1 & 1 & 0 & 1 & 0 & 0 \\
2 & 2 & 2 & 1 & 0 & 2 \\
3 & 1 & 3 & 3 & 0 & 0 \\
0 & 0 & 4 & 4 & 0 & 0 \\
0 & 0 & 5 & 0 & 5 & 0 \\
6 & 6 & 0 & 6 & 0 & 6
\end{bmatrix}
\quad
A^{(2)}=\begin{bmatrix}
0 & 6 & 13 & 8 & \infty & 16 \\
18 & 0 & 7 & 26 & \infty & 10 \\
9 & 15 & 0 & 15 & \infty & 25 \\
\infty & \infty & 12 & 0 & \infty & \infty \\
\infty & \infty & 4 & \infty & 0 & \infty \\
23 & 5 & 12 & 25 & \infty & 0
\end{bmatrix}
\quad
A^{(3)}=\begin{bmatrix}
0 & 6 & 13 & 8 & \infty & 16 \\
16 & 0 & 7 & 22 & \infty & 10 \\
9 & 15 & 0 & 15 & \infty & 25 \\
21 & 27 & 12 & 0 & \infty & 37 \\
13 & 19 & 4 & 19 & 0 & 29 \\
21 & 5 & 12 & 25 & \infty & 0
\end{bmatrix}
$$

$$
path^{(3)}=\begin{bmatrix}
1 & 1 & 2 & 1 & 0 & 2 \\
3 & 2 & 2 & 3 & 0 & 2 \\
3 & 1 & 3 & 3 & 0 & 2 \\
3 & 1 & 4 & 4 & 0 & 2 \\
3 & 1 & 5 & 3 & 5 & 2 \\
3 & 6 & 2 & 6 & 0 & 6
\end{bmatrix}
\quad
A^{(4)}=\begin{bmatrix}
0 & 6 & 13 & 8 & \infty & 16 \\
16 & 0 & 7 & 22 & \infty & 10 \\
9 & 15 & 0 & 15 & \infty & 25 \\
21 & 27 & 12 & 0 & \infty & 37 \\
13 & 19 & 4 & 19 & 0 & 29 \\
21 & 5 & 12 & 25 & \infty & 0
\end{bmatrix}
\quad
path^{(4)}=\begin{bmatrix}
1 & 1 & 2 & 1 & 0 & 2 \\
3 & 2 & 2 & 3 & 0 & 2 \\
3 & 1 & 3 & 3 & 0 & 2 \\
3 & 1 & 4 & 4 & 0 & 2 \\
3 & 1 & 5 & 3 & 5 & 2 \\
3 & 6 & 2 & 6 & 0 & 6
\end{bmatrix}
$$

图 11.17 Floyd 算法的迭代过程

11.6 拓 扑 排 序

一项工程的进行、一个产品的生产或一个专业的课程学习，都是由许多按一定顺序进行的活动来构成的。这些活动可以是一个工程中的子工程、一个产品生产中的部件生产或课程学习中的一门课程。这些按一定顺序进行的活动，可以使用顶点表示活动、顶点之间的有向边表示活动间的先后关系的有向图来表示，这种有向图称为顶点表示活动网络(Activity On Vertex network)，简称 AOV 网。AOV 网中的顶点也可带有权值，表示一项活动完成所需要的时间。

AOV 网中的有向边表示了活动之间的制约关系。例如，计算机软件专业的学生必须学完一系列的课程才能毕业，其中一些课程是基础课，无须先修其他课程便可学习；而另一些课程则必须学完其他的基础先修课程后才能进行学习。这些课程和课程之间的关系如表 11.2 所示。它们也可以用图 11.18 的 AOV 网表示，这里有向边<C_i, C_j>表示了课程 C_i 是课程 C_j 的先修课程。

当各个活动被限制只能串行进行时，可以将 AOV 网中的所有顶点排列成一个线性序列 v_{i1}, v_{i2}, $\cdots$, v_{in}，并且这个序列同时满足关系：若在 AOV 网中从顶点 v_i 到顶点 v_j 存在一条路径，则在线性序列中 v_i 必在 v_j 之前。这个线性序列我们称为拓扑序列。把对 AOV 网构造拓扑序列的操作称为拓扑排序。

表 11.2 计算机软件专业课程设置及其关系

课程代号	课程名称	先修课程	课程代号	课程名称	先修课程
C_1	程序设计基础	无	C_7	编译方法	C_5，C_3
C_2	离散数学	C_1	C_8	操作系统	C_3，C_6
C_3	数据结构	C_1，C_2	C_9	高等数学	无
C_4	汇编语言	C_1	C_{10}	线性代数	C_9
C_5	语言的设计和分析	C_3，C_4	C_{11}	普通物理	C_9
C_6	计算机原理	C_{11}	C_{12}	数值分析	C_1，C_9，C_{10}

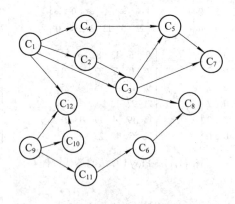

图 11.18 表示课程先后关系的 AOV 网

AOV 网的拓扑排序序列给出了各个活动按序完成的一种可行方案，但并非任何 AOV 网的顶点都可排成拓扑序列。当 AOV 网存在有向环时，就无法得到该网的拓扑序列。在实际的意义上，AOV 网存在有向环就意味着某些活动是以自己为先决条件，这显然是荒谬的。例如对于程序的数据流图而言，AOV 网存在环就意味着程序存在一个死循环。

任何一个无环的 AOV 网的所有顶点都可排列在一个拓扑序列里，拓扑排序的基本操作如下：

(1) 从网中选择一个入度为 0 的顶点并且输出它。

(2) 从网中删除此顶点及所有由它发出的边。

(3) 重复上述两步，直到网中再没有入度为 0 的顶点为止。

以上的操作会产生两种结果：一种是网中的全部顶点都被输出，整个拓扑排序完成；另一种是网中顶点未被全部输出，剩余的顶点的入度均不为 0，说明网中存在有向环。

用以上操作对图 11.18 的 AOV 网拓扑排序的过程如图 11.19 所示。这里得到了一种拓扑序列 C_1，C_2，C_3，C_4，C_5，C_7，C_9，C_{10}，C_{12}，C_{11}，C_6，C_8。

从构造拓扑序列的过程中可以看出，在许多的情况下，入度为 0 的顶点不止一个，这样就可以给出多种拓扑序列。若按所给出的拓扑序列的顺序进行课程学习，都可保证在学习任一门课程时，这门课程的先修课程已经学过。

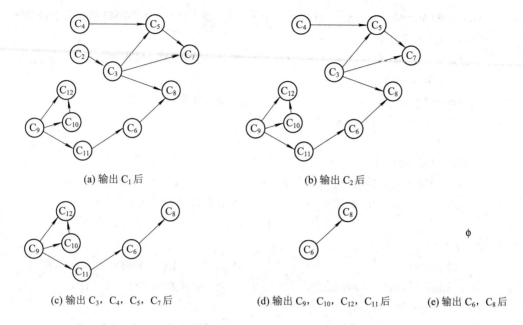

(a) 输出 C_1 后   (b) 输出 C_2 后

(c) 输出 C_3，C_4，C_5，C_7 后   (d) 输出 C_9，C_{10}，C_{12}，C_{11} 后   (e) 输出 C_6，C_8 后

图 11.19   AOV 网拓扑排序过程

拓扑排序可在有向图的不同存储结构上实现。下面针对图 11.20(a)所给出的 AOV 网进行讨论。

在邻接矩阵中，由于某个顶点的入度由这个顶点相对应的列上的 1 的个数所确定，而它的出度由顶点所对应的行上的 1 的个数所确定，所以在这种存储结构上实现拓扑排序算法的步骤如下：

(1) 取 1 作为第 1 个新序号。

(2) 找一个没有得到新序号的全零矩阵列，若没有则停止寻找。这时如果矩阵中所有列都得到了新序号，则拓扑排序完成，否则说明该有向图有环存在。

(3) 把新序号赋给找到的列，并将该列对应的顶点输出。

(4) 将找到的列所对应的行全部置零。

(5) 新序号增 1，重复执行步骤(2)～(5)。

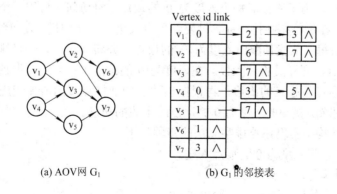

(a) AOV网 G_1 (b) G_1 的邻接表

图 11.20   AOV 网 G_1 及其邻接表

根据以上步骤，使用一个长度为 n 的数组来存放新序号时，可给出以下的具体算法：

```
TOPOSORTA(graph  *g，int    n)     /*  对有 n 个顶点的有向图，使用邻接矩阵求拓扑排序  */
{ int i, j, k, t, v, D[n]=0;
    v=1;                                              /*  新序号变量置 1  */
    for (k=0; k<n; k++)
    {   for (j=0; j<n; j++)                           /*  寻找全零列  */
        if (D[j]= =0)
        { t=1;
        for (i=0; i<n; i++)
            if (g->arcs[i][j]= =1)   {t=0; break; }  /*  若第 j 列上有 1，则跳出循环  */
        if (t= =1)   {m=j; break; }                   /*  找到第 j 列为全 0 列  */
        }
        if ( j!=n )
        { D[m]=v;                                      /*  将新序号赋给找到的列  */
          printf (" %d\t ", g->vexs[m]);              /*  将排序结果输出  */
            for (i=0; i<n; i++)
                g->arcs[m][i]=0;                       /*  将找到的列的相应行置全 0 */
            v++;                                       /*  新序号增 1 */
        }
        else break;
    }
    if( v-1<n )     printf (" \n The network has a cycle \n ");
}                                                     /* TOPOSORTA */
```

对图 11.20 中 G_1 的邻接矩阵应用以上算法得到的拓扑序列为：v_1, v_2，v_4，v_3，v_5，v_6，v_7。

利用邻接矩阵进行拓扑排序时，算法虽然简单，但效率不高，算法的时间复杂度约为 $O(n^3)$。而利用邻接表会使寻找入度为 0 的顶点的操作简化，从而提高拓扑排序算法的效率。

在邻接表存储结构中，为了便于检查每个顶点的入度，可在顶点表中增加一个入度域 (id)，这样的邻接表如图 11.20(b)所示，此时只需对由 n 个元素构成的顶点表进行检查就能找出入度为 0 的顶点。为了避免对每个入度为 0 的顶点重复访问，可用一个链栈来存储所有入度为 0 的顶点。在进行拓扑排序前，只要对顶点表进行一次扫描，便可将所有入度为 0 的顶点都入栈，以后每次从栈顶取出入度为 0 的顶点，并将其输出。一旦排序过程中出现新的入度为 0 的顶点，同样又将其入栈。在入度为 0 的顶点出栈后，根据顶点的序号找到相应的顶点和以该顶点为起点的出边，再根据出边上的邻接点域的值使相应顶点的入度值减 1，这便完成了删除所找到的入度为 0 的顶点的出边的功能。

在邻接表存储结构中实现拓扑排序算法的步骤如下：
(1) 扫描顶点表，将入度为 0 的顶点入栈。
(2) 当栈非空时执行以下操作：
① 将栈顶顶点 v_i 的序号弹出，并输出之；
② 检查 v_i 的出边表，将每条出边表邻接点域所对应的顶点的入度域值减 1，若该顶点

入度为 0，则将其入栈；

(3) 若输出的顶点数小于 n，则输出"有环"，否则拓扑排序正常结束。

在具体实现时，链栈无须占用额外空间，只需利用顶点表中入度域值为 0 的入度域来存放链栈的指针(即指向下一个存放链栈指针的单元的下标)，并用一个栈顶指针 top 指向该链栈的顶部即可。由此给出以下的具体算法：

```
typedef     int datetype;
typedef     int     vextype;
typedef     struct     node
{ int adjvex;                        /* 邻接点域 */
  struct     node     *next;         /* 链域 */
} edgenode;                          /* 边表结点 */
typedef     struct
{ vextype     vertex;                /*顶点信息 */
  int  id;                           /*入度域 */
  edgenode     *link;                /* 边表头指针 */
}     vexnode                        /*顶点表结点*/
vexnode ga[n];
TOPOSORTB(vexnode ga[ ])             /* AOV 网的邻接表 */
{ int  i, j, k, m=0, top=－1;        /* m 为输出顶点个数计数器，top 为栈指针 */
    for (i=0; i<n; i++)              /* 初始化，建立入度为 0 的顶点链栈 */
    if (ga[i].id= =0)
        { ga[i].id=top;
          top=i;
        }
        while( top!=－1 )            /* 栈非空执行排序操作 */
        { j=top;
          top=ga[top].id;           /* 第 j+1 个顶点退栈 */
          printf (" %d\t ", ga[j].vertex);  /* 输出退栈顶点 */
          m++;                       /* 输出顶点计数 */
          p=ga[j].link;
          while(p) {                 /* 删去所有以 v_{j+1} 为起点的出边 */
            k=p－>adjvex－1;
            ga[k].id--;              /* v_{k+1} 入度减 1 */
            if (ga[k].id= =0)        /*将入度为 0 的顶点入栈*/
            { ga[k].id=top;
              top=k;
            }
            p=p－>next;              /* 找 v_{j+1} 的下一条边 */
        }
```

```
        }
        if (m<n)                          /* 输出顶点数小于 n, 有环存在 */
        printf (" \n The network has a cycle\n ");
    }                                     /*  TOPOSORTB  */
```

对图 11.20(b)中的邻接表执行以上算法时，入度域的变化情况如图 11.21 所示。这时得到的拓扑序列为 v_4，v_5，v_1，v_3，v_2，v_7，v_6。

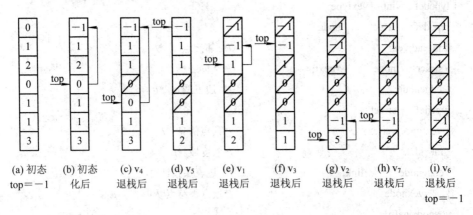

(a) 初态　　(b) 初态　　(c) v_4　　(d) v_5　　(e) v_1　　(f) v_3　　(g) v_2　　(h) v_7　　(i) v_6
top=−1　　化后　　退栈后　　退栈后　　退栈后　　退栈后　　退栈后　　退栈后　　退栈后
　　　top=−1

图 11.21　排序过程中入度域变化示例

对一个具有 n 个顶点，e 条边的 AOV 网来说，初始化部分时间复杂度是 O(n)；在排序中，若 AOV 网无环，则每个顶点入栈和出栈各一次，每个边表结点检查一次，时间复杂度为 $O(n + e)$，故总的算法时间复杂度为 $O(n+e)$。

11.7　关　键　路　径

在实际中，我们不仅关心一个大的工程的许多较小子工程的进行顺序，而且也关心完成整项工程至少需要多少时间以及哪些子工程的进度加快可以减少整个工程所需的时间。这就是本节将要研究的关键路径问题。

为了便于对以上问题进行研究，我们常使用一个带权的有向网络来表示整项工程，这里每条有向边表示一个子工程(一个子工程称为一个活动)，边上的权值表示一个活动持续的时间。顶点表示事件，它表示了一种状态，即它的入边所表示的活动均已完成，它的出边所表示的活动可以开始。这种带权的有向网络称为 AOE 网络(Activity On Edge network)，即边表示活动网络。

因为一项工程只有一个开始点和一个结束点，所以 AOE 网络中只有一个入度为 0 的顶点(称作源点)表示开始和一个出度为 0 的顶点(称为汇点)表示结束。同时 AOE 网络应该是不存在回路并相对源点连通的网络。图 11.22 给出了一个 AOE 网络的例子，它包括了 7 个事件和 10 个活动。顶点 v_1 表示整个工程开始，顶点 v_7 表示整个工程结束。$<v_1$，$v_2>$，

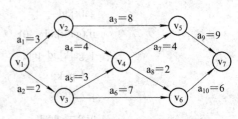

图 11.22　一个 AOE 网络的示例

$<v_1, v_3>$，…，$<v_6, v_7>$分别表示一个活动，并用 a_1，a_2，…，a_{10} 来表示。

有时为了反映某些活动之间时序上的制约关系，可增加时间花费为 0 的虚活动。为使虚活动区别于实际活动，虚活动将用虚线表示。例如想使活动 a_5 和 a_6 在事件 v_2 和 v_3 发生之后才开始，则可在顶点 v_2 和顶点 v_3 之间增加一个虚活动 $<v_2, v_3>$。

由于 AOE 网中的某些活动可以平行地进行，所以完成整个工程的最短时间是从源点到汇点的最长路径长度(这里的路径长度是沿着该路径的各个活动所需持续时间之和)。这个从源点到汇点的具有最大路径长度的路径称为关键路径(Critical Path)。在图 11.22 中 v_1，v_2，v_5，v_7 是一条关键路径，同时 v_1，v_2，v_4，v_5，v_7 也是一条关键路径。这两条关键路径的长度都是 20。

从源点 v_1 到 v_j 的最长路径长度称为事件 v_j 可能的最早发生时间，记为 $v_e(j)$。$v_e(j)$ 也是以 v_j 为起点的出边 $<v_j, v_k>$ 所表示的活动 a_i 的最早开始时间 $e(i)$，所以 $v_e(i)=e(i)$。例如在图 11.22 中 v_2 的最早发生时间 $v_e(2) = 3$，这也是以 v_2 为顶点的两条出边所表示的活动 a_3 和 a_4 的最早开始时间，故有 $v_e(2) = e(3) = e(4) = 3$。

在不推迟整个工程完成的前提下，一个事件 v_k 允许的最迟发生时间，记为 $v_l(k)$。它等于汇点 v_n 的最早发生时间 $v_e(n)$ 减去 v_k 到 v_n 的最长路径长度。v_k 的最迟发生时间也是所有以 v_k 为终点的入边 $<v_j, v_k>$ 所表示的活动 a_i 的最迟完成时间。活动 a_i 的最迟开始时间 $l(i)$ 等于 $v_l(k)$ 减去 a_i 的持续时间，即 $l(i) = v_l(k) - dur(<j, k>)$。

活动 a_i 的最迟开始时间 $l(i)$ 减去 a_i 的最早开始时间 $e(i)$，表明了完成活动 a_i 的时间余量。它是在不延误整个工程的工期情况下，活动 a_i 可以延迟的时间。如果 $l(i) = e(i)$，则说明活动 a_i 完全不能延迟，否则将影响整个工程的完成。通常将 $l(i) = e(i)$ 的活动定义为关键活动。例如图 11.22 中的 $e(5) = 2$，$l(5) = 4$，这意味着如果 a_5 推迟 2 天完成也不会延误整个工程的进度。

由于完成整个工程所需的时间是由关键路径上的各个活动所需持续时间之和来确定，所以关键活动就是关键路径上的各个活动。明确了哪些活动是关键活动就可以设法提高关键活动的功效，以便缩短整个工期。

从以上的讨论可以看出：提前完成非关键活动不能加快工程的进度，而提前完成关键活动则有可能加快工程进度。只有提前了包含在所有的路径上的那些关键活动才一定能加快工程的进度。例如在图 11.22 中提前完成关键活动 a_4 则不能加快工程的进度，而提前完成活动 a_9 则一定能够加快工程的进度。

对一个由边 $<v_j, v_k>$ 表示的活动 a_i，确定它是否为关键活动就需要判断 $e(i)$ 是否等于 $l(i)$。为了求得 $e(i)$ 和 $l(i)$，我们要先求出 $v_e(j)$ 和 $v_l(j)$。

$v_e(j)$ 的计算可从源点开始利用以下的递推公式求得：

$$\begin{cases} v_e(1) = 0 \\ v_e(j) = \max\{v_e(i) + dur(<i, j>)\} & <v_i, v_j> \in E_1，2 \leqslant j \leqslant n \end{cases} \tag{11.1}$$

其中，E_1 是网络中以 v_j 为终点的入边集合，$dur(<i, j>)$ 是有向边 $<v_i, v_j>$ 上的权值。

$v_l(j)$ 的计算可从汇点开始，向源点逆推计算，其公式为

$$\begin{cases} v_l(n) = v_e(n) \\ v_l(j) = \min\{v_l(k) - dur(<j, k>)\} & <v_j, v_k> \in E_2，2 \leqslant j \leqslant n-1 \end{cases} \tag{11.2}$$

其中 E_2 是网络中以 v_j 为起点的出边集合。

按式(11.1)和式(11.2)，可计算出图 11.22 中的 AOE 网各个事件的最早发生时间和最迟发生时间：

$v_e(1) = 0$

$v_e(2) = \max\{v_e(1) + dur(<1, 2>)\} = \max\{0 + 3\} = 3$

$v_e(3) = \max\{v_e(1) + dur(<1, 3>)\} = \max\{0 + 2\} = 2$

$v_e(4) = \text{maw}\{v_e(2) + dur(<2, 4>), v_e(3) + dur(<3, 4>)\} = \max\{3 + 4, 2 + 3\} = 7$

$v_e(5) = \max\{v_e(4) + dur(<4, 5>), v_e(2) + dur(<2, 5>)\} = \max\{7 + 4, 3 + 8\} = 11$

$v_e(6) = \max\{v_e(3) + dur(<3, 6>), v_e(4) + dur(<4, 6>)\} = \max\{2 + 7, 7 + 2\} = 9$

$v_e(7) = \max\{v_e(5) + dur(<5, 7>), v_e(6) + dur(<6, 7>)\} = \max\{11 + 9, 9 + 6\} = 20$

$v_l(7) = v_e(7) = 20$

$v_l(6) = \min\{v_l(7) - dur(<6, 7>)\} = \min\{20 - 6\} = 14$

$v_l(5) = \min\{v_l(7) - dur(<5, 7>)\} = \min\{20 - 9\} = 11$

$v_l(4) = \min\{v_l(5) - dur(<4, 5>), v_l(6) - dur(<4, 6>)\} = \min\{11 - 4, 11 - 2\} = 7$

$v_l(3) = \min\{v_l(4) - dur(<3, 4>), v_l(6) - dur(<3, 6>)\} = \min\{7 - 3, 14 - 7\} = 4$

$v_l(2) = \min\{v_l(4) - dur(<2, 4>), v_l(5) - dur(<2, 5>)\} = \min\{7 - 4, 11 - 8\} = 3$

$v_l(1) = \min\{v_l(2) - dur(<1, 2>), v_l(3) - dur(<1, 3>)\} = \min\{3 - 3, 4 - 2\} = 0$

利用 $v_e(i) = e(i)$ 和 $l(i) = v_l(k) - dur(<j, k>)$ 对图 11.22 中各活动进行计算，结果如表 11.3 所示。

表 11.3　各活动的计算结果

活动 a_i	1	2	3	4	5	6	7	8	9	10
e[i]	0	0	3	3	2	2	7	7	11	9
l[i]	0	2	3	3	4	7	7	12	11	14
l[i]-e[i]	0	2	0	0	2	5	0	5	0	5

从表 11.3 中可以看出关键活动是 a_1，a_3，a_4，a_7，a_9，可用图 11.23 表示。

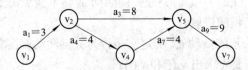

图 11.23　图 11.22 所示网络的关键路径

由于 $v_e(j)$ 是从源点按各顶点的拓扑排序顺序依次计算的，因此求关键活动算法主要由以下步骤组成：

(1) 对 AOE 网进行拓扑排序，同时按拓扑排序顺序求出各顶点事件的最早发生时间 v_e，若网中有回路，则算法终止，否则执行步骤(2)。

(2) 按拓扑序列的逆序求出各顶点事件的最迟发生时间 v_l。

(3) 根据 v_e 和 v_l 的值求出 a_i 的最早开始时间 $e(i)$ 和最迟开始时间 $l(i)$。若 $l(i) = e(i)$，则 a_i 为关键活动。

因为计算各顶点的 v_e 值是在拓扑排序的过程中进行的，所以可通过对拓扑排序算法进行一些修正来实现求关键路径的算法。具体的修正是：① 在拓扑排序前令 $v_e[i] = 0$ $(0 \leqslant i < n)$；② 设置一个顺序队列 tpord[n]来保存入度为 0 的顶点，将原算法中的有关栈操作改为相应的队列操作；③ 在删除 v_j 为起点的出边$<v_j, v_k>$时，若 $v_e[j]+dur(<j, k>)>v_e[k]$，则 $v_e[k] = v_e[j]+dur(<j, k>)$；④ 利用拓扑排序的逆序顺序，计算 $v_l[j]$的值；⑤ 利用 $e[i] = v_e[i]$ 和 $l[i] = v_l[k] - dur(<j, k>)$计算活动 a_i 的有关信息和判断关键活动。具体算法如下：

```
typedef    struct       node1
{  int       adjvex;                    /* 邻接点域 */
   int dur;                             /* 权值 */
   struct    node1  *next;              /* 链域 */
} edgenode1;                            /* 边表结点 */
typedef struct
{  vextype vertex;                      /* 顶点信息 */
   int id;                              /* 入度 */
   edgenode1    *link;                  /* 边表头指针 */
} vexnode1;                             /* 顶点表结点 */
vexnode1  dig1[n];                      /* 全程量邻接表 */
CRITICALPATH (vexnode1   dig1[ ])       /* dig 是 AOE 网的带权邻接表 */
{  int       i, j, k, m;
   int front =-1, rear=-1;             /* 顺序队列的首尾指针置初值-1 */
   int tpord[n], vl[n], ve[n];
   int     l[maxsize], e[maxsize];
   edgenode1  *p;
   for(i=0; i<n; i++)
      ve[i]=0;                          /* 各事件的最早发生时间均置 0 */
   for(i=0; i<n; i++)                   /* 扫描顶点表，将入度为 0 的顶点入队 */
      if (  dig[i].id= =0)
          tpord[++rear]=i;
   m=0;                                 /* 计数单元置 0 */
   while( front!=rear )                 /* 队非空 */
   {  front++;
      j=tpord[front];                   /* v(j+1) 出队，即删去 v(j+1) */
      m++;                              /* 对出队的顶点个数计数 */
      p=dig1[j].link                    /* p 指向 v(j+1) 为起点的出边表中结点的下标 */
      while(p)                          /* 删去所有以 v(j+1) 为起点的出边 */
      {  k=p->adjvex-1;                 /* k 是边 <v(j+1), v(k+1)>终点 v(k+1) 的下标 */
         dig1[k].id--;                        /* v(k+1) 入度减 1 */
         if(ve[j]+p->dur>ve[k])
         ve[k]=ve[j]+p->dur;            /* 修改 ve[k] */
```

```
            if(dig1[k].id= =0)
            tpord[++rear]=k;                  /*  新的入度为 0 的顶点 v_{k+1} 入队  */
            p=p—>next;                        /*  找 v_{j+1} 的下一条边  */
            }
        }
    if(m<n)                                   /*  网中有回路，终止算法  */
    {   printf(" The AOE network has a cycle\n ");
        return(0);
    }
    for(i=0; i<n; i++)                        /*  为各事件 v_{i+1} 的最迟发生时间 v_l[i] 置初值  */
    v_l[i]=v_e[n-1];
    for(i=n-2; i>=0; i--)                     /*  按拓扑序列的逆序取顶点  */
    {   j=tpord[i];
        p=dig1[j].link;                       /*  取 v_{j+1} 的出边表上第一个结点  */
        while(p)
        {  k=p—>adjvex;                       /*  k 为<v_{j+1}，v_{k+1}>的终点 v_{k+1} 的下标  */
           if( (v_l[k-1]-p—>dur)<v_e[j] )
           v_l[j]=v_l[k-1]—p—>dur;            /*  修改 v_l[j]  */
           p=p—>next;                         /*  找 v_{j+1} 的下一条边  */
           }
        }
    i=0;                                      /*  边计数器置初值  */
    for(j=0; j<n; j++)                        /*  扫描顶点表，依次取顶点 v_{j+1} */
    {   p=dig1[j].link;
        while(p) /*扫描顶点 v_{j+1} 的出边表，计算<v_{j+1}，v_{k+1}>所代表的活动 a_{i+1} 的 e[i]和l[i]*/
        {  k=p—>adjvex;
           e[++i]=v_e[j];
           l[i]=v_l[k-1]—p—>dur;
           printf(" %d\t%d\t\t%d\t%d\t%d\t ", dig1[j].vertex, dig1[k].vertex, e[i], l[i], l[i]—e[i]);
           if(l[i]= =e[i])                    /*  关键活动  */
               printf(" CRITICAL ACTIVITY ");
           printf("\n");
           p=p—>next;
           }
        }
    }                                          /* CRITICALPATH  */
```

   由于关键活动组成的路径就是关键路径，所以以上算法也就是求关键路径的算法。

上述算法中的初始化时间复杂度为 O(n)，而后三个循环时间复杂度均为 O(e)，所以总的时间复杂度为 O(n+e)。

习　　题

1. 设有向图为 G=(V，E)，其中 V={v_1，v_2，v_3，v_4}，E={<v_2，v_1>，<v_3，v_2>，<v_4，v_3>，<v_4，v_2>，<v_1，v_4>}。请画出该有向图。

2. 对于 n 个顶点的无向图 G，采用邻接矩阵表示，如何判别下列有关问题：

(1) 图中有多少条边?

(2) 任意两个顶点 v_i 和 v_j 是否有边相连?

(3) 任一顶点的度是多少?

3. 给定有向图如图 11.24 所示，试求：

(1) 每个顶点的入度与出度;

(2) 相应的邻接矩阵与邻接表;

(3) 强连通分量。

4. 无向图如图 11.25 所示，画出它的邻接表，写出用深度优先搜索和广度优先搜索算法遍历该图时，从顶点 v_1 出发所经过的顶点和边序列。

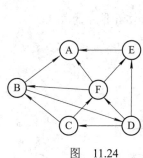

图　11.24

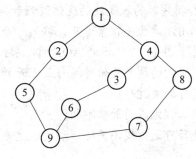

图　11.25

5. 利用图的深度优先搜索和广度优先搜索各写一个算法，判别以邻接表方式表示的有向图中是否存在由顶点 v_i 到顶点 v_j 的路径(i≠j)。

6. 判断一个图 G 中是否有回路都有哪些方法?

7. 设有数据逻辑结构为：

G = (V，E)，　V = {v_1，v_2…，v_9}

E = {<v_1，v_3>，<v_1，v_8>，<v_2，v_3>，<v_2，v_4>，<v_2，v_5>，<v_3，v_9>，<v_5，v_6>，<v_8，v_9>，<v_9，v_7>，<v_4，v_7>，<v_4，v_6>}

(1) 画出这个逻辑结构的图示。

(2) 相对于关系 E，指出所有的开始顶点和终端顶点。

(3) 分别对关系 E 中的开始结点，举出一个拓扑序列的例子。

(4) 分别画出该逻辑结构的邻接链表和逆邻接链表。

(5) 对于(4)画出的邻接链表，请画出该图的深度优先生成树和广度优先生成树。

8. 对于图 11.26 所示的连通网络，请分别用 Prim 算法和 Kruskal 算法构造该网络的最小生成树。

9. 已知一个以邻接表方式存储的网络及网络中两个顶点。试设计一个算法：

(1) 求出这两个顶点之间的路径数目；

(2) 求出这两个顶点之间的某个已知长度的路径数目。

10. 对于图 11.27 所示的有向图，试利用 Dijkstra 算法求从顶点 v_1 到其他各顶点的最短路径，并写出执行算法过程中每次循环的状态。

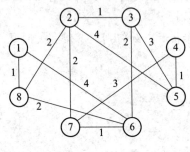
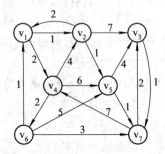

图　11.26　　　　　　　　　　　　　　图　11.27

11. 对于图 11.27 所示的有向图，试利用 Floyd 算法求出各对顶点之间的最短路径，并写出执行过程中路径长度矩阵和路径矩阵的变化过程(弧的权值自行给出)。

12. 对于图 11.28 所示的 AOV 网，列出全部可能的拓扑序列，并给出使用 TOPOSORTB 算法求拓扑排序时的入度域的变化过程和得到的拓扑序列。

13. 利用深度优先搜索遍历，编写一个对 AOV 网进行拓扑排序的算法。

14. 对于图 11.29 所示的 AOE 网，求出：

(1) 各活动的最早开始时间与最迟开始时间；

(2) 所有的关键路径；

(3) 该工程完成的最短时间；

(4) 是否可通过提高某些活动的速度来加快工程的进度？

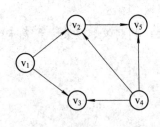
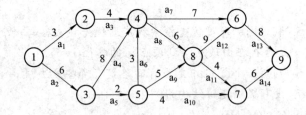

图　11.28　　　　　　　　　　　　　　图　11.29

15. 给定 n 个村庄之间的交通图，若村庄 i 和村庄 j 之间有道路，则将顶点 i 和顶点 j 用边连接，边上的权 w_{ij} 表示这条道路的长度。现要从这 n 个村庄选择一个村庄建一所医院，问这所医院应建在哪个村庄，才能使离医院最远的村庄到医院的距离最近？试设计一个算法解决此问题,并应用该算法解答图 11.30 所示实例。

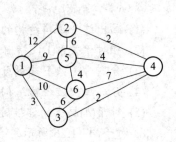

图　11.30

第12章 排　序

本章介绍的排序(Sorting)和第 13 章介绍的查找(Searching)是两种非常实用的数据处理技巧。例如，在电话号码簿上寻找某人的电话号码，由于电话簿中的姓名是以姓氏笔画次序或字母次序排列的，因此查找起来相当容易。假如姓名没有经过排序，此时查找某人的电话号码简直是大海捞针。

既然排序是数据处理中的重要运算，那么如何进行高效率的排序，就是程序设计中所要研究的重要课题之一。本章着重介绍有关内部排序的一些常用方法，并对它们进行分析比较。

12.1　排序的基本概念

所谓排序，就是整理文件中的记录，将它们按照关键字的递增或递减的顺序排列起来。假定文件含有 n 个记录 $\{R_1, R_2, \cdots, R_n\}$，它们的关键字分别是 $k_1, k_2, \cdots, k_n$，我们将这 n 个记录重排为 $R_{i1}, R_{i2}, \cdots, R_{in}$，使得 $k_{i1} \leqslant k_{i2} \leqslant \cdots \leqslant k_{in}$(或 $k_{i1} \geqslant k_{i2} \geqslant \cdots \geqslant k_{in}$)，这就是排序。

存于文件中的记录，可能含有相同的关键字。对于两个关键字 $k_i = k_j$ 的记录 R_i 和 R_j，如果在原始文件中，R_i 排在 R_j 之前，而排序后的文件中 R_i 仍然排在 R_j 之前，就称此排序是稳定的；反之，如果排序后变成 R_i 排在 R_j 之后，就称此排序是不稳定的。

排序的方法很多，可按不同的原则进行分类。根据排序文件所处的位置不同，排序分为内部排序和外部排序。内部排序是指整个排序过程都在内存中进行的排序；外部排序是指当排序的文件很大，以致内存不足以存放全部记录，在排序过程中，除使用内存外，还要借助于对外存的访问。内部排序适用于记录个数不多的小文件，外部排序则适用于记录个数太多，不能一次将其全部放入内存的大文件。按所用策略不同，内部排序又可分为插入排序、选择排序、交换排序、归并排序及基数排序等几大类。

每一种内部排序均可在不同的存储结构上实现。通常，文件可有下列三种存储结构：

(1) 以一维数组作为存储结构，排序过程是对记录本身进行物理重排，即通过比较和判定，把记录移到合适的位置。

(2) 以链表作为存储结构，排序过程中无须移动记录，仅需修改指针即可，通常把这类排序称为表排序。

(3) 有的排序难以在链表上实现，此时，若仍需要避免排序过程移动记录，可以为文件建立一个辅助表(如索引表)，这样，排序过程中只需对这个辅助表进行物理重排，而不移动记录本身。

要在繁多的排序算法中简单地评价哪种最好以便能普遍选用是很困难的。判断排序算法好坏的标准主要有两条：一是执行算法所需要的时间，二是执行算法所需要的附加空间。另外算法本身的复杂程度也是要考虑的一个因素。由于排序是经常使用的一种运算，其所需的附加空间一般都不大，所以排序的时间代价是衡量算法好坏最重要的标志。排序的时间代价主要是指执行算法时关键字的比较次数和记录的移动次数，因此，在下面讨论各种排序算法时，我们将给出各算法的比较次数和移动次数。

在本章中，假设数组作为文件的存储结构，关键字为整数，文件类型说明如下：

```
typedef struct                    /* 定义记录为结构类型 */
{ int key;                        /* 关键字域 */
    datatype other;               /* 记录的其他域 */
} rectype;
rectype R[n];                     /* R 为记录类型的数组 */
```

其中：n 为文件的记录总数。

12.2 插 入 排 序

插入排序(Insertion Sort)，顾名思义就是将待排序的一组记录分为两个区：有序区和无序区，每次将无序区中的第一个记录按其关键字的大小插入到有序区中的适当位置，直到无序区中的全部记录都插完为止。本节介绍直接插入排序和希尔排序。

12.2.1 直接插入排序

直接插入排序是一种最简单的排序方法。具体做法是在插入第 i 个记录时，R_1，R_2，…，R_{i-1} 已排好序，这时将关键字 k_i 依次与关键字 k_{i-1}，k_{i-2}，…，k_1 进行比较，从而找到应该插入的位置，然后将 k_i 插入。假设 R[1]～R[n] 为待排序的记录区，下面给出算法描述：

```
INSERTSORT(R)                     /* 对数组 R 按递增序进行插入排序 */
rectype R[ ];                     /* R[0]是监视哨 */
{ int i, j;
    for (i=2; i<=n; i++)          /* 依次插入 R[2], R[3], …, R[n] */
    {   R[0]=R[i];
        j=i-1;
        while (R[0].key<R[j].key)  /* 查找 R[i]的插入位置 */
        R[j+1]=R[j]; j--;         /* 将关键字大于 R[i].key 的记录后移 */
        R[j+1]=R[0];              /* 插入 R[i] */
    }
}                                 /* INSERTSORT */
```

上述算法采用的是查找比较操作和记录移动操作交替进行的方法。具体做法是将待插入记录 R[i]的关键字依次与有序区中记录 R[j](j = i - 1, i - 2, …, 1)的关键字进行比较，若 R[j]的关键字大于 R[i]的关键字，则将 R[j]后移一个位置；若 R[j]的关键字小于或等于 R[i]的关键字，则查找过程结束，j+1 即为 R[i]的插入位置。因为关键字比 R[i]大的记录均已后移，故只要将 R[i]插入该位置即可。

算法中还引进了一个附加记录 R[0]，其作用有两个：① 进入查找循环之前，它保存了 R[i]的副本，使得不会因记录的后移而丢失 R[i]中的内容；② 在 while 循环中"监视"下标变量 j 是否越界，以避免循环内每次都要检测 j 是否越界。因此，我们将 R[0]称为"监视哨"，这使得测试循环条件的时间大约减少一半。希望读者能掌握这种技巧。

根据上述算法，我们用一例子来说明直接插入排序的过程。设待排序的文件有八个记录，其关键字分别为 47，33，61，82，72，11，25，47'，直接插入排序过程如图 12.1 所示。

```
初始关键字    [47] 33  61  82  72  11  25  47'

i=2  (33)    [33  47]  61  82  72  11  25  47'

i=3  (61)    [33  47  61]  82  72  11  25  47'

i=4  (82)    [33  47  61  82]  72  11  25  47'

i=5  (72)    [33  47  61  72  82]  11  25  47'

i=6  (11)    [11  33  47  61  72  82]  25  47'

i=7  (25)    [11  25  33  47  61  72  82]  47'

i=8  (47')   [11  25  33  47  47'  61  72  82]
```

图 12.1 直接插入排序示例

直接插入排序的算法分析如下：

整个排序过程只有两种运算，即比较关键字和移动记录。算法中的外循环表示要进行 n−1 趟插入排序，内循环则表明每一趟排序所需进行的关键字的比较和记录的后移。在文件正序(即关键字递增有序)时，每趟排序的关键字比较次数为 1，记录移动次数是 2 次，即总的比较次数 $C_{min}=n-1$，总的移动次数 $M_{min}=2(n-1)$。当文件逆序时，关键字的比较次数和记录移动次数均取最大值。对于要插入的第 i 个记录，均要与前 i−1 个记录及"监视哨"的关键字进行比较，即每趟要进行 i 次比较，从移动记录的次数来说，每趟排序中除了上面提到的两次移动外，还需将关键字大于 R[i]的记录后移一个位置。因此，总的比较次数和记录的移动次数分别为

$$C_{max} = \sum_{i=2}^{n} i = \frac{(2+n)(n-1)}{2} = O(n^2)$$

$$M_{max} = \sum_{i=2}^{n} (i-1+2) = \frac{(4+n)(n-1)}{2} = O(n^2)$$

由上述分析可知，当记录关键字的分布情况不同时，算法在执行过程中的时间消耗是有差异的。若在随机情况下，即关键字可能出现的各种排列的概率相同，则可取上述两种情况的平均值作为比较和记录移动的平均次数，约为 $n^2/4$。由此，直接插入排序的时间复杂

度为 $O(n^2)$，空间复杂度为 $O(1)$。

直接插入排序是稳定的排序方法。

12.2.2 希尔排序

希尔排序(Shell's method)又称为"缩小增量排序"(Diminishing Increment Sort)。其基本思想：先取一个小于 n 的整数 d_1 并作为第一个增量，将文件的全部记录分成 d_1 个组，所有距离为 d_1 倍数的记录放在同一个组中，在各组内进行直接插入排序；然后取第二个增量 $d_2<d_1$，重复上述的分组和排序，直至所取的增量 $d_t=1(d_t<d_{t-1}<\cdots<d_2<d_1)$ 为止，此时，所有的记录放在同一组中进行直接插入排序。

我们先从一个具体例子来看排序过程。设待排序文件共有 10 个记录，其关键字分别为 47，33，61，82，71，11，25，47′，57，02，增量序列取值依次为 5，3，1。排序过程如图 12.2 所示。

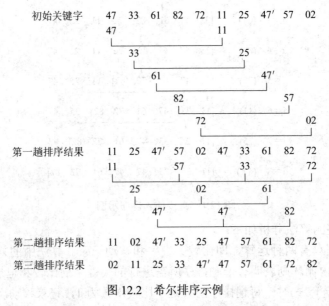

图 12.2　希尔排序示例

若不设置"监视哨"，根据上例的分析不难写出希尔排序算法，请读者自行完成。下面我们先分析如何设置监视哨，然后给出具体算法。设某一趟希尔排序的增量为 h，则整个文件被分成 h 组：$(R_1, R_{h+1}, R_{2h+1}, \cdots), (R_2, R_{h+2}, R_{2h+2}, \cdots), \cdots, (R_h, R_{2h}, R_{3h}, \cdots)$，因为各组中记录之间的距离均是 h，故第 1 组至第 h 组的哨兵位置依次为 $1-h, 2-h, \cdots$，0。如果像直接插入排序算法那样，将待插入记录 $R_i(h+1\leqslant i\leqslant n)$ 在查找插入位置之前保存到监视哨中，那么必须先计算 R_i 属于哪一组，才能决定使用哪个监视哨来保存 R_i。为了避免这种计算，我们可以将 R_i 保存到另一个辅助记录 x 中，而将所有监视哨 $R_{1-h}, R_{2-h}, \cdots$，R_0 的关键字设置为小于文件中任何关键字即可。因为增量是变化的，所以各趟排序中所需的监视哨数目也不同，但是我们可以按最大增量 d 来设置监视哨。具体算法描述如下：

```
rectype R[n+d];                          /* R[0]～R[d-1]为 d 个监视哨 */
int d[t];                                /* d[0]～d[t-1]为增量序列 */
SHELLSORT(rectype R[ ], int d[ ])
```

```
{ int i, j, k, h;
  rectype temp;
  int maxint=32767;                          /* 机器中的最大整数 */
  for (i=0; i<d[0]; i++)
  R[i].key= −maxint;                          /* 设置哨兵 */
  k=0 ;
  do {
      h=d[k];                                 /* 取本趟增量 */
      for (i=h+d−1; i<n+d; i++)               /* R[h+d]～R[n + d−1]插入当前有序区 */
      { temp=R[i];                            /* 保存待插入记录 */
        j=i−h;
        while (temp.key<R[j].key)             /* 查找正确的插入位置 */
        { R[j+h]=R[j];                        /* 后移记录 */
          j=j−h;                              /* 得到前一记录位置 */
        }
        R[j+h]=temp;                          /* 插入 R[i] */
      }                                       /* 本趟排序完成 */
      k++;
  } while (h!=1);                             /* 增量为 1 排序后终止算法 */
}                                             /* SHELLSORT */
```

由上述排序过程可见，希尔排序实质上还是一种插入排序，其主要特点是：每一趟以不同的增量进行排序。例如第一趟增量为 5，第二趟增量为 3，第三趟增量为 1。在前两趟的插入排序中，记录的关键字是和同一组中的前一个关键字进行比较，由于此时增量取值较大，所以关键字较小的记录在排序过程中就不是一步一步地向前移动，而是跳跃式地移动。另外，由于开始时增量的取值较大，每组中记录较少，故排序比较快，随着增量值的逐步变小，每组中的记录逐渐变多，但由于此时记录已基本有序了，因此在进行最后一趟增量为 1 的插入排序时，只需做少量的比较和移动便可完成排序，从而提高了排序速度。

如何选择增量序列才能产生最好的排序效果，这个问题至今没有得到解决。希尔本人最初提出取 $d_1=\lfloor n/2 \rfloor$，$d_{i+1}=\lfloor d_i/2 \rfloor$，$d_t=1$，$t=\lfloor lbn \rfloor$。后来又有人提出其他选择增量序列的方法，如 $d_{i+1}=\lfloor (d_i−1)/3 \rfloor$，$d_t=1$，$t=\lfloor \log_3 n − 1 \rfloor$ 以及 $d_{i+1}=\lfloor (d_i−1)/2 \rfloor$，$d_t=1$，$t=\lfloor lbn − 1 \rfloor$。读者可参考 knuth 所著的《计算机程序设计技巧》第三卷，那里给出希尔排序的平均比较次数和平均移动次数都是 $n^{1.3}$ 左右。

一般说来，希尔排序的速度比直接插入排序快，但它是不稳定的排序方法。

12.3　选择排序

选择排序(Select Sort)的基本思想是，每一趟在待排序的记录中选出关键字最小的记录，依次放在已排序的记录序列的最后，直至全部记录排完为止。直接选择排序和堆排序都属于此类排序。本节主要介绍直接选择排序。

　　直接选择排序的基本思想：第一趟排序是在无序区 R[0]～R[n–1]中选出最小的记录，将它与 R[0]交换；第二趟排序是在无序区 R[1]～R[n – 1]中选关键字最小的记录，将它与 R[1]交换；而第 i 趟排序时，R[0]～R[i – 2]已在有序区，在当前的无序区 R[i – 1]～R[n – 1]中选出关键字最小的记录 R[k]，将它与无序区中第 1 个记录 R[i – 1]交换，使 R[1]～R[i – 1]变为新的有序区。因为每趟排序都使有序区中增加了一个记录，且有序区中的记录关键字均不大于无序区中记录的关键字，所以，进行 n – 1 趟排序后，整个文件就是递增有序的。其排序过程如图 12.3 所示。

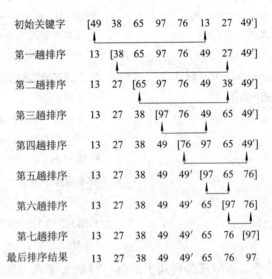

图 12.3　直接选择排序示例

　　直接选择排序的算法如下：

```
SELECTSORT(rectype R[ ])              /*对 R[0]～R[n – 1]进行直接选择排序 */
{  int i, j, k;
   rectype temp;
   for (i=0; i<n–1; i++)              /* 进行 n – 1 趟选择排序 */
   {  k=i;
      for (j=i+1; j<n; j++)           /* 在当前无序区选关键字最小的记录 R[k] */
      if (R[j].key<R[k].key)    k=j;
      if (k!=i)                       /* 交换 R[i]和 R[k] */
      {    temp=R[i];
           R[i]=R[k];
           R[k]=temp;
      }
   }
}                                     /* SELECTSORT */
```

从上述算法可见，采用直接选择排序，其比较次数与关键字的初始状态无关，第一趟找出最小关键字需要进行 n–1 次比较，第二趟找出次小关键字需要进行 n–2 次比较……。因此，总的比较次数为

$$\sum_{i=1}^{n-1}(n-i) = \sum_{i=2}^{n-1}(i-1) = \frac{n(n-1)}{2} = O(n^2)$$

另外，由于每趟选择后要进行两个记录的交换，而每次交换要进行三次记录的移动，因此，对 n 个记录进行直接选择排序时，记录移动次数的最大值为 3(n-1)，最小值为 0。综上所述，直接选择排序的时间复杂度为 $O(n^2)$。这种排序方法是不稳定的。

12.4 交 换 排 序

交换排序的基本思想：两两比较待排序的记录的关键字，发现两个记录逆序时即进行交换，直至没有逆序的记录为止。本节介绍两种交换排序：起泡排序和快速排序。

12.4.1 起泡排序

起泡排序(Bubble method)也是一种简单的排序方法。它的基本思想是，通过对相邻关键字的比较和交换，使全部记录排列有序。

起泡排序的过程是这样的：将关键字纵向排列，然后自下而上地对每两个相邻的关键字进行比较，若为逆序(即 $k_{j-1} > k_j$)，则将两个记录交换位置，反复进行这样的操作，直至全部记录都比较、交换为止。如此一趟排序后，关键字最小的记录排在第一个记录的位置上。接着对后 n − 1 个记录重复同样操作，再将次小关键字记录排在第二个记录的位置上。重复上述过程，直至没有记录需要交换为止。至此，整个文件的记录按关键字由小到大的顺序排列完毕。由于在排序过程中，关键字小的记录像气泡一样逐趟向上飘，而大的记录则逐渐下沉，故该排序形象地称为"起泡排序"。起泡排序的过程如图 12.4 所示。

初始关键字	第一趟扫描	第二趟扫描	第三趟扫描	第四趟扫描	第五趟扫描	第六趟扫描	第七趟扫描
47	11	11	11	11	11	11	11
33	47	25	25	25	25	25	25
61	33	47	33	33	33	33	33
82	61	33	47	47	47	47	47
72	82	61	47′	47′	47′	47′	47′
11	72	82	61	61	61	61	61
25	25	72	82	72	72	72	72
47′	47′	47′	72	82	82	82	82

图 12.4 起泡排序示例

从上述排序过程中可看到：对任一组记录进行起泡排序时，至多要进行 n − 1 趟排序。但是，若在某一趟排序中没有记录需要交换，则说明待排序记录已按关键字有序排列，因此，起泡排序过程便可在此趟排序后终止。例如在图 12.4 中，第四趟排序过程中已没有记

录需要交换，说明此时整个文件已达到有序状态。为此，在下面给出的算法中，我们引入一个布尔量 noswap，在每趟排序之前，先将它置为 TRUE。在一趟排序结束时，我们再检查 noswap，若未曾交换过记录便终止算法。

具体算法如下：

```
BUBBLESORT(rectype R[ ])            /* 从下往上扫描的起泡排序 */
{ int i, j, nowsap;
  rectype temp;
  for (i=0; i<n−1; i++);            /* 进行 n−1 趟排序 */
  { noswap=TRUE;                    /* 置未交换标志 */
    for (j=n−1; j>=i; j—)          /* 从下往上扫描 */
    I f (R[j−1].key>R[j].key)       /* 交换记录 */
    { temp=R[j−1];
      R[j−1]=R[j];
      R[j]=temp;
      noswap=FALSE;
    }
    if (noswap) break;              /* 本趟排序中未发生交换，则终止算法 */
  }
}                                   /* BUBBLESORT */
```

由上述算法容易看出：若文件按关键字递增有序(或称正序)，则只需进行一趟排序，比较次数为 n−1，记录移动次数为 0，即比较次数和记录移动次数均为最小值；若文件按关键字递减有序(或称逆序)，则需进行 n−1 趟排序，比较次数和记录移动次数均为最大值，分别为

$$C_{max}=\sum_{i=1}^{n-1}(n-i)=\frac{n(n-1)}{2}=O(n^2)$$

$$M_{max}=\sum_{i=1}^{n-1}3(n-i)=\frac{3n(n-1)}{2}=O(n^2)$$

因此，起泡排序的时间复杂度为 $O(n^2)$。

上述起泡排序还可做如下改进：

(1) 在每趟扫描中，记住最后一次记录交换发生的位置 k，因为该位置之前的记录都已排序，所以下一趟排序可终止于位置 k，而不必进行到预定的下界 i。

(2) 上面提到若文件初始关键字为正序时只需进行一趟扫描，初始关键字为逆序时则需进行 n−1 趟扫描。实际上，如果只有最轻的气泡位于文件最末的位置，其余的记录均已排好序，那么也只需一趟扫描就可以完成排序。例如对于初始关键字序列 6，9，12，14，19，22，35，2，就仅需一趟扫描。而当只有最重的气泡位于文件首记录的位置，其余的记录均已排好序时，仍需 n−1 趟扫描才能完成排序。例如对于初始关键字 35，2，6，9，12，14，19，22 就需七趟扫描。造成这种不对称性的原因是，每趟扫描仅能使最重的气泡"下沉"

一个位置，因此使最重的气泡"下沉"到底部时，需进行 n – 1 趟扫描。如果我们改变扫描方向，使每趟排序均从上到下进行扫描，则情况正好相反，即每趟从上到下的扫描，都能使当前无序区中最重的气泡"沉到"该区的底部，而最轻气泡均能"上浮"一个位置。因此，对于序列 6，9，12，14，19，22，35，2 就必须从上到下扫描七趟才能完成排序，而对序列 35，2，6，9，12，14，19，22 只需从上到下扫描一趟就可完成排序。为了改变上述两种情况下的不对称性，我们可在排序过程中交替改变扫描方向，具体算法请读者自行完成。

12.4.2 快速排序

在起泡排序中，比较和交换是在相邻两元素之间进行的，每次交换只能前移或后移一个位置，这样总的比较和移动次数就会很多。快速排序是起泡排序的一种改进。此时，比较和交换是从两端向中间进行，关键字较大的元素一次就能交换到后面的位置上，而关键字较小的元素也能一次就交换到前面位置，即元素移动的距离较大。因此，总的比较和移动的次数就减少了。

快速排序(Quick Sort)的基本思想就是，通过一趟排序将原有记录分成两部分，然后分别对这两部分进行排序以达到所有记录有序。具体来说就是在当前无序区 R[1]~R[h]中任取一个记录作为比较的"基准"(不妨记为 temp)，用此基准将当前无序区划分为左右两个较小的无序子区：R[1]~R[i – 1]和 R[i + 1]~R[h]，且左边的无序子区中记录的关键字均小于或等于基准 temp 的关键字，右边的无序子区中记录的关键字均大于或等于基准 temp 的关键字，而基准则位于最终排序的位置上，即

$$R[1] \sim R[i-1].key \leqslant temp.key \leqslant R[i+1] \sim R[h].key \ (1 \leqslant i \leqslant h)$$

当 R[1]~R[i – 1]和 R[i + 1]~R[h]均非空时，分别对它们进行上述的排序过程，直至所有无序子区中记录均已排好序为止。

要完成对当前无序区 R[1]~R[h]的划分，具体做法如下：设置两个指针 i 和 j，它们的初值分别为 i = 1 和 j = h；设基准为无序区中的第一个记录 R[i](即 R[1])，并将它保存在变量 temp 中；令 j 自 h 起向左扫描，直到找到第一个关键字小于 temp.key 的记录 R[j]，将 R[j]移至 i 所指的位置上(这相当于交换了 R[j]和基准 R[i] (即 temp)的位置，使关键字小于基准关键字的记录移到了基准的左边)；然后，令 i 自 i + 1 起向右扫描，直至找到第一个关键字大于 temp.key 的记录 R[i]，将 R[i]移至 j 指的位置上(这相当于交换了 R[i]和基准 R[j](即 temp)的位置，使关键字大于基准关键字的记录移到了基准的右边)；接着，令 j 自 j – 1 起向左扫描，如此交替改变扫描方向，从两端各自往中间靠拢，直至 i = j 时，i 便是基准 x 的最终位置，此时将位置索引值 i 对应的元素赋值为基准 x 就完成了一次划分。

综上所述，下面给出一次划分及其排序的算法。

```
    int PARTITION(rectype R[ ], int l, int h)     /* 返回划分后被定位的基准记录的位置 */
    /* 对无序区 R[l]~R[h]做划分 */
    { int i, j;
      rectype temp;
      i=l; j=h; temp=R[i];                         /* 初始化，temp 为基准 */
      do {
```

```
        while ((R[j].key>=temp.key) && (i<j))
            j--;                            /* 从右向左扫描，查找第一个关键字小于 temp.key 的记录 */
        if (i<j) R[i++]=R[j];               /* 交换 R[i]和 R[j] */
        while ((R[i].key<=temp.key) && (i<j))
            i++;                            /* 从左向右扫描，查找第一个关键字大于 temp.key 的记录 */
        if (i<j) R[j--]=R[i];               /* 交换 R[i]和 R[j] */
        } while (i!=j);
    R[i]=temp;                              /* 基准 temp 已被最后定位 */
    return i;
    }                                       /* PARTITION */


    QUICKSORT(rectype R[ ], int s1, int t1);    /* 对 R[s1]~R[t1]做快速排序 */
    {
    int i;
    if (s1<t1)                              /* 只有一个记录或无记录时无须排序 */
    { i=PARTITION(R, s1, t1);               /* 对 R[s1]~R[t1]做划分 */
        QUICKSORT(R, s1, i-1);              /* 递归处理左区间 */
        QUICKSORT(R, i+1, t1);             /* 递归处理右区间 */
    }
    }                                       /* QUICKSORT */
```

注意：对整个文件 R[0]~R[n-1]排序，只需调用 QUICKSORT(R，0，n-1)即可。

图 12.5 展示了一次划分的过程及整个快速排序的过程。

一般来说，快速排序有非常好的时间复杂度，它优于各种排序算法。可以证明，对 n 个记录进行快速排序的平均时间复杂度为 O(nlbn)。但是，当待排序文件的记录已按关键字有序或基本有序时，快速排序的情况反而恶化了，原因是在第一趟快速排序中，经过 n - 1 次比较之后，将第一个记录仍定位在它原来的位置上，并得到一个包括 n - 1 个记录的子文件；第二次递归调用，经过 n - 2 次比较，将第二个记录仍定位在它原来的位置上，从而得到一个包括 n - 2 个记录的子文件；依次类推，最后，得到总比较次数为

$$C_{max}=\sum_{i=1}^{n-1}(n-i)=\frac{1}{2}n(n-1)\approx\frac{1}{2}n^2$$

这使快速排序蜕变为起泡排序，其时间复杂度为 O(n²)。在这种情况下，我们通常采用"三者取中"的规则加以改进，即在进行一趟快速排序之前，对 R[l].key、R[h].key 和 R[⌊(l + h)/2⌋].key 进行比较，再将三者取中值的记录和 R[l]交换，就可以改善快速排序在最坏情况下的性能。

在最好情况下，每次划分所取的基准都是无序区的"中值"记录，划分的结果是基准的左、右两个无序子区的长度大致相等。设 C(n)表示对长度为 n 的文件进行快速排序所需的比较次数，显然它应该等于对长度为 n 的无序区进行划分所需的比较次数 n - 1，加上递归调用对划分所得的左、右两个无序子区(长度≤n/2)进行快速排序所需的比较次数，假设

初始关键字　　　　　　　　[(49)　38　65　97　76　13　27　49′]
　　　　　　　　　　　　　 i↑　　　　　　　　　　　　 ↑j

j向左扫描　　　　　　　　 [(49)　38　65　97　76　13　27　49′]
　　　　　　　　　　　　　 i↑　　　　　　　　 ↑j

第一次交换后　　　　　　　[27　38　65　97　76　13　(49)　49′]
　　　　　　　　　　　　　 　i↑　　　　　　　 ↑j

i向右扫描　　　　　　　　 [27　38　65　97　76　13　(49)　49′]
　　　　　　　　　　　　　 　　i↑　　　　　 ↑j

第二次交换后　　　　　　　[27　38　(49)　97　76　13　65　49′]
　　　　　　　　　　　　　 　　i↑　　　　 ↑j

j向左扫描，位置不变，第三次交换后　[27　38　13　97　76　(49)　65　49′]
　　　　　　　　　　　　　 　　　i↑　　 ↑j

i向右扫描，位置不变，第四次交换后　[27　38　13　(49)　76　97　65　49′]
　　　　　　　　　　　　　 　　　i↑ ↑j

j向左扫描　　　　　　　　 [27　38　13　(49)　76　97　65　49′]
　　　　　　　　　　　　　 　　　 i↑↑j

(a) 一次划分过程

初始关键字　　　　　　　　[49　38　65　97　76　13　27　49′]

一趟排序之后　　　　　　　[27　38　13]　49　[76　97　65　49′]

二趟排序之后　　　　　　　[13]　27　[38]　49　[49′　65]　76　[97]

三趟排序之后　　　　　　　13　27　38　49　49′　65　76　97

(b) 各趟排序之后的状态

图 12.5　快速排序示例

文件长度 $n=2^k$，那么总的比较次数为

$$C(n) \leqslant n + 2C(n/2)$$
$$\leqslant n + 2[n/2 + 2C(n/2^2)] = 2n + 4C(n/2^2)$$
$$\leqslant 2n + 4[n/4 + 2C(n/2^3)] = 3n + 8C(n/2^3)$$
$$\leqslant \cdots\cdots$$
$$\leqslant kn + 2^k C(n/2^k) = n(\text{lb}n) + nC(1)$$
$$= O(n\text{lb}n)$$

式中的 C(1) 是一常数，k = lbn。

　　因为快速排序的记录移动次数不大于比较的次数，所以，快速排序的最坏情况下的时间复杂度应为 $O(n^2)$，最好情况下的时间复杂度为 O(nlbn)。可以证明：快速排序的平均时间复杂度也是 O(nlbn)，它是目前基于比较的内部排序方法中速度最快的，因而称为快速排序。

　　快速排序需要一个栈空间来实现递归。若每次划分均能将文件均匀分割为两部分，则栈的最大深度为⌊lbn⌋ + 1，所需栈空间为 O(lbn)。最坏情况下，递归深度为 n，所需栈空间为 O(n)。

快速排序是不稳定的，请读者自行检验。

12.5　归　并　排　序

归并排序(Merge Sort)是一种不同于前面介绍过的排序方法。"归并"的含义是将两个或两个以上的有序表合成一个新的有序表。假设初始表含有 n 个记录，则可看成 n 个有序的子表，每个子表的长度为 1，然后两两归并，得到⌈n/2⌉个长度为 2 或 1 的有序子表，再两两归并，如此重复，直至得到一个长度为 n 的有序子表为止，这种方法称为"二路归并排序"。

假设 R[low]～R[m]和 R[m + 1]～R[high]是存储在同一数组中且相邻的两个有序的子文件，要将它们合并为一个有序文件 R_1[low]～R_1[high]，只要设置三个指示器 i、j 和 k，其初值分别为这三个记录区的起始位置。合并时依次比较 R[i]和 R[j]的关键字，取关键字较小的记录复制到 R_1[k]中，然后，将指向被复制记录的指示器和指向复制位置的指示器 k 加 1，重复这一过程，直至全部记录被复制到 R_1[low]和 R_1[high]中为止。其算法如下：

```
MERGE(rectype R[], rectype R1[], int low, int mid, int high)
/*  R[low]～R[mid]与 R[mid+1]～R[high]是两个有序文件;
      结果为一个有序文件，在 R1[low]～R1[high]中  */
{ int i, j, k;
 i=low; j=mid+1; k=low;
 while ((i<=mid) && (j<=high)) {
   if (R[i].key<=R[j].key)              /*  取小者复制  */
     R1[k++]=R[i++];
   else
     R1[k++]=R[j++]; }
 while (i<=mid)   R1[k++]=R[i++];      /*  复制第一个文件的剩余记录  */
 while (j<=high)  R1[k++]=R[j++];      /*  复制第二个文件的剩余记录  */
 }                              /* MERGE */
```

例如，对于一组待排序的记录，其关键字分别为 47，33，61，82，72，11，25，47′，若对其进行两路归并排序，则先将这 8 个记录看成长度为 1 的 8 个有序子文件，然后逐步两两归并，直至最后全部关键字有序。具体归并排序过程如图 12.6 所示。

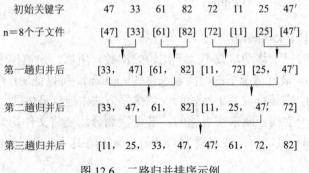

图 12.6　二路归并排序示例

在给出二路归并排序算法之前，必须先解决一趟归并问题。在一趟归并中，设各子文件长度为 length(最后一个子文件长度可能小于 length)，则归并前 R[0]～R[n – 1]中共有 ⌈n/length⌉个有序的子文件：R[0]～R[length – 1]，R[length]～R[2*length – 1]，…，R[(⌈n/length⌉– 1)*length]～R[n – 1]，调用归并操作将相邻的一对子文件进行归并时，必须对子文件的个数可能是奇数以及最后一个子文件的长度小于 length 这两种特殊情况进行特殊处理。具体算法如下：

```
MERGEPASS(rectype R[ ], rectype R1[ ], int length) /*对 R 做一趟归并，结果放在 R₁ 中；
                                          length 是本趟归并的有序子文件的长度 */
    { int i, j;
     i=0 ;                          /* I 指向第一对子文件的起始点 */
     while (i+2*length–1<n);        /* 归并长度为 length 的两个子文件 */
     { MERGE(R, R1, i, i+length–1, i+2*length–1);
        i=i+2*length;               /*i 指向下一对子文件的起始点 */
     }
     if (i+length–1)<n–1)           /* 剩下两个子文件，其中一个长度小于 length */
       MERGE(R, R1, i, i+length–1, n–1);
     else                           /* 子文件个数为奇数 */
       for (j=i; j<n; j++)    R1[j++]=R[j++];    /* 将最后一个文件复制到 R₁ 中 */
    }                               /* MERGEPASS */
```

二路归并排序就是调用"一趟归并"过程，将待排序文件进行若干趟归并，每趟归并后有序子文件的长度 length 扩大一倍。二路归并算法如下：

```
MERGESORT(rectype R[ ])            /* 对 R 进行二路归并排序 */
    { int length;
     length=1;
     while (length<n)
     { MERGEPASS(R, R1, length);    /* 一趟归并，结果在 R₁ 中 */
        length=2*length;
        MERGEPASS(R1, R, length);   /* 再次归并，结果在 R 中 */
        length=2 *length; }
    }                               /* MERGESORT */
```

在上述算法中，第二个调用语句 MERGEPASS 前并未判定 length≥n 是否成立，若成立，则排序已完成，但必须把结果从 R₁ 复制到 R 中。而当 length≥n 时，执行 MERGEPASS(R1, R，length)的结果正好是将 R₁ 中唯一的有序文件复制到 R 中。

显然，第 i 趟归并后，有序子文件长度为 2^i，因此，对于具有 n 个记录的文件排序，必须做⌈lbn⌉趟归并，每趟归并的时间复杂度是 O(n)，故二路归并排序算法的时间复杂度为 O(nlbn)。算法中辅助数组 R₁ 的空间复杂度是 O(n)。

二路归并排序是稳定的。

迄今为止，排序的方法远不止上述几种，例如还有堆排序、分配排序等。综合比较本章所讨论的各种排序方法，大致有如下结果，如表 12.1 所示。

表 12.1 各种排序方法的综合比较

排序方法	平均时间复杂度	最坏情况	辅助存储
简单排序	$O(n^2)$	$O(n^2)$	$O(1)$
快速排序	$O(n\,lbn)$	$O(n^2)$	$O(lbn)$
归并排序	$O(n\,lbn)$	$O(n\,lbn)$	$O(n)$

表中的"简单排序"包括除希尔排序之外的所有插入排序、起泡排序和直接选择排序，其中直接插入排序最为简单。

人们之所以热衷于研究多种排序方法，不仅是因为排序在计算机中处于重要地位，还因为不同的方法各有其优缺点，可根据需要应用于不同的场合。选取排序方法时考虑的因素：① 待排序的记录个数 n；② 记录本身的大小；③ 关键字的分布情况；④ 对排序稳定性的要求；⑤ 语言工具的条件，辅助空间的大小等。依据这些因素，可得出以下几点结论：

(1) 若待排序的一组记录数目 n 较小(如 n≤50)时，可采用直接插入排序和直接选择排序。由于直接插入排序所需的记录移动操作较直接选择排序多，因而当记录本身信息量较大时，用直接选择排序较好。

(2) 若 n 较大，则应采用时间复杂度为 $O(n\,lbn)$ 的排序方法：快速排序、堆排序或归并排序。快速排序被认为是目前内部排序中最好的方法，当待排序的关键字随机分布时，快速排序的平均运行时间最短。然而堆排序只需一个记录的辅助空间，且不会出现快速排序可能出现的最坏情况。然而这两种方法都是不稳定的排序方法。若要求排序稳定，可选用归并排序，但本章介绍的从单个记录起进行两两归并的排序算法并不值得提倡。归并排序通常可以和直接插入排序结合起来使用。先利用直接插入排序求得较长的有序子文件，然后再两两归并。因为直接插入排序是稳定的，所以改进后的归并排序仍是稳定的。

(3) 当待排序记录按关键字基本有序时，则宜选用直接插入排序或起泡排序。

(4) 本章所讨论的内部排序算法，都是在一维数组上实现的。当记录本身信息量较大时，为避免耗费大量时间移动记录，可以用链表作为存储结构。

习　　题

1. 对于给定的一组关键字：

503，087，512，061，908，170，889，276，675，453

写出直接插入排序、希尔排序(增量为 5，3，1)、起泡排序、直接选择排序和归并排序的各趟运行结果。

2. 表 12.1 所列的排序方法，哪些是稳定的？哪些是不稳定的？对不稳定的方法试举出反例。

3. 用先查找插入位置，后插入的方法，试在静态链表上实现直接插入排序。

提示：为插入方便起见，可引入一个表头结点。一开始将表头结点和第一个记录链成一个循环链表，然后，从第 2 个记录起按关键字有序依此插入此循环链表。表头结点的关键字可在排序前置上一个最小值作为监视哨。

4. 试编写一个双向起泡的排序算法，即在排序过程中交替改变扫描方向。

5. 在起泡排序中，有的关键字在某一次起泡中可能朝着与最终排序相反的方向移动，试举例说明。快速排序过程中有这种现象吗？

6. 不难看出，对 n 个元素组成的线性表进行快速排序时，所需进行的比较次数依赖于这 n 个元素的起始排列。

(1) n=7 时，在最好情况下需进行多少次比较？请说明理由。

(2) 对 n=7 给出一个最好情况的初始排列的实例。

7. 试写一个非递归的快速排序算法。

8. 对给定的 $j(0 \leq j < n)$，要求在无序记录 R[n] 中找到按关键字自小至大排在第 j 位上的记录。试利用快速排序的划分思想编写算法实现上述查找。

9. 试设计一个算法，使得在尽可能少的时间内重排数组，将所有取负值的关键字放在所有取非负值的关键字之前。

10. 以单链表为存储结构实现直接选择排序，试写出它的算法。

11. 二路归并的另一策略是先对排序序列扫描一遍，再找出并划分为若干个最大有序子序列，将这些子序列作为初始归并段。试写一算法在链表结构上实现这一策略。

12. 判断以下说法正误：

(1) 排序算法中的比较次数与初始关键字的排列无关。

(2) 排序的稳定性是指排序算法中的比较次数保持不变，且算法能够终止。

(3) 内排序要求数据一定要以顺序方式存储。

(4) 在执行某个排序算法过程中，出现了排序朝着最终排序序列位置相反方向移动，则该算法是不稳定的。

(5) 直接选择排序算法在最好情况下的时间复杂度为 O(n)。

(6) 在待排数据基本有序的情况下，快速排序效果最好。

(7) 快速排序和归并排序在最坏情况下的比较次数都是 O(nlbn)。

(8) 归并排序辅助存储为 O(1)。

(9) 起泡排序和快速排序都是基于交换两个逆序元素的排序方法，起泡排序算法的最坏时间复杂性是 $O(n^2)$，而快速排序算法的最坏时间复杂性是 O(nlbn)，所以快速排序比起泡排序算法效率更高。

13. 仔细阅读下面程序，并回答有关问题。

```
void test(int a[0..499],int n)
{
    int i,j,x,flag;
    flag=1;
    i=1;
    while(i<n && flag)
    {
        flag=0;
        for(j=1;j<_____;j++)
            if(_____)
```

```
                        {
                            x=a[j];
                            a[j]=a[j+1];
                            a[j+1]=x;
                            _____;
                        }
                    i++;
                }
            }
```

(1) 在_____中填上正确语句，使该过程能完成预期的排序功能。

(2) 该过程使用的是什么排序方法？

(3) 当数组 a 的元素初始时已按值递增排列，在该过程执行中会进行多少次比较？多少次交换？

(4) 当数组 a 的元素初始时已按值递减排列，在该过程执行中会进行多少次比较？多少次交换？

14. 已知奇偶转换排序如下所述：第一趟对所有奇数的 i，将 a[i]和 a[i + 1]进行比较，第二趟对所有偶数的 i，将 a[i]与 a[i + 1]进行比较，每次比较时若 a[i]>a[i + 1]，则将二者交换，以后重复上述两趟过程，直至整个数组有序。

(1) 试问排序结束的条件是什么？

(2) 编写一个实现上述排序过程的算法。

第13章 查 找

本章要讨论的"查找"是数据处理中的另一个重要运算。在日常生活中，人们几乎每天都要进行"查找"，如在电话号码簿中查找某人的电话号码等。程序设计中也同样离不开查找，如编译程序中符号表的查找、信息处理系统中信息的查找等，都是在一个含有众多记录的表中查找一个"特定"的记录。

在本章的讨论中，我们假定被查找的对象是由一组结点组成的表(Table)或文件，而每个结点由若干个数据项组成，并假设每个结点都有一个能唯一标识该结点的关键字。在这种假定下，查找(Search)就是根据给定的值 k，在含有 n 个结点的表中确定一个关键字等于给定值 k 的记录。若表中存在这样的一个记录，则称查找成功，并给出要查记录的信息或指出记录的存储位置；若表中不存在关键字与给定值相同的记录，则称查找不成功(或查找失败)，此时，给出提示信息。有时，也称成功的查找为检索。

由于查找运算的主要操作是进行关键字的比较，所以，通常把查找过程中关键字需要执行的平均比较次数(也称为平均查找长度)作为衡量一个查找算法优劣的标准。平均查找长度 ASL(Average Search Length)定义为

$$ASL=\sum_{i=1}^{n}p_ic_i$$

其中，n 是结点的个数；p_i 是查找第 i 个结点的概率，若不特别声明，均认为每个结点的查找概率相等，即 $p_1=p_2=\cdots=p_n=1/n$；c_i 是找到第 i 个结点所需要比较的次数。

13.1 线性表的查找

在表的组织方式中，线性表是最简单的一种，本节将介绍三种在线性表中进行查找的方法，它们分别是顺序查找、折半查找和分块查找。

13.1.1 顺序查找

顺序查找又称为线性查找，适用于小表。这是一种最简单的查找方法，它从表头开始查找直到找到要查的记录为止。查找的基本过程：从表中的一端开始，将给定值与记录的关键字逐个进行比较，若某个记录的关键字与给定值相等，则查找成功；反之，若直至最后一个记录，都没有与给定值相等的关键字，则表明表中没有要查的记录，即查找不成功。

下例给出了顺序查找的查找过程。

表中原始关键字：

$$26 \quad 5 \quad 37 \quad 1 \quad 61 \quad 11 \quad 59 \quad 15 \quad 48 \quad 19$$

输入希望查找的给定值：37。

第一次查找 ==> R[10]= 19　　第二次查找 ==> R[9]= 48

第三次查找 ==> R[8]= 15　　第四次查找 ==> R[7]= 59

第五次查找 ==> R[6]= 11　　第六次查找 ==> R[5]= 61

第七次查找 ==> R[4]= 1　　第八次查找 ==> R[3]= 37

查找结果：要查的数据在表中的 3 号位置。

由于顺序查找方法是顺序地逐个进行关键字的比较，因此这种方法既适合于线性表的顺序存储，又适合于线性表的链式存储。下面给出以向量作为存储结构时的顺序查找算法。有关的类型说明和具体算法如下：

```
typedef struct
{ keytype key;                          /* 关键字项 */
  datatype other;                       /* 其他域 */
} table;
table R[n+1];
int SEQSEARCH(table R[ ], keytype k)    /* 在 R 中顺序查找关键字为 k 的结点；
                                           查找成功，函数返回向量下标，失败返回 –1 */
{ int i;
  R[n].key=k;                           /* 设置监视哨 */
  i=0;                                  /* 从表头开始向后扫描 */
  while (R[i].key!=k)   i++;
  if (i==n)   return(–1);
  else   return i;
}                                       /* SEQSEARCH */
```

在这个算法中，监视哨 R[n]的作用仍然是为了在 while 循环中省去判定防止下标越界的条件 i<n，从而节省比较时间。

在等概率情况下，顺序查找成功的平均查找长度为

$$ASL_{sq}=\sum_{i=1}^{n}p_i c_i = \frac{1}{n}\sum_{i=1}^{n}c_i = \frac{n+1}{2}$$

也就是说，查找成功的平均比较次数约为表长的一半。若 k 值不在表中，则必须进行 n + 1 次比较才能确定查找失败。

有时，表中各结点的查找概率并不相等，如在由全体学生的病历档案组成的线性表中，体弱多病同学的病历查找概率必然高于健康同学的病历查找概率。若事先知道查找概率及它们的分布情况，可将表中结点按查找概率由大到小存放，以便提高顺序查找的效率；若无法确定各结点的查找概率，则可对算法做如下修改：每当查找成功，就将找到的结点和

其前趋(若存在)结点交换。这样使得查找概率大的结点在查找过程中不断向前移，以便在以后的查找过程中减少比较次数。

顺序查找算法简单，且对表的结构无任何要求。但是这种方法的查找效率低，因此，当表较长时，顺序查找不宜采用。

13.1.2　折半查找

折半查找(Binary Search)又称二分查找，是查找一个已排好序的表的最好方法，其查找效率较高。假设有 n 个记录 R_1，R_2，…，R_n，其关键字分别是 k_1，k_2，…，k_n，欲查找的关键字是 k。将 k 先与表的中间记录相比，判断是否已找到或在表的上半部还是下半部，以便缩小查找范围，继续查找。折半查找每比较一次，表都缩小一半，即 1/2，1/4，1/8，…，在第 i 次比较时，最多只剩下$\lceil n/2^i \rceil$个记录。最坏的情况是最后只剩下一个记录，即 $n/2^i = 1$，所以 i=lbn，即最多的比较次数是 lbn。

在下面的折半查找算法中，分别用 low 和 high 表示当前查找区间的下界和上界。

```
int BINSEARCH(table R[ ], keytype k)
/* 在有序表 R 中进行折半查找，成功时返回结点的位置，失败时返回 −1 */
{ int low, mid, high;
 low=0; high=n −1;                 /* 置查找区间的上、下界初值 */
 while (low≤high)                  /* 当前前查找区间非空 */
 { mid=⌈(low+high)/2⌉;
  if (k==R[mid].key)   return mid;        /* 查找成功返回 */
  if (k<R[mid].key)   high=mid−1;    /* 缩小查找区间为左子表 */
  else low=mid+1;              /* 缩小查找区间为右子表 */
 }
 return(−1)                    /* 查找失败 */
}                          /* BINSEARCH */
```

例如，有序表中关键字序列为 5，10，19，21，31，37，42，48，50，55，现要查找 k 为 19 及 66 的记录，其查找过程如下：

(1) 查找 k = 19 的记录：

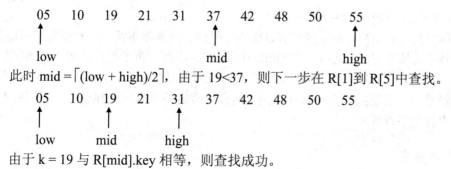

此时 mid =⌈(low + high)/2⌉，由于 19<37，则下一步在 R[1]到 R[5]中查找。

由于 k = 19 与 R[mid].key 相等，则查找成功。

(2) 查找 k = 66 的记录：

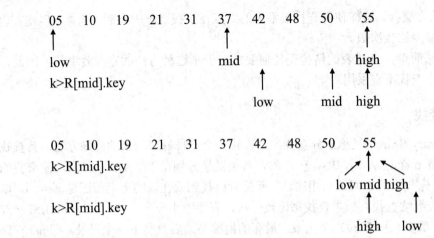

由于 low>high，则说明查找失败。

折半查找中查到每一个记录的比较次数可通过二叉树来描述。

用当前查找区间的中间位置上的记录作为根，左子表和右子表中的记录分别作为根的左子树和右子树，由此得到的二叉树称为折半查找判定树，树中结点内的数字表示该结点在有序表中的位置。例如对长度为 11 的表进行折半查找时，其折半查找判定树如图 13.1 所示。

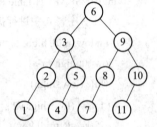

由上述折半查找过程可见，若查找的结点是表中第 6 个记录，需 1 次比较；若查打的是表中第 3 个或第 9 个记录，需 2 次比较；若查找的是表中第 11 个记录，需 4 次比较。由此，折半查找的过程恰好是走了一条从根到被查结点的路径，关键字进行比较的次数即为被查结点在树中的层数。因此折半查找成功时进行的比较次数最多不超过树的深度。

图 13.1　具有 11 个结点的折半查找判定树

那么，折半查找的平均查找长度是多少呢？为方便起见，不妨设结点总数 $n = 2^h - 1$，则折半查找判定树为深度 $h = lb(n+1)$ 的满二叉树，在等概率条件下，折半查找的平均查找长度为

$$\text{ASL}_{bin} = \sum_{i=1}^{n} p_i c_i = \frac{1}{n} \sum_{i=1}^{n} c_i = \frac{1}{n} \sum_{k=1}^{h} k \times 2^{k-1} = \frac{n+1}{n}(lb(n+1) - 1)$$

当 n 很大时，$\text{ASL}_{bin} \approx lb(n+1) - 1$。

虽然折半查找的效率高，但是要将表按关键字排序。而排序本身是一种很费时的运算，即使采用高效率的排序方法，也要花费 O(nlbn) 的时间。因此，折半查找只适用于顺序存储结构。另外，当对表进行插入或删除时，需要移动大量元素，故折半查找只适用于表不易变动，且又经常查找的情况。而对那些查找少而又经常需要改动的线性表，可采用链表作存储结构，进行顺序查找。

13.1.3　分块查找

分块查找(Blocking Search)也称索引顺序查找，是顺序查找和折半查找的折中改进方法。进行分块查找时，除表本身以外，尚需建立一个"索引表"。图 13.2 给出了一个表及其索引

表，表中含有 18 个记录，可分为三个子表(R_0，R_1，…，R_5)、(R_6，R_7，…，R_{11})、(R_{12}，R_{13}，…，R_{17})，对每个子表(或称块)建立一个索引项，该索引项包含两项内容：关键字项(该子表内的最大关键字)和指针项(指示子表的第一个记录在表中的位置)。索引表按关键字有序排列，则表或者有序或者分块有序。这里的"分块有序"是指第二个子表中所有记录的关键字均大于第一个子表中的最大关键字，第三个子表中所有记录的关键字均大于第二个子表中的最大关键字，依次类推。

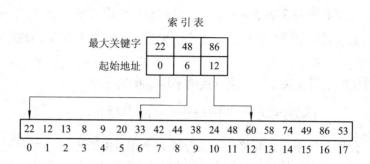

图 13.2　分块有序表的索引存储结构示例

　　因此，分块查找需分两步进行，即先使用折半查找算法确定待查记录所在的块，然后在块中使用顺序查找算法查找所需的记录。例如，在图 13.2 所示的索引存储结构中，需查找关键字等于给定值 k = 24 的结点。因为索引表小，不妨用顺序查找方法查找索引表，即首先将 k 依次和索引表中各关键字比较，直至找到第一个关键字大于等于 k 的结点，由于 k<48，所以，关键字为 24 的结点若存在的话，则必定在第二个子表中；然后由同一索引项中的指针指示第二个子表中第一个记录是表中第 6 个记录，则自第 6 个记录起进行顺序查找，直到 R[10].key=k 为止。若此子表中没有关键字等于 k 的记录，即自第 6 个记录至第 11 个记录的关键字和 k 比较都不相等，则查找不成功。

　　由于由索引项组成的索引表按关键字有序排列，因此确定块的查找可以用顺序查找，亦可用折半查找，而块中记录是任意排列的，在块中查找只能是顺序查找。

　　由此可见，分块查找的算法即为这两种算法的简单合成。下面只给出索引表的类型说明，算法请读者自行完成。

```
typedef struct          /* 索引表的结点类型 */
{ keytype key;
  int addr;
} IDtable
IDtable ID[b];          /* 索引表 */
```

　　分块查找的平均查找长度为

$$ASL_{bs} = L_b + L_w$$

其中，L_b 为查找索引表确定所在块的平均查找长度，L_w 为在块中查找关键字的平均查找长度。

　　一般情况下，为进行分块查找，可将长度为 n 的表均匀地分成 b 块，每块含有 s 个记录，即 b = n/s；又假定表中的每个记录的查找概率相等，则每块查找的概率为 1/b，块中每个记录的查找概率为 1/s。

若用顺序查找确定所在块，则分块查找的平均查找长度为

$$ASL_{bs} = L_b + L_s = \frac{1}{b}\sum_{j=1}^{b} j + \frac{1}{s}\sum_{i=1}^{s} i = \frac{b+1}{2} + \frac{s+1}{2}$$

$$= \frac{1}{2}\left(\frac{n}{s} + s\right) + 1$$

可见，此时的 ASL 不仅和表长 n 有关，而且和每一块中的记录个数 s 有关。容易证明，当 s 取 $\sqrt{n}$ 时，ASL_{bs} 取最小值 $\sqrt{n} + 1$。就这个值而言，分块查找比顺序查找有了很大改进，但远不及折半查找。

若用折半查找确定所在块，则分块查找的平均查找长度为

$$ASL'_{bs} \approx lb\left(\frac{n}{s} + 1\right) - 1 + \frac{s+1}{2} \approx lb\left(\frac{n}{s} + 1\right) + \frac{s}{2}$$

在实用中，分块查找不一定要将线性表分成大小相等的若干块，而应该根据表的特征进行分块。例如，一个学校的学生登记表，可按系号或班号分块，此外，各块中的结点也不一定要存放在同一个向量中，可将各块放在不同的向量中，也可将每一块存放在一个单链表中。

将线性表的三种查找方法进行比较，可得出以下结论：

就平均查找长度而言，折半查找最小，分块查找次之，顺序查找最大；就表的结构而言，顺序查找对有序表、无序表均可应用，折半查找仅适用于有序表，而分块查找要求表中元素逐段有序；就表的存储结构而言，顺序查找和分块查找对两种存储结构——向量和线性表均适用，而折半查找只适用于以向量作存储结构的表，这就要求表中元素基本不变，否则，当进行插入或删除运算时，为保持表的有序性，便要移动元素，这在一定程度上降低了折半查找的效率。

因此，对于不同结构应采用不同的查找方法。特别是顺序查找法，由于它极其简单，故在 n 较小时还是很适用的。

13.2　二叉排序树的查找

从前面讨论的三种线性表的查找方法来看，折半查找效率最高，但这种查找方法要求表以顺序存储方式存储，这样对表进行元素的加入或删除时都需移动大量元素，带来额外的开销。在这一节中我们将表采用二叉链表进行存储，讨论在这类表(又称为树表)上进行的查找方法。树表的种类很多，如二叉排序树、平衡二叉树、B–树、B+ 树及键树等，但由于二叉排序树的应用非常广泛，在此我们仅重点介绍二叉排序树的查找。

因为二叉排序树可看作一个有序表，所以，二叉排序树的查找，和折半查找类似，也是一个逐步缩小查找范围的过程。实际上在前面介绍的二叉排序树的插入和删除操作中都使用了查找操作，因此，不难给出二叉排序树上的查找算法。

　　/* 在二叉排序树 t 上查找关键字等于 k 的结点。若查找成功，则返回该结点的指针；*

　　　否则返回空指针 */

```
bstnode *BSTSEARCH(bstnode *t, keytype k)
{ while (t ! =NULL)
    { if (t—>key= =k)    return t;              /* 查找成功 */
      if (t—>key>k)    t=t—>lchild;            /* 在左子树中查找 */
      else    t=t—>rchild;                      /* 在右子树中查找 */
    }
    return   NULL;                              /* 查找失败 */
}                                               /* BSTSEARCH */
```

　　显然，在二叉排序树上进行查找，若查找成功，则是从根结点出发走了一条从根到待查结点的路径；若查找不成功，则是从根结点出发走了一条从根到某个叶子的路径。因此与折半查找类似，在二叉排序树上进行查找，给定值和关键字比较的次数不超过树的深度。然而，长度为 n 的有序表，其折半查找判定树是唯一的，含有 n 个结点的二叉排序树却不唯一。对于含有同样一组结点的表，由于结点插入的先后次序不同，所构成的二叉排序树的形态和深度也不同，如图 13.3(a)所示的树，是按如下插入次序构成的：

$$45，24，55，12，37，53，60，28，40，70$$

而图 13.3(b)所示的树，则是按如下插入次序构成的：

$$12，24，28，37，40，45，53，55，60，70$$

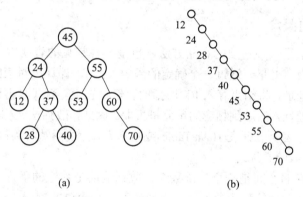

图 13.3　由同一组关键字构成的两棵形态不同的二叉排序树

　　图 13.3 所示两棵二叉排序树的深度分别是 4 和 10，因此，在查找失败的情况下，在这两棵树上所进行的给定值和关键字的比较次数分别为 4 和 10；在查找成功的情况下，它们的平均查找长度也不相同。对于图 13.3(a)的二叉排序树，因为第 1，2，3，4 层上各有 1，2，4，3 个结点，而找到第 i 层上的结点恰好需比较 i 次，所以，在等概率假设下，查找成功的平均查找长度为

$$ASL_a = \sum_{i=1}^{10} p_i\, c_i = \frac{1+2\times 2+3\times 4+4\times 3}{10} = 3$$

类似可得，在等概率假设下，图 13.3(b)所示的二叉排序树在查找成功时的平均查找长度为

$$ASL_b = \frac{1+2+3+4+5+6+7+8+9+10}{10} = 5.5$$

由此可见，在二叉排序树上进行查找时的平均查找长度和二叉排序树的形态有关。在最坏情况下，二叉排序树是把一个有序表的 n 个结点依次插入而生成，此时所得的二叉排序树即为一棵深度为 n 的单支树，它的平均查找长度和单链表上的顺序查找相同，亦是(n+1)/2。在最好情况下，二叉排序树在生成的过程中，树的形态比较匀称，最终得到的是一棵形态与折半查找判定树相似的二叉排序树，此时它的平均查找长度大约是 lbn。若考虑把 n 个结点按各种可能的次序插入到二叉排序树中，则有 n!棵二叉排序树(其中有的形态相同)，可以证明，对这些二叉排序树的查找长度取平均，得到的平均查找长度仍然是 O(lbn)。

就平均性能而言，二叉排序树上的查找和折半查找相差不大，并且在二叉排序树上进行插入和删除结点十分方便，无须移动大量结点。因此，需要经常做插入、删除和查找运算的表，宜采用二叉排序树结构。由此，人们也常常将二叉排序树称为二叉查找树。

13.3　散列表的查找

前面介绍的查找方法中，结点在表中的位置是随机的，其位置与关键字之间不存在对应关系，因此进行查找时，总是进行一系列的给定值和关键字的比较，查找的效率与查找过程中进行比较的次数有关。本节介绍一种不用比较而直接计算出记录所在地址，直接进行查找的方法。

13.3.1　散列表的概念

散列(Hashing)法是一种重要的存储方法，也是一种常见的查找方法。其基本思想是，以结点的关键字 k 为自变量，通过一个确定的函数关系 f，计算出对应的函数值，把这个值解释为结点的存储地址，将结点存入 f(k)所指的存储位置上。查找时再根据要查找的关键字用同样的函数计算地址，然后到相应的单元里去取。因此，散列法又称关键字-地址转换法。用散列法存储的线性表叫散列表(Hash Table)或哈希表，上述函数称为散列函数或哈希函数，f(k)则称为散列地址或哈希地址。

通常散列表的存储空间是一个一维数组，散列地址是数组的下标。在不混淆之处，我们将这个一维数组空间就简称为散列表。下面先看几个简单的例子。

[例13.1]　假设要建立一张全国30个地区的各民族人口统计表，每个地区为一个记录，记录的各数据项为

编　号	地　区	总人口	汉　族	回　族	…

显然这张表可用一个一维数组 R[30] 来存放，其中 R[i]是编号为 i 的地区的人口情况。编号 i 便为记录的关键字，由它唯一确定记录的存储位置 R[i]。

[例13.2]　已知一个含有 70 个结点的线性表，其关键字都由两位十进制数字组成，则可将此线性表存储在如下说明的散列表中：

$$datatype\quad HT1[100];$$

其中，HT1[i]存放关键字为 i 的结点，即散列函数为

$$H_1(key)=key$$

[例13.3]　已知线性表的关键字集合为

$$S=\{and，begin，do，end，for，go，if，repeat，then，until，while\}$$

则散列表设为

$$char\ HT2[26][8]$$

散列函数 $H_2(key)$ 的值取为关键字 key 中第一个字母在字母表 $\{a, b, \cdots, z\}$ 中的序号(序号范围是 0～25)，即

$$H_2(key) = key[0] - 'a'$$

其中，key 的类型是长度为 8 的字符数组，利用 H_2 构造的散列表如表 13.1 所示。

表 13.1 关键字集合 S 对应的散列表

散列地址	关键字	其他数据项	散列地址	关键字	其他数据项
0	and		⋮	⋮	⋮
1	begin		17	repeat	
2			18		
3	do		19	then	
4	end		20	until	
5	for		21		
6	go		22	while	
7			⋮		⋮
8	if		25		

由上面的几个例子可知：

(1) 在建立散列表时，若散列函数是一个一对一的函数，则在查找时，只需根据散列函数对给定值进行某种运算，即可得到待查结点的存储位置。因此查找过程无须进行关键字比较。例如，在例 13.2 中查找关键字为 i (0≤i≤99)的结点，若 HT1[i]非空，则它就是待查结点；否则查找失败。

(2) 一般情况下，散列表的空间必须比结点的集合大，此时虽然浪费了一定空间，但换取的是查找效率。设散列表空间大小为 m，填入表中的结点数是 n，则称 α=n/m 为散列表的装填因子(Load Factor)。实际应用时，常在区间[0.65，0.9]上取 α 的适当值。

(3) 散列函数的选取原则是，运算应尽可能简单；函数的值域必须在表长的范围之内；尽可能使得关键字不同时，其散列函数值亦不相同。例如，在例 13.3 中，集合 S 中关键字的第一个字母均不相同，则可取关键字的首字母在字母表中的序号，作为散列函数 H_2 的函数值。

(4) 若某个散列函数 H 对于不相等的关键字 key_1 和 key_2 得到相同的散列地址(即 $H(key_1)=H(key_2)$)，则将该现象称为冲突(Collision)，而发生冲突的这两个关键字则称为该散列函数 H 的同义词(Synonym)。例如，对于关键字集合 S，若增加了关键字 else，array 之后，若仍使用例 13.3 中的散列函数 H_2 就会发生冲突：$H_2(else)$ 和 $H_2(end)$ 冲突，$H_2(array)$ 和 $H_2(and)$ 冲突。因此，我们应重新构造一个散列函数。但在实际应用中，理想化的、不产生冲突的散列函数极少存在，这是因为通常关键字的取值集合远远大于表空间的地址集。例如，要在 C 语言的编译程序中，对源程序中的标识符建立一张散列表，而一个源程序中出现的标识符是有限的，设表长为 1000 即可。然而，不同的源程序中使用的标识符一般也不相同，

按 C 语言规定，标识符是长度不超过 8、以字母打头的字母数字串，因此，关键字(即标识符)取值的集合大小为

$$C_{26}^1 * C_{36}^7 * 7! = 1.093\,88 \times 10^{12}$$

于是，共有 $1.093\,88 \times 10^{12}$ 个可能的标识符，要映射到 10^3 个可能的地址上，难免产生冲突。通常，散列函数是一个多对一的函数，冲突是不可避免的。一旦发生冲突，就必须采取相应措施及时予以解决。

综上所述，散列法查找必须解决下面两个主要问题：

(1) 选择一个计算简单且冲突尽量少的"均匀"的散列函数；

(2) 确定一个解决冲突的方法，即寻求一种方法存储产生冲突的同义词。

13.3.2　散列函数的构造

散列函数是一个映射，它的构造很灵活，只要使得任何关键字由此所得的散列函数值都出现在表长允许的范围内即可。

一般情况下，构造散列函数时应使运算尽可能简单，且函数的值域在表长的范围内；另外，尽可能使不同的关键字的散列函数值不同，也就是尽可能地减少冲突。为此有下面常用的构造方法。

1．数字选择法

若事先知道关键字集合，且关键字的位数比散列表的地址位数多，则可选取数字分布比较均匀的若干位作为散列地址。

例如，有一组由 8 位数字组成的关键字，如表 13.2 左边一列所示。分析这 6 个关键字会发现，前三位都是 871，当然不均匀，第五位也只取 2、7 两个值，故这四位都不选取。第四、六、七、八位数字分布较为均匀，因此，可根据散列表的长度取其中几位或它们的组合作为散列地址。比如，若表长为 1000(即地址为 0～999)，则可取四、六、七位的三位数字作为散列地址；若表长为 100(即地址为 0～99)，则可取四、七位数字之和与六、八位数字之和并舍去进位作为散列地址等，结果见表 13.2 中的散列地址 1 和散列地址 2。

表 13.2　关键字及其相应的散列地址表示例

关 键 字	散列地址 1(0～999)	散列地址 2(0～99)
87 142 653	465	99
87 172 232	723	04
87 182 745	874	32
87 107 156	015	37
87 127 281	228	03
87 157 394	339	27

这种方法的使用前提是，我们必须能预先估计到所有关键字的每一位上各种数字的分布情况。

2. 平方取中法

通常，要预先估计关键字的数字分布并不容易，要找数字均匀分布的位数则更难。例如，(0100，0110，1010，1001，0111)这一组关键字就无法使用数字选择法得到较均匀的散列函数。此时可采用平方取中法，即先通过关键字的平方值扩大差别，然后，再取中间的几位或其组合作为散列地址。因为一个乘积的中间几位数和乘数的每一位都相关，故由此产生的散列地址也较为均匀，所取位数由散列表的表长决定。

例如，上述一组关键字的平方结果是

$$(0010000，0012100，1020100，1002001，0012321)$$

若表长为1000，则可取其中间三位作为散列地址集，即

$$(100，121，201，020，123)$$

3. 折叠法

若关键字位数较多，也可先将关键字分割成位数相同的几段(最后一段的位数可以不同)，段的长度取决于散列表的地址位数，然后将各段的叠加和(舍去进位)作为散列地址。折叠法又分移位叠加和边界叠加两种。移位叠加是将各段的最低位对齐，然后相加；边界叠加则是两个相邻的段沿边界来回折叠，然后对齐相加。例如关键字 key = 58 242 324 169，散列表长度为1000，则将此关键字分成三位一段，两种叠加结果如下：

移位叠加	边界叠加
582	582
423	324
241	241
+ 69	+ 96
[1]315	[1]243
H(key) = 315	H(key) = 243

4. 除留余数法

除留余数法指选择适当的正整数 p，用 p 去除关键字，取所得余数作为散列地址，即

$$H(key) = key \% p$$

这是一种最简单、最常用的散列函数构造方法，它可以对关键字直接取模，也可以结合折叠、平方取中等运算。这个方法的关键是取适当的 p。如果 p 为偶数，则它总是把奇数的关键字转换到奇数地址，把偶数的关键字转换到偶数地址，这当然不好。如果 p 是关键字的基数的幂次也不好，因为那就等于选择关键字的最后几位数字作为地址。例如，关键字是十进制数，若选 p=100，则实际上就是取关键字最后两位作为地址。一般情况下，p 选为小于或等于散列表长度 m 的某个最大素数比较好。

例如：

$$M = 8，16，32，64，128，256，512，1024$$
$$p = 7，15，31，61，127，251，503，1019$$

5. 基数转换法

基数转换法指把关键字看成另一个进制上的数后，再把它转换成原来进制上的数，取

其中的若干位作为散列地址。一般取大于原来基数的数作为转换的基数，并且两个基数要互素。例如，给定一个十进制数的关键字为$(210\ 485)_{10}$，我们把它看成以 15 为基数的十五进制数$(210\ 485)_{15}$，再把它转换为十进制：

$$(210\ 485)_{15} = 2 \times 15^5 + 1 \times 15^4 + 0 \times 15^3 + 4 \times 15^2 + 8 \times 15 + 5 = (771\ 932)_{10}$$

假设散列表长度为 10000，则可取低四位 1932 作为散列地址。

6. 随机数法

随机数法指选择一个随机函数，取关键字的随机函数值作为散列地址，即

$$H(key) = random(key)$$

其中 random 为随机函数。

通常，当关键字长度不等时采用此法构造散列地址较恰当。

13.3.3 解决冲突的几种方法

1. 开放地址法

开放地址法解决冲突的做法是：当发生冲突时，使用某种方法在散列表中形成一个探查序列，沿着此序列逐个单元进行查找，直至找到一个空的单元时将新结点放入，因此在构造散列表时先将表置空。那么如何形成探查序列呢？

1) 线性探查法

设表长为 m，关键字个数为 n。

线性探查法的基本思想是，将散列表看成一个环形表，若发生冲突的单元地址为 d，则依次探查 $d + 1$，$d + 2$，…，$m - 1$，0，1，…，$d - 1$，直至找到一个空单元为止。开放地址公式为

$$d_i = (d + i) \% m \qquad (1 \leqslant i \leqslant m - 1) \tag{13.1}$$

其中 $d = H(key)$。

[例 13.4] 已知一组关键字集(26，36，41，38，44，15，68，12，06，51，25)，用线性探查法解决冲突，试构造这组关键字的散列表。

为了减少冲突，通常令装填因子 $\alpha < 1$。在此，我们取 $\alpha = 0.75$。因为 n = 11，所以，散列表长 $m = \lceil n/\alpha \rceil = 15$，即散列表为 HT[15]。利用除留余数法构造散列函数，选 p = 13，即散列函数为

$$H(key)\%13$$

插入时，首先用散列函数计算出散列地址 d，若该地址是开放的，则插入结点；否则用公式(13.1)求下一个开放地址。第一个插入的是 26，它的散列地址 d 为 H(26) = 26%13 = 0，因为这是一个开放地址，故将 26 插入 HT[0]。与此类似，依次插入 36，41，38，44 时，它们的散列地址 10，2，12，5 都是开放的，故将它们分别插入 HT[10]，HT[2]，HT[12]，HT[5]中。当插入 15 时，其散列地址为 d = H(15) = 2，由于 HT[2]已被关键字 41 占用(即发生冲突)，故利用公式(13.1)进行探查，显然，$d_1 = (2 + 1)\%15 = 3$ 为开放地址，因此，将 15 插入 HT[3]中。与此类似，68 和 12 均经过一次探查后，才分别插入到 HT[4]和 HT[13]中。06 是直接插入 HT[6]的。51 的散列地址为 12，与 HT[12]中的 38 发生冲突，故由公式(13.1)求得 $d_1 = 13$，仍然冲突，再次探查下一个地址 $d_2 = 14$，该地址是开放的，故将 51 插入 HT[14]。最后一个

插入的是 25，它的散列地址也是 12，经过了四次探查 $d_1 = 13$，$d_2 = 14$，$d_3 = 0$，$d_4 = 1$ 之后才找到开放地址 1，将 25 插入 HT[1]。由此构造的散列表见表 13.3，其中最末一行的数字表示查找该结点时所进行的关键字比较次数。

表 13.3　用线性探查法构造散列表示例

散列地址	0	1	2	3	4	5	6	7	8	9	10	11	12	13	14
关键字	26	25	41	15	68	44	06				36		38	12	51
比较次数	1	5	1	2	2	1	1				1		1	2	3

在上例中，H(15)=2，H(68)=3，即 15 和 68 不是同义词，但由于处理 15 和同义词 41 的冲突时，15 抢先占用了 HT[3]，这就使得插入 68 时，这两个本来不应该发生冲突的非同义词之间也会发生冲突。一般地，用线性探查法解决冲突时，当表中 i，i+1，…，i+k 位置上已有结点时，一个散列地址为 i，i+1，…，i+k+1 的结点都将插入在位置 i+k+1 上，我们把这种散列地址不同的结点，争夺同一个后继散列地址的现象称为"堆积"。这将造成不是同义词的结点处在同一个探查序列之中，从而增加了探查序列的长度。若散列函数选择不当、或装填因子过大，都可能增加堆积的机会，从而增加了探查序列的长度。下面的两种方法可解决这一问题。

2) 二次探查法

二次探查法的探查序列依次是：1^2，-1^2，2^2，-2^2，…，也就是说，发生冲突时，将同义词来回散列在第一个地址 d=H(key) 的两端。由此可知，发生冲突时，求下一个开放地址的公式为

$$\begin{cases} d_{2i-1} = (d + i^2) \% m \\ d_{2i} = (d - i^2) \% m \quad (1 \leq i \leq (m-1)/2) \end{cases} \tag{13.2}$$

这种方法虽然减少了堆积，但不容易探查到整个散列表空间，只有当表长 m 为 4j+3 的素数时，才能探查到整个表空间，这里 j 为某一正整数。

3) 随机探查法

采用一个随机数作为地址位移计算下一个单元地址，即求下一个开放地址的公式为

$$d_i = (d + R_i) \% m \quad (1 \leq i \leq m-1) \tag{13.3}$$

其中，d = H(key)；R_1，R_2，…，R_{m-1} 是 1，2，…，m-1 的一个随机排列。如何得到随机排列，这涉及随机数的产生。在实际应用中，常常用移位寄存器序列代替随机数序列。

2. 拉链法

拉链法解决冲突的方法是，将所有关键字为同义词的结点链接到同一个单链表中。若选定的散列函数的值域为 0~m-1，则将散列表定义为一个由 m 个头指针组成的指针数组 HTP[m]，凡是散列地址为 i 的结点，均插入到以 HTP[i] 为头指针的单链表中。

[例 13.5]　已知一组关键字和选定的散列函数和例 13.4 相同，用拉链法解决冲突构造这组关键字的散列表。

因为散列函数 H (key) = key % 15 的值域为 0~12，故散列表为 HTP[15]。当把 H(key)=i 的关键字插入第 i 个单链表时，既可插在链表的表头上，又可以插在链表的表尾上。若采用将新关键字插入表尾的方式，依次把给定的这组关键字插入表中，则所得到的散列表如图

13.4 所示。与开放地址法相比，拉链法有如下几个优点：拉链法不会产生堆积现象，因而平均查找长度较短；由于拉链法中各单链表的结点是动态申请的，故它更适合于构造散列表前无法确定表长的情况；在拉链法构造的散列表中，删除结点的操作易于实现，只要简单地删去链表上相应的结点即可。而开放地址法构造的散列表，删除结点不能简单地将被删结点的空间置空，否则将截断在它之后填入散列表的同义词结点的查找路径，这是因为各种开放地址法中，空地址单元(即开放地址)会导致查找失败。因此在用开放地址法处理冲突的散列表上执行删除操作，只能在被删结点上做删除标记，而不能真正删除结点。

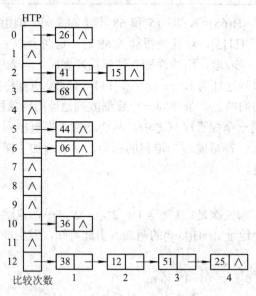

图 13.4　拉链法构造散列表示例

当装填因子 α 较大时，拉链法所用的空间比开放地址法多，但是 α 越大，开放地址法所需的探查次数越多，所以，拉链法所增加的空间开销是合算的。

13.3.4　散列表的查找及分析

散列表的查找过程和构造过程相似。假设给定值为 k，根据构造时设定的散列函数 H，计算出散列地址 H(k)，若表中该地址对应的空间未被占用，则查找失败，否则将该地址中的结点与给定值 k 比较，若相等则查找成功，否则按构造时设定的解决冲突方法找下一个地址，如此反复下去，直到某个地址空间未被占用(查找失败)或者关键字比较相等(查找成功)为止。

下面我们以线性探查法和拉链法为例，给出散列表上的查找和插入算法。

利用线性探查法解决冲突的查找和插入算法及有关说明如下：

```
# define nil   0                      /* nil 为空结点标记 */
# define m 18                         /* 这时假设表长 m 为 18 */
typedef struct                        /* 散列表结点结构 */
{ keytype key;
  datatype other;
```

```
} hashtable;
hashtable HT(m);                         /* 散列表 */
int LINSRCH(HT, k)                       /* 在散列表 H[m]中查找关键字为 k 的结点 */
hashtable HT[ ];
keytype k;
{ int d, i=0;                            /* i 为冲突时的地址增量 */
 d=H(k);                                 /* d 为散列地址 */
 while   ((i<m) && (HT[d].key ! =k)   && (HT[d].key ! =nil))
   { i++;d=(d+i) % m}
 return (d);                             /* 若 HT[d]=k 查找成功，否则失败 */
}                                        /* LINSRCH */

LINSERT(HT, s)                           /* 将结点 s 插入散列表 HT[m]中 */
hashtable s, HT[ ];
{ int d;
 d=LINSRCH(HT[ ], s.key)                 /* 查找 s 的插入位置 */
 if (HT[d].key= =nil)     HT[d]=s;       /* d 为开放地址，插入 s */
 else   printf("ERROR");                 /* 结点存在或表满 */
}                                        /* LINSERT */
```
利用拉链法解决冲突的查找和插入算法及其有关说明如下：
```
typedef struct nodetype
{ keytype key;
 datatype other;
 struct nodetype   *next;
} chainhash;
chainhash *HTC[m];
chainhash *CHNSRCH(HTC, k)               /* 在散列表 HTC[m]中查找关键字为 k 的结点 */
chainhash *HTC[ ];
keytype k;
{ chainhash   *p;
 p=HTC[H(k)];                            /* 取 k 所在链表的头指针 */
 while (p && (p—>key ! =k))   p=p—>next;     /* 顺序查找 */
 return p;                               /* 查找成功，返回结点指针，否则返回空指针 */
}                                        /*CHNSRCH */
CINSERT(HTC, s)                          /* 将结点*s 插入散列表 HTC[m]中 */
chainhash *s, *HTC[ ];
{ int d ;
 chainhash *p;
```

```
    p=CHNSRCH(HTC, s->key);              /* 查看表中有无待插结点 */
    if (p)  printf("ERROR");             /* 表中已有该结点 */
    else                                  /* 插入*s */
    { d=H(s->key);
      s->next=HTC[d];
      HTC[d]=s;
    }
}                                         /* CINSERT * /
```

从上述查找过程可知，虽然散列表是在关键字和存储位置之间直接建立了对应关系，但是，由于冲突的产生，散列表的查找过程仍然是一个和关键字比较的过程，不过散列表的平均查找长度比顺序查找的要小得多，比折半查找的也小。例如，在例 13.4 和例 13.5 的散列表中，在等概率情况下查找成功的平均查找长度分别为

线性探查法(参见表 13.3)：

$$ASL = \frac{1+5+1+2+2+1+1+1+1+2+3}{11} = \frac{20}{11} \approx 1.82$$

拉链法(参见图 13.4)：

$$ASL = \frac{1*7+2*2+3*1+4*1}{11} = \frac{18}{11} \approx 1.64$$

而当 n = 11 时，顺序查找和折半查找的平均查找长度为

$$ASL_{sq}(11) = \frac{11+1}{2} = 6$$

$$ASL_{bn}(11) = \frac{1*1+2*2+3*4+4*4}{11} = \frac{33}{11} = 3$$

对于不成功的查找，顺序查找和折半查找所需进行的关键字比较次数仅取决于表长，而散列查找所需进行的关键字比较次数和待查结点有关。因此，在等概率情况下，也可将散列表在查找不成功时的平均查找长度定义为查找不成功时对关键字需要执行的平均比较次数。

下面仍以表 13.3 和图 13.4 为例，分析在等概率情况下，查找不成功时线性探查法和拉链法的平均查找长度。

在表 13.3 所示的线性探查法中，假设待查关键字 k 不在该表中，H(k)=0，则必须依次将 HT[0]～HT[7]中的关键字和 k 进行比较后，才能发现 HT[7]为空，即比较次数为 8；若 H(k)=1，则需比较 7 次才能确定查找不成功。类似地对 H(k) = 2，3，…，12 进行分析，可得查找不成功时的平均查找长度为

$$ASL_{unsucc} = \frac{8+7+6+5+4+3+2+1+1+1+2+1+11}{13} = \frac{52}{13} = 4$$

请读者注意，散列函数 H(key)%15 的值域为 0～12，它与表空间的地址集 0～14 不同。

在图 13.4 所示的拉链法中，若待查关键字 k 的散列地址为 d = H(k)，且第 d 个链表上具有 k 个结点，则当 k 不在此表上时，就需做 k 次关键字比较(不包括空指针判定)，因此，

查找不成功时的平均查找长度为

$$ASL_{unsucc} = \frac{1+0+2+1+0+1+1+0+0+0+1+0+4}{13} = \frac{11}{13} \approx 0.85$$

从上述例子可以看出，由同一个散列函数、不同解决冲突方法构成的散列表，平均查找长度是不相同的。在一般情况下，假设散列函数是均匀的，则可以证明：不同解决冲突方法得到的散列表的平均查找长度不同。表 13.4 给出了在等概率情况下，采用几种不同方法解决冲突时，得到的散列表的平均查找长度，其具体推导从略。

表 13.4　用几种不同方法解决冲突时散列表的平均查找长度

解决冲突的方法	平均查找长度	
	查找成功	查找不成功
线性探查法	$(1 + 1/(1 - \alpha))/2$	$(1 + 1/(1 - \alpha)^2)/2$
二次探查，随机探查或双散列函数探查法	$-\ln(1 - \alpha)/2$	$1/(1 - \alpha)$
拉链法	$1 + \alpha/2$	$\alpha + \exp(-\alpha)$

从表 13.4 中可见，散列表的平均查找长度不是结点个数 n 的函数，而是装填因子 α 的函数。因此在设计散列表时可以选择 α 以控制散列表的查找长度。显然，α 越小产生冲突的机会就越小，但 α 过小，空间的浪费就过多。只要 α 选择合适，散列表上的平均查找长度就是一个常数。例如，当 $\alpha = 0.9$，查找成功时，线性探查法的平均查找长度是 5.5；二次探查、随机探查及双散列函数探查法的平均查找长度是 2.56；拉链法的平均查找长度为 1.45。

习　　题

1. 假设线性表中结点是按关键字递增顺序存放的，试写一查找算法，将监视哨设在低下标端。然后，分别求出等概率情况下查找成功和不成功的平均查找长度。

2. 若线性表中各结点的查找概率不等，则可用如下策略提高顺序查找的效率：若找到指定的结点，则将该结点和前趋(若存在)结点交换，使得经常被查找的结点尽量位于表的前端。试对线性表的顺序存储结构和链式存储结构写出实现上述策略的顺序查找算法(注意：查找时必须从表头开始向后扫描)。

3. 对长度为 20 的有序表进行折半查找，试画出它的一棵折半查找判定树，并求等概率情况下的平均查找长度。

4. 分别画出在线性表(5，10，15，20，25，30，35，40)中进行折半查找，查找关键字等于 10，30，39 和 47 的过程。

5. 试写一个判别给定二叉树是否为二叉排序树的算法，设二叉树以二叉链表存储表示。

6. 已知长度为 12 的表为(Jan，feb，Mar，Apr，May，June，July，Aug，Sep，Oct，Nov，Dec)。试按表中元素的次序依次插入一棵初始时为空的二叉排序树，请画出插入完成之后的二叉排序树，并求其在等概率情况下查找成功的平均查找长度。

7. 试编写一个用拉链法解决冲突的散列表上删除一个指定结点的算法。

8. 设散列表的长度为 15，散列函数为 H(k)=k%13，给定的关键字序列为 19，14，23，01，68，20，84，27，55，11，10，79。试分别画出用拉链法和线性探查法解决冲突时所构造的散列表，并求出在等概率情况下，这两种方法的查找成功和查找不成功的平均查找长度。

9. 顺序查找时间为 O(n)，折半查找时间为 O(lbn)，散列查找时间为 O(1)，为什么有高效率的查找方法而不放弃低效率的方法？

10. 给出一组关键字，利用拉链法解决冲突，散列函数为 H(k)，编写出在此散列表中插入、删除元素的算法。

11. 判断一下说法正误：

(1) 采用线性探查法解决散列时的冲突，当从散列表删除一个记录时，不应将这个记录的所在位置置空，因为这会影响以后的查找。

(2) 顺序查找法适用于存储结构为顺序或链式存储的线性表。

(3) 查找相同结点的效率折半查找总比顺序查找高。

(4) 在二叉排序树中插入一个新结点，总是插入到叶结点下面。

(5) 散列函数越复杂越好，因为这样随机性好，冲突概率小。

(6) 对一棵二叉排序树按前序遍历方法得出的结点序列是从小到大的序列。

(7) 若散列表的装填因子 α<1，则可避免冲突的产生。

(8) 就平均查找长度而言，分块查找最小，折半查找次之，顺序查找最大。

(9) 有 n 个数存放在一维数组 A[1…n]中，在进行顺序查找时，这 n 个数的排列有序或无序其平均查找长度不同。

(10) 二叉排序树执行删除操作删除一个结点后，仍是二叉排序树。

12. 设二叉排序树的存储结构如下：

```
typedef    struct node
{
    keytype key;
    int size;
    struct node *lchild,*rchild,*parent;
}tree;
```

一个结点 x 的 size 域的值是以该结点为根的子树中结点的总数(包括 x 本身)。设树高为 h，试写一时间复杂度为 O(h)的算法 rank(tree T，node x)，返回 x 所指结点在二叉树 T 的中序序列里的排列序号，即求根结点为 x 结点的二叉排序树中第几个最小元素。

第 3 部分

软件技术实践

在学习了软件技术基础和数据结构后，读者已经对软件开发有了一定的了解，可以尝试进行一些软件技术相关的实践任务。本部分将介绍数据库基本概念与应用程序设计，以及互联网软件开发实践中相关的知识，并提供一个涉及数据库技术、Web 框架技术、第三方图表技术和移动应用 APP 技术的软件实践案例。通过对本部分的学习，读者的软件技术的实践能力会进一步提高。

第 14 章　数据库基本概念与应用程序设计

　　未来是一个数字化的时代，数据是我们最为宝贵的资源。数据的重要性也凸显了数据库的重要性，因为数据的使用、管理、存储等都要通过数据库来完成。在本章里，我们将介绍数据库的基本概念，内容包括数据库系统、关系数据库、数据库设计等，并给出常见数据库操作的编程实现方法。

14.1　数据库系统的概念

　　本节首先对数据进行描述，在此基础上介绍数据库系统的结构、用户对数据库系统的访问过程、数据库系统的不同视图、信息模型和数据模型等内容，以使大家对数据库技术有一个总体的了解。

14.1.1　数据描述

　　数据是数据管理技术处理的对象，是对客观事物及其相互联系的一种数值表示方法。将客观事物及其联系转化为数据涉及不同的数据处理范畴——现实世界、信息世界和数据世界，三个世界中的术语以及对应关系如表 14.1 所示。

表 14.1　三个世界中的术语和对应关系表

现 实 世 界	信 息 世 界	数 据 世 界
客观事物	实体	记录
客观事物及其联系	实体模型	数据模型
特性	属性	数据项(字段)
特性定量描述	属性值	数据项的具体取值
特性描述的范围	域	数据项的取值范围
关于客观事物特性的描述集合	实体型	记录型
表征某类客观事物	实体集	文件
唯一标识客观事物的特性	标识属性	候选关键字
非唯一标识客观事物的特性	非标识属性	次关键字
选定的唯一标识客观事物的特性	选定的标识属性	主关键字

　　现实世界中的客观事物及其联系反映到人的头脑中，经过认识、分析和抽象，产生想法和概念，获得相应的信息，这便进入了信息世界；对信息世界的信息进一步地加工和编

码，便进入了数据世界。

现实世界反映了客观事物及其联系，是一种实际的存在。现实世界中所涉及的对象是客观事物，这些客观事物是客观存在并且可以相互区分的；客观事物可以是具体的，也可以是抽象的，如人、物、事件、活动等。客观事物由它所固有的特性来相互区别和表征。把具有某些相同特性的客观事物组合在一起，就构成了客观事物集，如教师这个客观事物集是由具有向他人传授知识这一共同特性的人所组成的。客观事物集中的各个客观事物是能够相互区别的，把用于区别不同事物的特性称为标识特性。

信息世界是现实世界在人的头脑中的反映，客观事物在信息世界中抽象为实体，客观事物的特性抽象为属性。区分属性的具体数值称为属性值。例如学生的学号可以是 19401，19305，39307……，这就是学号这一属性的具体数值。属性可以取值的范围称为域，如学生的年龄这一属性的域是 20~25 岁。由某些关于属性的描述组成的集合，表征实体的类型，构成实体的型，称为实体型。同型实体的集合构成实体集，如一个班的学生就可以构成一个实体集。反映实体之间联系的模型构成了实体模型，它由相应的实体和实体之间的联系构成，如教学情况的实体模型反映了学生学习和教师授课的情况。实体模型是一种静态模型，反映了实体的当前状态。

数据世界是对信息世界中的信息进行数据化而构成的。信息世界中的实体在这里对应于记录，属性对应于数据项，属性值对应于数据项的值，等等。

14.1.2 数据库系统的结构

从前面的介绍中可知，数据库系统是在计算机系统中引入数据库和数据库管理系统以后所构成的系统。数据库中数据的作用，只有在计算机系统和数据库管理系统的支持下，通过运行有关的业务处理程序才能体现出来，所以了解和研究数据库不能孤立地进行，而要运用系统的方法来进行。

从系统资源的角度出发，数据库系统主要由计算机系统、数据库、数据库管理系统、应用程序以及开发工具软件几部分构成，下面分别进行说明。

1. 计算机系统

计算机系统是指用于数据库管理的计算机硬件设备和基本软件。按计算机硬件设备的组织形式，计算机系统可以是集中型，也可以是分布式，或是专门的数据库计算机。基本软件指的是操作系统、服务程序、编译程序和通信软件等。用于数据库管理的计算机系统不仅需要足够大的内存来存放基本软件、数据库管理系统、应用程序和提供系统运行时的缓冲区，而且需要足够大的外存来存放大量的数据信息。

2. 数据库

数据库是一个结构化的相关数据集合。它包括数据本身和数据间的联系。它没有有害或不必要的冗余，能为多种应用服务。数据库的数据独立于使用它的应用程序。数据库是数据库系统的核心，也是数据库系统的管理对象。

为了更好地描述数据库和提高数据库数据的逻辑独立性和物理独立性，美国 ANSI/X3/SPARC 的数据库管理系统研究小组于 1978 年提出了将数据库系统结构分为三级模式的标准化建议。这三级模式分别称为外模式(External Scheme)、概念模式(Conceptual

Scheme)和内模式(Internal Scheme)。经过这样划分后的数据库系统结构如图 14.1 所示。下面分别对各部分进行介绍。

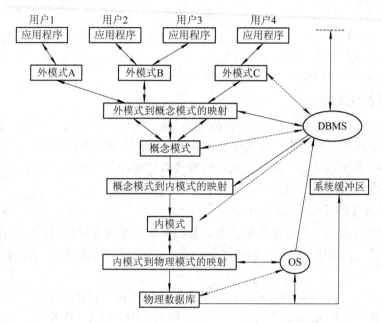

图 14.1　基于三级模式的数据库系统

　　物理数据库指的是以二进制位流形式存储在磁盘、磁鼓等大容量物理存储器上的数据集合。物理数据库所使用的物理存储器的容量视系统的不同而不同，一般都在几十兆字节以上。

　　内模式亦称存储模式，是对数据库在物理存储器上具体实现的描述。它规定了数据在存储介质上的物理组织方式、记录寻址技术，定义了物理存储块的大小、溢出处理方法等。内模式要解决的问题是如何将各种数据及其之间联系表示为具有二进制位流形式的物理文件，然后以一定的文件组织方法组织起来。

　　概念模式亦称为模式。它给出了数据库中数据的整体逻辑结构和特性的描述。它除了包含记录型、记录型之间联系以及数据项的逻辑描述外，还包括了对数据的安全性、完整性等方面的定义。

　　外模式亦称子模式，它是对数据库中用户所感兴趣的那一部分数据的逻辑结构和特性的描述。它通常是概念模式的一个子集，也可以是整个概念模式。所有的应用程序都是根据外模式中对数据的描述来编写的。外模式可以共享，即在一个外模式上可以编写多个应用程序，但一个应用程序只能使用一个外模式。不同的外模式之间可以以不同方式相互重叠，即它们可以有公共的数据部分。同时也允许概念模式与外模式之间在数据项的名称、次序等方面互不相同。

　　数据库系统的三级模式将数据库的物理组织结构与全局逻辑结构和用户的局部逻辑结构相互区别开来，不仅可以实现数据的逻辑独立性和物理独立性，而且也便于数据库的设计、组织和使用。

　　外模式和概念模式之间的映射，实现了应用所涉及的数据局部逻辑结构与全局逻辑结构之间的变换。当全局的逻辑结构因某种原因改变时，只需修改外模式和概念模式之间的映射，而不必修改局部逻辑结构，也不必对应用程序进行修改，就可实现数据的逻辑独立性。

概念模式与内模式之间的映射，实现了数据的逻辑结构与物理存储结构之间的变换。当数据库的物理介质或物理存储结构改变时，只需修改概念模式与内模式之间的对应关系，就可保持概念模式不变，从而实现数据的物理独立性。

3. 数据库管理系统

数据库管理系统是对数据库的所有操作进行统一管理和控制的一个软件集合。它是数据库系统的中心枢纽。数据库管理系统对于数据库的操作是在系统的支持下完成的。

数据库管理系统通常由三部分组成：语言和语言编译处理程序、数据库管理控制程序和数据库服务程序。下面分别进行介绍。

1) 语言和语言编译处理程序

数据库的语言用来定义和使用数据库。数据库管理系统提供给用户的数据语言由两部分组成：数据描述语言(Data Description Language，DDL)和数据操作语言(Data Manipulation Language，DML)。

DDL 用来定义数据库的各级模式，在数据库设计和修改设计时使用。对应于外模式、概念模式和内模式，DDL 划分为子模式 DDL、模式 DDL 和物理 DDL。

子模式 DDL 用来定义用户所使用的局部逻辑结构，包括局部逻辑结构的命名、子模式所包含的各个记录型以及记录型中的数据项和各个记录型之间的联系。由于子模式中的记录型的命名可以和模式中对应的记录型命名不同，数据项的命名和长度也可以和模式中对应数据项不同，所以子模式 DDL 还包括了子模式到模式之间映像关系的描述。子模式 DDL 还可描述用户的操作密码和使用权限。

模式 DDL 用来定义数据库的全局逻辑结构，包括记录和数据项的命名，记录的关键字的确定，数据项的数据类型、长度的说明，记录型之间的从属关系和相互之间的联系的命名。同时模式 DDL 还定义了数据的保密码及有关安全性、完整性的规定等。

物理 DDL 用来定义数据的物理存储结构。它描述了数据在存储介质上的安排和存放，与硬件的特性有关。其主要内容包括：数据采用何种存放方式，是直接存放方式、索引组织还是链式结构；数据的寻址方式和检索技术，如对索引文件使用索引寻址方式，对直接存取文件采用散列法等；数据间联系的实现方法，如链、指针阵列等；对数据使用的存储空间的分区、分页，如规定基本数据区、溢出区、索引区；等等。

数据描述语言是一种高级语言，由这种语言所定义的模式称为源模式，各级源模式必须经相应的语言编译处理程序转换成目标模式后才能使用。

DML 用来对数据库中的数据进行存储、检索、插入、删除、修改等操作。DML 分为两类：自含型 DML 和宿主型 DML。

自含型 DML 又称为查询语言(Query Language)，该语言可单独使用，它具有检索、修改、建库等功能。它是可以在用户终端上使用的交互性语言。这种语言使用简单、方便，易于学习，但处理速度比较慢，无法进行复杂的数据处理。

宿主型 DML 不能单独使用，它必须嵌入某种主语言，如 COBOL、FORTRAN、C 等高级语言中使用。宿主型 DML 仅负责对数据库中数据的操作，其他的复杂的数据处理由主语言完成。这样使得用户使用的应用程序变得相当复杂。由于应用程序中既包含主语言又包含 DML，所以我们对于源程序的编译要分别进行。但这种语言可进行复杂的数据处理，而且处理速度较快。

2) 数据库管理控制程序(DBMS)

数据库管理控制程序完成对数据库的管理和控制，它主要由以下程序组成：

(1) 系统总控程序，是 DBMS 运行程序的核心，DBMS 中的其他程序都是在这个程序的控制和协调下运行的。

(2) 存取控制程序，检查用户标识、口令、权限，决定是否允许对数据进行访问。

(3) 并发控制程序，协调多个应用程序使之能同时对数据库中的数据进行操作。

(4) 数据完整性控制程序，根据数据的约束性条件，检查数据的有效性、一致性。

(5) 数据安全性控制程序，实现对数据库数据安全保密的控制。

(6) 数据存取和更新程序，实施对数据库的数据操作，这包括检索、插入、修改、删除。

(7) 通信控制程序，完成应用程序与 DBMS 之间的通信。

3) 数据库服务程序

数据库系统的运行除了使用以上的管理控制程序，还用到一系列服务程序。服务程序主要有以下几种：

(1) 数据装入程序，用于将初始数据送入存储介质、生成数据库。

(2) 系统恢复程序，当数据库系统因某种原因发生故障，使数据库遭到破坏时，可将数据库恢复到正确状态。

(3) 工作日志程序，负责记载进入数据库的所有访问，其内容包括用户名称、进入系统时间、进行的操作、数据变更情况等，以备操作失败或故障恢复时使用。

(4) 性能监测程序，对数据库系统运行时的操作执行情况和存储空间占用情况进行统计、分析，决定是否需要对数据库进行重新组织。

(5) 数据库重新组织程序，当数据库系统性能变坏时，提供数据库重新组织功能，包括文件组织方式的改变、数据的重新装配等，以使数据库系统达到良好的状态。

(6) 转储、编辑和打印程序，完成对数据库数据的定期转储、备份；对数据进行编辑和按规定格式打印所选的部分程序。

4. 应用程序以及开发工具软件

数据库系统中的应用程序提供了用户与系统的接口，应用程序是根据用户所关心的外模式来编写的，它为用户提供了一个与计算机系统交互的良好界面，便于用户掌握和使用。现代的数据库系统一般都提供了各种应用开发工具软件来提高系统的使用效率。这些应用开发工具软件包括应用生成器、报表生成器、电子表格软件、文字与图形信息处理软件等。

这些软件以数据库管理系统为核心，直接支持数据库系统的应用开发。

14.1.3　用户对数据库系统的访问过程

数据库管理系统是数据库系统的核心软件，它与数据库的各个部分都有密切的联系，数据库的一切操作，如数据的装入、检索、更新、再组织等都是在 DBMS 的控制和管理下进行的。

　　为了更好地理解 DBMS 的作用，我们以应用程序从数据库读取一个记录为例来进行具体说明，其访问过程如下(参见图 14.2):

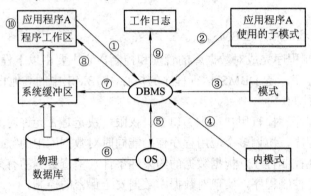

图 14.2　使用 DBMS 为应用程序读取一个记录的操作顺序

　　(1) 应用程序 A 使用 DML 命令向 DBMS 发出读取一个记录的请求，并提供相应的记录参数，如记录名、关键字等。

　　(2) DBMS 根据应用程序 A 对应的子模式信息，核对用户的访问权限、操作是否合法等，若核对结果符合规定，则执行下一步，否则中止执行并给出出错信息。

　　(3) DBMS 根据子模式和模式之间的映像关系和调用模式，确定该记录在模式上的结构。

　　(4) DBMS 根据模式与存储模式的映像关系和存储模式，确定该记录的物理结构。

　　(5) DBMS 向 OS 发出读取物理记录命令。

　　(6) OS 执行 DBMS 发出的命令，从相应的存储设备读出相应的数据，并送入系统缓冲区。

　　(7) DBMS 收到 OS 的操作结束信息后，按模式和子模式的映像关系将系统缓冲区中的数据装配成应用程序 A 所需要的记录，并送入程序工作区。

　　(8) DBMS 向应用程序 A 发送反映命令执行情况的状态信息(由状态字描述)，如"执行成功"或"数据未找到"等。

　　(9) DBMS 记录系统的工作日志。

　　(10) 应用程序 A 根据状态信息进行相应的数据处理。

　　对于数据库的其他操作，其过程与上述读取过程类似，读者可自行给出。

14.1.4　数据库系统的不同视图

　　在数据库系统的设计、管理、开发和使用过程中，各类人员以不同的角色与数据库系统发生联系，按照各类人员的具体任务，可以分为普通用户、应用程序员、系统程序员、系统分析员和数据库管理员(DBA)几类。各类人员所接触到的数据库具有不同的表现形式，也就是说，各类人员眼中所看到的数据库是不同的。图 14.3 给出了数据库系统的不同视图。

　　1) 普通用户

　　普通用户通过在各部门办公室或工作室中的计算机终端，利用数据库系统提供的应用程序软件，以交互的方式使用数据库系统来处理各种业务。他们无须掌握数据库技术的技

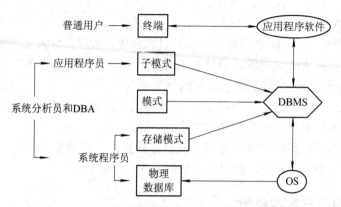

图 14.3　数据库系统的不同视图

术细节、熟悉程序语言以及数据操作语言，只要懂得一些简单的操作方法，便可利用应用程序软件所提供的良好用户界面来处理各种业务，如航空客票的售票员就是一个例子。

2) 应用程序员

应用程序员负责应用程序软件的设计。他们必须熟练掌握程序语言及数据操作语言和数据库系统提供的子模式，并能使用系统所提供的各种应用开发工具软件，以便向普通用户提供性能优良的应用程序软件。他们往往还和 DBA 一起进行子模式的设计。应用程序员所看到的数据库对应于用户级数据库，称为用户视图或局部逻辑结构。

3) 系统程序员

系统程序员负责系统软件的设计。他们非常熟悉计算机的硬件配置和系统软件，能够按照 DBA 所提供的存储模式设计数据库所必需的软件和硬件配置，以对数据存取提供适当的物理组织，满足数据库当前和未来的扩展需求。系统程序员所看到的数据库对应物理数据库，也称为系统程序员视图。

4) 系统分析员

系统分析员负责系统分析和设计工作。他们不仅需要熟悉数据库系统的软、硬件配置，而且还要熟悉用户的需求，并能根据用户的需求编制系统发展的提案书和设计书，以及参与应用系统的软、硬件配置确定和数据库各级模式的概要设计。

5) 数据库管理员

数据库管理员负责数据库系统的设计、建立、管理和维护工作。他们不仅对程序语言、数据描述、操作语言、系统软件和 DBMS 非常熟悉，而且对用户业务也非常了解。他们在数据库系统的设计阶段，参与全部设计工作；在系统建立阶段，负责将数据库的数据装入，在系统建立之后负责数据库的日常维护，使数据库有效地满足各种用户的需求。因此，数据库管理员是掌握数据库全局并进行数据库设计和管理的骨干人员，在数据库系统中特别重要。数据库管理员的主要职责可归纳为以下几点：

(1) 系统组织：在设计阶段，数据库管理员和系统分析员一起决定数据库的内容，确定数据库系统的各级模式、用户对数据库的存取权限、数据约束条件和保密措施等等；在建立阶段，将数据库各级源模式经编译处理生成目标模式并装入系统，然后装入数据库数据。

(2) 运行监督：在数据库运行时，监视系统的运行状况，记录数据库数据的使用和变化情况，定期对数据库的数据进行转储。

(3) 整理和重组：数据库管理员通过各种日志和统计数字，分析系统性能。当系统性能下降或用户对数据库系统提出新的信息要求时，数据库管理员负责各级模式的修改，并对数据库的数据重新进行组织以提高系统性能并满足用户需要。

(4) 系统恢复：数据库运行期间，由于硬件和软件的故障会使数据库遭受破坏，数据库管理员必须确定恢复策略并负责数据库数据的恢复。

数据库管理员所看到的数据库对应于概念级数据库，是数据库的整体逻辑描述，它是所有用户视图的一个最小并集，通常也称为数据管理员视图。

14.1.5 信息模型与数据模型

把现实世界中的客观事物及其联系转化为 DBMS 所能接受的逻辑数据结构，是一个复杂的过程，也是概念级数据库设计的主要任务。这一过程涉及三个世界，它要将现实世界的客观事物的主要特征抽象出来，并用一种形式化的描述来反映。模型方法就是一种常用的描述方法。

由于客观事物及其联系是错综复杂的，直接将现实世界的客观事物及其联系转化为DBMS 所能接受的逻辑数据结构，必须同时考虑很多因素，即不仅要考虑现实世界的内在信息联系，各种应用对数据处理的要求，还要考虑特定数据库系统的各种限制条件，这使设计工作变得非常复杂，效果也不理想，所以通常将这一转化过程进行适当的分离，即分为两步来实现。第一步，将现实世界中的客观事物及其联系转化为信息世界中的信息模型，也称为用实体模型来表示。这一步的重点在于如何将客观事物的主要特征抽象出来，并用一种形式化的符号进行描述，该描述是面向客观事物及其联系的。第二步，将这种形式化的描述转化为数据世界中的数据模型。这一步的重点是如何找出形式化描述与具体的数据结构之间的关系，并实现相应的转换，该转换是面向计算机的。

1. 信息模型

信息模型反映了现实世界中客观事物间的各种联系，也可以说它反映了现实世界的信息结构。这种信息结构通常采用 P. P. S. Chen 于 1976 年提出的实体-联系(Entity-Relationship)方法，简称 E-R 方法或 E-R 模型来进行描述。

E-R 模型将现实世界中的客观事物、客观事物之间的联系、客观事物的属性抽象成为实体、联系和属性三种最基本的成分，并用线段将这些基本成分连接起来，从而描述现实世界中的信息联系。E-R 模型是一个面向现实世界的概念性数据模型，它不涉及信息联系如何在 DBMS 中实现的问题。它提供了一种简便、有效地表示信息结构的方法，目前已成为数据库设计中的一个通用工具。

E-R 模型通常以图形的方式来表示，即 E-R 图。下面介绍 E-R 图表示的基本符号和有关规则。

1) 同类实体的表示

E-R 图使用矩形框，并在矩形框内写相应的实体型名，来表示同类实体集合。例如，$\boxed{\text{学生}}$就表示了学生这个实体集合。

2) 联系的表示

E-R 图使用菱形框并在框内写上联系名来表示不同类型实体之间的联系或同一类型实体之间的联系。用无向线段将菱形框和有关联的实体连接起来，并将实体间的联系类型标注在连线旁便给出了实体间联系的描述。

联系的类型通常可分为三种不同形式：一对一(1∶1)、一对多(1∶n)或多对一(m∶1)、多对多(m∶n)。

1∶1 的联系，表示了两个实体集 A 和 B 中的实体之间存在一一对应的联系。例如，一个班有一个班长，一个班长管理一个班。这个班长与班之间便构成了 1∶1 的联系。如图 14.4(a)所示。这种联系类似于数学中的一一对应(映射)关系。

1∶n 的联系或 m∶1 的联系，表示了实体集 A 中的一个实体与实体集 B 中的多个实体相联系，同时实体集 B 中的一个实体仅与实体集 A 中的多个实体相联系的关系。例如，一个班有多名学生，而一名学生只在一个班级学习，学生班与学生构成 1∶n 的联系，如图 14.4(b)所示。反之，实体集 A 中的一实体与实体集 B 中的一个实体相联系，同时实体集 B 中的一个实体与实体集 A 中的多个实体相联系，则构成了 m∶1 的联系，如图 14.4(c)所示。这种联系类似于数学中的一对多的映射关系。

m∶n 的联系，表示了实体集 A 中的一个实体与实体集 B 中的多个实体相联系，同时实体集 B 中的一个实体又与实体集 A 中的多个实体相联系。这是实体之间存在的一种较为普遍的联系。例如一名学生可选修多门课程，而一门课可供多名学生选修，则实体集学生和选课之间存在 m∶n 联系，如图 14.4(d)所示。

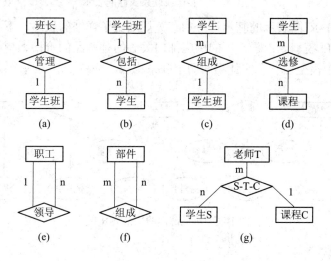

图 14.4　实体间的联系

同一类型实体之间的联系，虽然也具有以上三种不同的联系形式，但与图 14.3(a)～(d)表示的方法有所不同。如职工实体间的领导与被领导的联系是 1∶n 的联系，如图 14.4(e)所示。而组成产品的部件之间的联系是 m∶n 的联系，如图 14.4(f)所示。

一个实体集中的实体也可以同时和几个实体集合的实体发生联系，例如教师、课程、学生这三个实体集中的每两个实体集的实体之间都存在 m∶n 的联系，即一位教师可以讲授多门课程，每位教师给若干名学生授课；每门课程有若干位老师讲授，每门课程有若干学

生选修；一名学生听多位老师的课，同时一名学生可学习多门课程。这种联系可用图 14.4(g)
表示。

3) 属性的表示

E-R 图使用椭圆形框并在框内写上属性名来表示实体或联系的属性，使用无向线段将属性与相应的实体和联系相互连接起来。例如，学生这个实体用学号、姓名、年龄、性别、班级这几个属性来描述，如图 14.5(a)所示。

实体间的联系也可具有属性，这种属性与相互联系的实体有关，必须由两个实体同时决定。例如，在学生与课程间的选课联系中，学生的考试成绩既不是学生实体集的属性(因为一名学生对每门课程都有一个考试成绩)，也不是课程实体集的属性(因为对同一门课程，不同学生具有不同的考试成绩)。所以考试成绩只能是与某名学生、某门课程相联系的选修的属性，如图 14.5(b)所示。注意：并非所有联系都必须有"属性"。

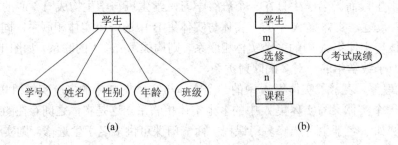

(a)   (b)

图 14.5   实体或联系属性的表示

以上我们对 E-R 图表示的基本符号和有关规则做了详细的叙述，下面给出一个工厂供应部门的局部 E-R 模型。由于工厂的供应部门关心的是产品的价格、使用材料的价格及库存量等，因此整个模型由三个实体集和两个联系构成，如图 14.6 所示。

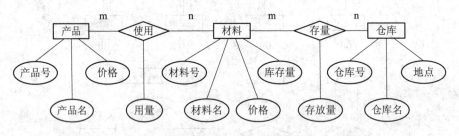

图 14.6   供应部门的局部 E-R 模型

2. 数据模型

数据模型是信息模型在数据世界中的表示形式。它与数据库系统中的逻辑结构相关。依据数据库系统中数据的逻辑结构组织方法，数据模型分成三类：层次模型、网状模型和关系模型。这里主要介绍关系模型。

关系模型是在层次和网状模型之后发展起来的一种数据模型。关系模型是由 IBM 公司的 E. F. Codd 于 1970 年在他的论文"一个通用关系数据库系统的模型"中首先提出来的，并在 70～80 年代初期得到了迅速的发展。基于关系模型的数据库系统目前被认为是最有前途的。

关系模型源于数学，它把数据看成二维表中的数据，使用二维表来描述实体及其相互联系。一个二维表便称为一个关系，二维表中的每一列对应实体的一个属性和相应的属性值，每一行形成一个由多种属性组成的多元组，该多元组与一个特定的实体相对应。实体集之间的联系通过在不同的二维表格中保留某些共同的属性列来体现。表 14.2 和 14.3 给出了学生情况表和教师任课情况表。

表 14.2　学生情况表

学　号	姓　名	性　别	年　龄	班　级
19201	张　岭	女	20	1.921
19205	王　刚	男	21	1.922
19304	吕　林	男	21	1.923
29304	刘　燕	女	19	1.924
…	…	…	…	…

表 14.3　教师任课情况表

姓　名	所在院系	课程名	班　级
马　力	计算机	操作系统	1.922
张　山	计算机	数据结构	1.924
王　强	计算机	信息系统	1.921
…	…	…	…

从上述两个表的共同属性列——班级，可以看出张岭是王强的学生，学习的是信息系统课程。在关系模型中，所有的数据都存放在各种不同的二维表中，也就是说关系模型是只有单一的"关系"这样一种结构类型。

关系是元组的集合，如果二维表有 n 列构成则称该关系为 n 元关系。关系具有以下性质：

(1) 表中的每一列属性都是不能再分的数据项。

(2) 各列被指定一个相异的名字。

(3) 各行相异，不允许重复。

(4) 行、列次序均无关紧要。

关系模型中的元组概念虽然与数据世界中的记录概念对应，但二者之间存在一些差别。其差别体现如下：

(1) 关系模型不允许元组重复，而数据世界中的记录允许重复。

(2) 关系模型中行、列次序不重要，而数据世界中的记录次序和数据项的次序是很重要的。

关系模型具有以下优点：

(1) 简单。关系模型仅使用了二维表这样一种数据结构，非常直观，便于用户理解并简化了数据库的设计。

(2) 数据独立性。关系模型不涉及用户接口的存储结构和存取方法的细节，具有良好的数据独立性。

(3) 坚实的理论基础。关系模型和关系语言都建立在严密的数学理论基础之上。

(4) 易使用非过程的数据请求。因为在关系模型中，数据项是根据其值直接存取的，所以数据请求不必指出访问路径，便于使用非过程数据操作语言，如 SQL，也方便数据库的使用。

关系模型也存在一些缺点，主要的一点是基于这种模型的数据库(也称关系数据库)的检索速度较慢，影响了整个系统的性能。人们通过减少关系数据库的连接操作，对查询进行优化，提高计算机外存的访问速度，改善关系数据库的性能。因而 80 年代以来推出的数据库管理系统几乎都是基于关系模型的，它已成为数据库模型中占主导地位的模型。

14.2　关系数据库的概念

关系数据库是建立在严格的数学基础之上，运用数学方法研究和定义数据库及其操作的数据库系统。

关系模型由于与其他模型(层次或网状)相比，不仅能直观地利用人们所熟悉的表格来描述数据库中的数据，而且能够利用先进的数学工具——关系代数来对这些表格进行任意的分割和组装，随机地产生用户所需的各种新表格，因此为关系数据库的发展提供了基础和保证。

从数学的角度而言，关系是集合论中的一个概念，下面给出它的定义。

定义 14.1　给定一组集合$\{D_1, D_2, \cdots, D_n\}$，它们可以是相同的，若 R 是这样一个有序 n 元组：

$$\{(d_1, d_2, \cdots, d_n) \mid d_i \in D_i, i=1, 2, \cdots, n\}$$

则称 R 是这 n 个集合的一个关系，并称集合$\{D_1, D_2, \cdots, D_n\}$为关系 R 的域，称 n 为关系的度。

这里的域是值的集合，它可以是整数集合、字符串集合、实数集合……由于 n 元组(也简称为元组)可以看成从属性名到属性域中的值的映射，从而可用映射的集合来定义关系，即有以下定义。

定义 14.2　关系是命名属性集合下元组的有限集合，其中每一元组是命名属性集合到各对应值域中的值的映射。

[例 14.1]

(学号，姓名，出生年月，性别，班级)构成命名属性集合

001，王涛，65.7，男，1-921
002，刘丰，67.3，男，2-931　　构成一个关系
⋮　　⋮　　⋮　　⋮　　⋮
085，张胜，68.5，男，4-941

粗略地说，以上给定的命名属性集合(属性名集)给出了一个关系模式。关系模式就是二维表的表框架，相当于记录型。设关系名取 REL，其属性为$A_1, A_2, \cdots, A_k$，关系模式记为$REL(A_1, A_2, \cdots, A_k)$，则例 14.1 所示学生关系模式为

学生(学号，姓名，出生年月，性别，班级)

实际上，关系模式除了上述的属性名集外，还有其他内容。它应该是结构的描述或对关系特性的表征。这些特性包括描述关系的各种属性、属性值的限制、各属性间的数据依赖性以及对关系的一些强制性的限制，即通常所说的完整性约束条件。下面以数学形式给出关系模式的定义。

定义 14.3 关系模式是一个多元组

$$REL(U，D，DOM，I，F)$$

其中，REL 表示关系名，U 是组成 REL 的有限属性名集，D 是 U 中属性的值域，DOM 是属性列到域的映射，I 是一组完整性约束条件，F 是属性间的一组依赖关系。

关系模式和关系是关系数据库中密切相关但又有所区别的两个概念。关系模式描述了关系的信息结构以及语义约束，是关系的"型"。而关系则是关系模式在某一时刻的"当前值"，它是现实世界某一时刻状态的真实反映。所有关系的当前值构成(关系)数据库。关系是随时间变化而变化的，但这种变化不改变属性的特性和属性间的联系。

关系数据库的逻辑设计主要是关系模式的设计，因此，人们常称关系模式是关系数据库的结构和关系的框架或内涵，而把关系称为关系模式的实例或外延。

关系模型所使用的术语与其他模型中的术语有些不同，但它们之间存在对应关系。关系模型中，将能够唯一识别元组的属性或最小属性组称为关系的候选关键字，而选定的用于识别元组的属性或最小属性组称为关系的主关键字，也称为主码。关系的每一列称为一个域，它包含了一个属性的所有取值。关系中的列的数目称为阶数，行的数目称为基数。关系模型中的术语与数据世界中的术语的对应关系见表 14.4。

表 14.4　关系模型中的术语与数据世界中的术语的对应关系

关 系 模 型	数 据 世 界
元组	记录
关系模型	数据模型
属性	数据项(字段)
属性值	数据项的具体取值
域	数据项的取值范围
关系	文件
关系模式	记录型
候选关键字	候选关键字
次关键字	次关键字
主关键字	主关键字

14.3　数据库设计

数据库设计通常具有两个含义，一个是指数据库系统的设计，即 DBMS 系统的设计，另一个是指数据库应用系统的设计。我们在这里主要讨论数据库应用系统的设计，即根据具体的应用要求和选定的数据库管理系统来进行数据库设计。

早期的数据库设计，设计者针对用户的信息要求，结合 DBMS 系统的功能，经过分析、选择、综合，建立抽象数据模型，然后使用 DDL 写出模式。由于设计中通常将数据库的逻辑结构、物理结构、存储参数、存取性能一起考虑，所以称为单步设计方法。这种设计的质量和效率在很大程度上依赖于设计者的经验、知识和水平，设计效率低，不能满足大规模的数据库设计的要求。

从 20 世纪 70 年代起，数据库工作者经过探索和研究，提出了许多数据库的设计方法，借鉴软件工程的原理和方法，数据库设计分成几个阶段来进行，每一阶段完成一定的任务。这种设计方法称为多步设计方法。常用的设计方法包括新奥尔良(New Orleans)方法、规范化方法、基于 E-R 模型的方法以及 LRA 方法等。

目前数据库设计方法在经历了由直觉的技艺向各种设计规程和模型化工具的发展过程之后，正在向工程化和自动化方向发展，目前，市面上出现了报表生成器、应用程序生成器等计算机辅助设计数据库工具，ORACLE 公司的 CASE(Computer Aided System Engineering)为数据库设计者提供了一个综合的多窗口、多任务的工作平台，帮助设计者将他们的知识与用户的信息要求和数据处理要求结合起来，方便把用户的现实世界问题转化为对实际问题的求解。CASE 能对数据库系统的分析、设计和实现提供辅助，帮助设计者高效地建立高质量的数据库应用系统。

从软件工程的角度而言，数据库设计过程可划分为以下几个阶段：

1) 需求分析阶段

需求分析阶段的工作是数据库设计的基础，它由用户和数据库设计人员共同完成。数据库设计人员通过调查研究，了解用户业务流程，与用户取得对需求的一致认识，获得用户对所要建立的数据库的信息要求和信息处理要求的全面描述，并以需求说明书的形式表达出来。

2) 概念设计阶段

概念设计阶段是在需求分析阶段的基础上进行的，这一阶段，数据库设计人员对收集的信息、数据进行分析、整理，确定实体、属性及它们之间的联系，然后形成描述每个用户的局部信息结构，即定义局部视图(View)。在各个用户的局部视图定义之后，数据库设计人员通过对它们的分析和比较，最终形成一个用户易于理解的全局信息结构，即全局视图。全局视图是对现实世界的一次抽象与模拟，它独立于数据库的逻辑结构以及计算机系统和DBMS。

3) 逻辑设计阶段

逻辑设计阶段将概念设计所定义的全局视图按照一定的规则转换成特定的 DBMS 所能处理的概念模式，将局部视图转换成外部模式。这一阶段，设计人员还需处理完整性、一致性、安全性等问题。

4) 物理设计阶段

物理设计阶段的任务是对逻辑设计中所确定的数据模式选取一个最适合的物理存储结构。在这一阶段，数据库设计人员要解决数据在介质上如何存放，数据采用什么方法来进行存取和存取路径的选择等问题，因为物理结构的设计直接影响系统的处理效率和系统的开销。

5) 数据库的建立和测试阶段

在数据库的建立和测试阶段，数据库设计人员将建立实际的数据库结构、装入数据，完成应用程序的编码和应用程序的装入，完成整个数据库系统的测试，检查整个系统是否达到设计要求，发现和排除可能产生的各种错误，最终产生测试报告和可运行的数据库系统。

6) 数据库的运行和维护阶段

在数据库的运行和维护阶段，数据库设计人员将排除数据库系统中残存的隐含错误，并根据用户的要求和系统配置的变化，不断地改进系统性能，必要时进行数据库的再组织和重构，延长数据库系统的使用时间。

14.3.1　需求分析

需求分析阶段的特点是工作量大，并且工作很烦琐，其主要任务包括：

(1) 通过调查研究，给出用户的业务信息流程图。设计人员通过与用户单位各层次的领导和业务管理人员的交流座谈，了解用户单位的组织机构、各部门的职责以及各部门的主要业务活动和对数据的需求情况，即弄清楚系统在处理每一种业务时的详细工作步骤和方式，并将其以设计人员和用户都易理解的业务信息流程图方式加以描述。

(2) 通过对业务信息流程图的分析，确定应用系统应该实现的功能。通过业务信息流程图，设计人员应确定哪些功能由计算机完成或准备由计算机完成，哪些功能由人工完成，从而确定应用系统应该实现的功能。

(3) 分析用户的信息要求，给出详细的描述。用户的信息要求涉及所有信息的内容、特征和需要存储的数据。这包括数据的名称、数据的类型、数据的约束条件，数据与数据之间的联系等内容。

(4) 明确用户的信息处理要求。用户的信息处理要求是指用户对数据处理所提出的一些要求，包括处理方式是批处理方式还是实时方式；各种处理之间的顺序和优先级；使用的频度，各种处理的数据存取量的多少；在处理时间上有什么要求和限制；等等。

(5) 编写需求说明书。需求说明书是在需求分析活动后建立的文档资料，它是对所设计的系统的全面描述，它包括系统目标的描述、需求定义、系统功能、运行环境、工作量的估算和经费预算等多项内容和一些相关的图表。

需求说明书是在用户和设计人员对所设计的系统的指标体系取得共识的基础上而产生的系统的文字说明。它是双方相互了解的一个基础和以后各阶段工作的主要依据，也是对所设计的数据库系统进行评价的依据。

需求分析阶段常用的一种分析方法是结构化分析方法(简称 SA 方法)。这种方法是一个面向过程的分析方法。它有两个显著的特点：

① 由顶向底逐层分解；

② 采用简单易懂、直观的描述方法。

SA 方法采用了"分解"和"抽象"两个基本手段，从而使一个复杂的问题能够通过分解，划分成若干个小问题，便于处理；通过抽象，便于掌握问题的最本质的属性。SA 方法在本书第 1 部分有详细的叙述,这里不再赘述。

14.3.2　概念设计

　　早期的数据库设计,在需求分析阶段后,便直接进行逻辑设计。由于此时设计人员既要考虑现实世界信息的联系与特征,又要满足特定的数据库管理系统的约束条件,因而客观世界的描述受到一定的限制。同时,设计时设计人员要同时考虑多方面的问题,也使设计工作变得十分复杂。1976 年 P. P. S. Chen 提出在逻辑设计之前先设计一个概念模型(信息结构模型),并且提出了用 E-R 模型来进行概念模型的设计,这样不但降低了设计工作的复杂性,使整个设计工作显得更有条理,而且能够直观、准确地模拟用户的现实世界。

　　使用 E-R 模型来进行概念模型的设计通常分两步进行:首先建立局部概念模型,然后综合局部概念模型,建立全局概念模型。

1. 局部概念模型设计

　　局部概念模型设计是从用户的观点出发,设计符合用户需求的概念结构。按照需求分析阶段得到的数据流图、数据词典和需求说明书,设计人员可进行对应于各用户的局部概念模型的设计。

　　在局部概念模型的设计中,设计人员首先根据对应于用户的数据流图和数据词典中的有关条目,来标定该应用中的实体、属性和实体之间的联系,从而形成局部 E-R 图表示的局部概念模型。具体哪些数据项作为实体,哪些数据项作为属性要视具体的应用情况而定,并没有一个严格的界限,通常是按照自然习惯来进行划分,如学校的教师、学生、课程等都是自然存在的实体。确定实体与属性的原则有以下三点:

　　(1) 能够作为属性的数据项应尽量作为属性而不要作为实体;

　　(2) 作为属性的数据项与所描述的实体之间的联系只能是 1∶n 的联系;

　　(3) 作为属性的数据项不能再用其他属性加以描述,也不能与其他实体或属性发生联系。

　　例如,在物资管理中,视应用环境和要求的不同,仓库可作为物资的属性或作为实体。当一种物资只存放于一个仓库中时,可以用仓库号来描述一种物资的存放地点,这样仓库可作为物资的一个属性。但当一种物资可以存放于多个仓库中时,或应用中需给出关于仓库的面积、地点等信息或仓库不仅与物资发生联系,还与其他实体发生联系时,仓库则应作为一个实体,如图 14.7 所示。

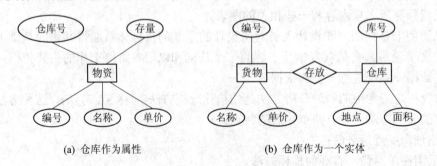

(a) 仓库作为属性　　　　　　　　　　(b) 仓库作为一个实体

图 14.7　物资管理的 E-R 模型

　　在确定了实体和属性之后,设计人员便可建立实体之间的联系。这种联系也是根据需求分析阶段所给出的数据流图、数据词典和需求说明书确定的。实体之间的联系分为1∶1、1∶n、m∶n三种不同形式,依据语义可确定其属于哪一种。有的联系还需要属性说明,这也要一起确定。

在确定实体之间的联系时,有时会出现冗余联系。这种冗余联系应在局部概念模型设计中予以消除。

例如,在图书、订户、订单之间存在图14.8的联系。其中订户与图书之间的购买联系是一个冗余联系,因为一种图书有哪些订户购买,可从签订和订购两个联系中导出。

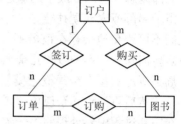

图 14.8　图书、订户、订单的 E-R 模型

当实体、实体的属性和实体之间的联系确定之后,设计人员便可得到局部概念模型。例如一个企业的生产、销售、物资管理三个环节的局部概念模型可用图14.9表示。

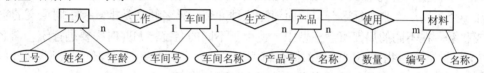

(a) 生产的局部概念模型

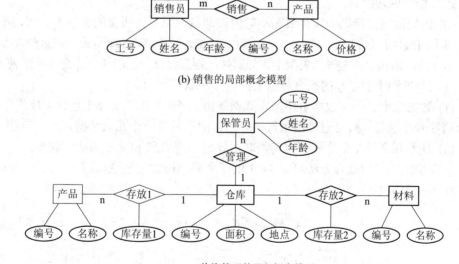

(b) 销售的局部概念模型

(c) 物资管理的局部概念模型

图 14.9　三个局部概念模型

2. 全局概念模型设计

全局概念模型设计就是从全局观点出发将局部概念模型设计中所得到的用 E-R 图表示的各个局部概念模型进行综合、归并,消除不一致和冗余,从而形成一个完整的、能支持各个局部概念模型的全局概念模型。

从局部概念模型获得全局概念模型通常采用两种方法,一种方法是将多个局部概念模型一次归并,即同时考虑所有局部概念模型中的实体、属性和联系,一次合并使它们成为全局概念模型。这种方法通常在局部概念模型数目较少时使用。另一种方法是首先对联系较紧密的两个或多个局部概念模型进行归并，形成多个中间局部概念模型，然后再将多个中间局部概念模型归并成全局概念模型。

由于局部概念模型往往是从不同应用角度，由不同设计人员设计的，所以局部概念模型之间不可避免地会存在很多不一致和冗余的现象，当它们归并为全局概念模型时，设计人员需要消除这种不一致和冗余现象。

局部概念模型向全局概念模型的归并，首先从实体和联系两个方面将局部概念模型进行归并，然后再消除冗余现象。

在归并过程中要处理的不一致现象包括以下几种：

(1) 命名冲突包含同名异义或异名同义两种情况。同名异义是指具有不同意义的实体、属性或联系在不同的局部概念模型中具有相同的名字，例如学生实体在不同的局部概念模型中表示本科生、研究生或专科生，则在归并时或将学生这一实体具体化，或在学生实体中增加一个类别属性来进行区分，从而消除这种冲突。异名同义是指具有相同意义的实体、属性或联系，在不同的局部概念模型中，使用了不同的名字，归并时需要进行统一命名。

(2) 属性冲突是指在不同的局部概念模型中，同一个实体集中属性值的类型、取值范围和度量单位的不一致。例如度量单位在有的局部概念模型中以公斤为单位，而在另外一些局部概念模型中以吨为单位等。解决的方法是从全局出发，以能满足所有用户的需求为原则，进行相应的转换。

(3) 结构冲突是指同一实体集在不同的局部概念模型中所含的属性不一致，解决的方法应该将不同属性归并到一起，形成一个综合实体类。另外，若一个数据项在某些局部概念模型中作为实体，而在另一些概念模型中作为属性，则应将该数据项统一作为实体来处理。

在归并过程中要处理的冗余包括数据冗余和联系冗余。

(1) 数据冗余是指某数据可由基本数据导出。例如当职工实体中包含了出生年月和年龄两个属性时，因为年龄可通过出生日期导出，故年龄是一个冗余数据，应予以删除。

(2) 联系冗余是指某联系可由其他联系导出，例如图 14.8 中的购买联系。

下面按照以上的处理方法对图 14.9 的三个局部概念模型进行归并，可得到图 14.10 所示的全局概念模型。

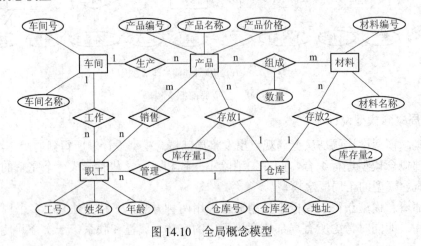

图 14.10　全局概念模型

上述归并过程，采取了以下两点措施：

(1) 由于工人、销售员、保管员都是职工的分类，故进行合并产生一个职工实体。

(2) 由于销售的概念模型中产品实体具有价格属性，故应在全局概念模型的产品实体中增加一个价格属性，以适应不同的局部概念模型。

经过检查可以发现图 14.10 的全局概念模型中不存在冗余的数据或冗余的联系。

14.3.3 逻辑设计

将概念设计阶段所得到的局部概念模型和全局概念模型转换为具体的 DBMS 所能支持的外模式和概念模式，通常分三步来完成转换：① 根据相应的转换规则将局部概念模型和全局概念模型转换为一般的数据模型，即转换为现有的 DBMS 所支持的网状、层次或关系模型中的某一种数据模型；② 从功能和性能要求上对转换的模型进行评价，看它是否满足用户要求；③ 根据评价的结果并结合具体的 DBMS 的限制和特点进行结构优化，以提高系统性能。

1. 导出数据模型

由 E-R 图表示的概念模型到关系模型的转换是按照转换规则来进行的。一个 E-R 图表示的概念模型向关系模型的转换将遵循以下原则：

(1) 一个实体型转换为一个关系模式，实体的属性就是关系的属性，实体的关键字就是关系的关键字。

(2) 一个联系转换为一个关系模式，与该联系相连的各实体型的关键字以及联系的属性都转换为关系的属性。这个关系的关键字分为以下三种不同情况：

① 若联系为 1：1，则相连的每个实体型的关键字均是该关系模式的候选关键字。例如零件和材料之间的 1：1 联系的转换如图 14.11 所示。其中消耗中的零件和材料都是该关系模式的候选关键字，本例选择零件作为关键字。

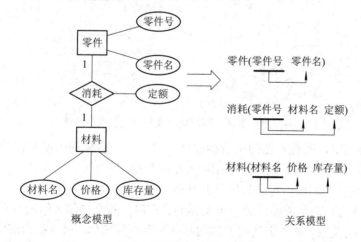

图 14.11　零件和材料的概念模型到关系模型的转换

② 若联系为 1：n，则联系对应的关系模式的关键字取 n 端实体型的关键字。例如，司机和汽车之间的 1：n 联系的转换如图 14.12 所示。

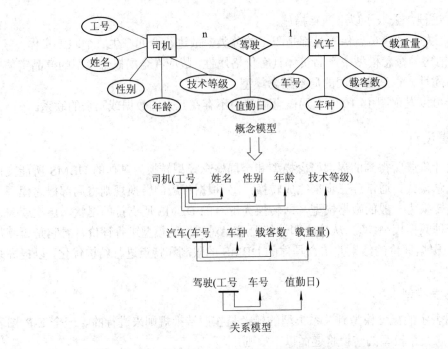

概念模型

⬇

司机(工号　姓名　性别　年龄　技术等级)

汽车(车号　车种　载客数　载重量)

驾驶(工号　车号　值勤日)

关系模型

图 14.12　司机和汽车之间的概念模型到关系模型的转换

③ 若联系为 m∶n，则联系对应的关系模式的关键字为参加联系的诸实体型的关键字的组合。例如供应商和零件之间的 m∶n 联系的转换如图 14.13 所示。

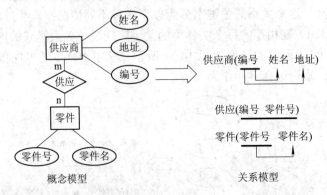

图 14.13　供应商和零件之间的概念模型到关系模型的转换

在供应关系模式中，所有属性的组合构成候选关键字，这样的关键字称为全关键字。对于多元联系，可以采用 m∶n 联系所使用的方法进行处理。

(3) 一些特殊联系的处理，可分为以下几种情况：

① 当一个实体的存在是依赖于另一个实体的存在时，两个实体之间的联系便代表了两个实体间的一种所属关系。依赖于其他实体的存在而存在的实体，通常称为弱实体，在 E-R 图中弱实体用双线矩形框表示。弱实体不一定有自己的关键字。例如职工与家属的联系就是这种情况。家属总是属于某一职工的。家属实体集可能有姓名、性别、出生日期、与职工的关系等属性，但这些属性不足以识别一个家属，这样的联系到关系模式的转换如图14.14所示。

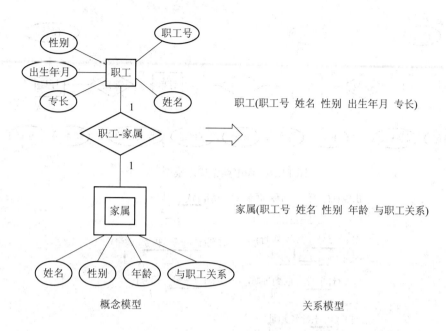

职工(职工号 姓名 性别 出生年月 专长)

家属(职工号 姓名 性别 年龄 与职工关系)

概念模型　　　　　　　关系模型

图 14.14　职工与家属之间的概念模型到关系模型的转换

从图 14.14 中可以看出，实体和弱实体都转换成为关系模式。弱实体对应的关系中必须包含所属者实体的主关键字。职工号和家属的姓名构成家属的主关键字。而职工-家属的联系则无需对应的关系模式。

② 当联系定义在同一个同型实体上时，联系转化为一个关系模式，与该联系相连的实体型的关键字以及联系的属性转换为关系模式的属性。例如职工和领导构成的概念模式到关系模式的转换如图 14.15 所示。这种联系实质上是一种包含的关系，即领导集合是职工集合的一个子集。

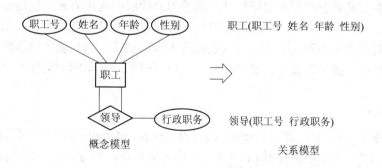

职工(职工号 姓名 年龄 性别)

领导(职工号 行政职务)

概念模型　　　　　　　关系模型

图 14.15　领导和职工构成的概念模型到关系模型的转换

下面我们结合图 14.16 展示概念模型向关系模型的转换，转换后的关系模型见图 14.17 所示。这些转换后得到的关系模式都是独立的关系模式。但在实际的转换中并非一定要转换为独立的关系模式。通过关系模式中的外键概念可以建立起两个实体间的联系，例如对于 1:n 的二元联系，联系所对应的关系模式可以与 n 端实体所对应的关系模式合并成为一个关系模式。例如，可将图 14.17 中的出版与图书两个关系模式进行合并，同时将订单和签订两个关系模式进行合并。

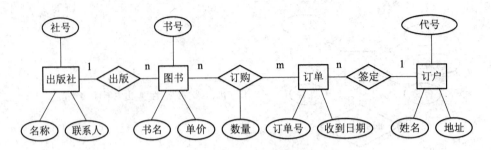

图 14.16　图书购销概念模型

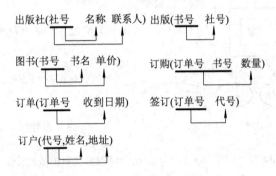

图 14.17　图书购销关系模型

通常在得到关系模式后，设计人员要运用规范化理论对其进行处理，以消除各种存储异常。但对一个关系模式是否需要进一步分解，要依据数据处理的要求来决定。

2. 模型评价

对数据模型的评价主要包括功能评价和性能评价两个方面，下面分别加以叙述。

1) 功能评价

功能评价主要是审查数据库的结构是否满足用户的所有应用要求，包括是否存在冗余的属性或模式，是否具有可理解性和可扩充性，以及完整性和安全性如何。功能评价通常没有一个有效而严格的手段进行度量，只能进行大致的估计。当功能评价的结果不能满足应用要求，或存在问题时，设计人员需要对模型进行修正，甚至回到前面两个阶段进行重新设计。

2) 性能评价

性能评价通常使用 LRA 方法(Logical Record Access Method)来考察数据的存取效率和空间的利用率。LRA 方法通常使用 LRA(单位时间内需要访问的逻辑记录总数)、TV(单位时间内的数据传输总量)和 SIZE(数据库占用的总的存储空间)三个指标来进行定量分析。

单位时间内需要访问的逻辑记录总数 LRA 表征了数据库在单位时间内对所有应用和所有的记录型存取的逻辑记录总数：

$$LRA = \sum_{i=1}^{M} \sum_{j=1}^{N} LRA_{ij} \times f_i \tag{14.1}$$

式中，LRA_{ij} 表示每执行一次应用 i，对于记录型 j 存取的次数，f_i 是单位时间应用 i 执行的次数，N 是记录型总数，M 是应用的总数。

因为每个记录是由一定字节数的数据来组成，所以单位时间的数据传输总量 TV 为

$$TV=\sum_{i=1}^{M}\sum_{j=1}^{N}LRA_{ij}\times RS_{j}\times f_{i} \qquad (14.2)$$

其中 RS_j 为记录 j 所占的字节数。

数据库所占用的存储空间由数据所占空间和记录指针所占空间组成。设 $NPTR_j$ 为记录型中每个记录所使用的指针平均数，PTRS 为指针所占字节数，NR_j 为记录型 j 中包含的记录总数，则数据库占用的总的存储空间 SIZE 为

$$SIZE=\sum_{j=1}^{N}（RS_{j}\times NR_{j}+NR_{j}\times PTRS\times NPTR_{j}）$$

$$=\sum_{j=1}^{N}NR_{j}（RS_{j}+PTRS\times NPTR_{j}） \qquad (14.3)$$

LRA 方法可用来比较不同结构的数据模型性能的优劣。一个数据模型中的 LRA、TV 和 SIZE 值越小，模型性能越好。由于 LRA 方法中一些参数如 f_i 不易准确得到，所以 LRA 方法的定量分析，仅用于对不同模型结构的相对性能的粗略比较。

在对数据模型性能评价的基础上，设计人员可以利用特定 DBMS 特点来对数据模型进行优化以改善和提高数据库的性能。

3. 模型优化

模型优化的目标是降低逻辑存取次数，减少存取的数据量和数据占用空间。常用的优化方法有以下几种：

1) 减少连接运算

连接是开销很大的运算，参与连接的记录(或关系)越多，规模越大，则开销也越大。为了减少连接所带来的开销，通常要求对于一些常用的、性能要求比较高的数据库查询，最好使用一元操作。这种减少连接的方法与规范化的要求往往是矛盾的，因此要根据具体的应用场合综合考虑系统的性能来确定规范化的程度。

2) 垂直和水平分割

一个记录型或一个关系的大小对查询的速度影响很大。有时为了提高查询速度可以将一个记录型或一个关系中经常使用的数据项(属性)分开存放，形成两个记录型或关系，这种分割方法称为垂直分割。这样的分割后减少了常用数据项(属性)的存取数据量，从而使查询速度得到提高。例如有职工情况的关系模式：

职工(工号　姓名　性别　年龄　职务　工资　工龄　住址　电话)

如果经常查询的仅是工号、姓名、性别、年龄、职务、工资这几个属性，而其他属性查询较少，则可以将该关系模式分解为

职工 1(工号　姓名　性别　年龄　职务　工资)

职工 2(工号　工龄　住址　电话)

两个关系模式，从而减少了每次查询所需传递的数据量，提高了查询速度。

当在一个关系模式中，不同类型的元组使用的频率不同时，可将使用频率相同的一些元组划分为一个关系，从而形成多个具有相同属性的关系。这种分割方法称为水平分割。例如，某大学学生管理数据库的学生关系模式中包括了大专生、本科生和研究生三类不同

的学生，如果每次查询仅涉及其中的某一类学生，就应将整个学生关系水平分割为大专生、本科生和研究生三个关系。

3) 使用快照

在定期产生报表这类应用中，所使用的数据通常是某一时刻的值，而不是当前的值。这时可以对这些数据定义一个快照，即将这些数据组织在一起，定期刷新，从而可以显著提高查询速度。

4) 减少数据占用空间

减少数据库中数据的占用空间，可以用编码代替实际属性值、用缩写名代替全称或采用假属性等方法。例如学生的经济状况，包括了家庭人均收入的档次、奖学金等级、有无其他经济来源等，可分为几个类型，设 A 表示学号，B 表示经济状况，B'表示经济状况类型，则可将原来的A→B 分解为

$$A→B' \qquad B'→B$$

并将 A→B'保留在原来的学生关系中，而将 B'→B 放在另一关系中，这里 B'仅有几个特定的取值，起到了 B 的替身的作用，故被称为假属性。

4. 子模式的设计

子模式是用户可以看到的数据模式，它通常根据局部概念模型生成。子模式并不简单的是概念模式的子集，它虽然来自概念模式，但在逻辑结构和形式上可以不同于概念模式，甚至可以采用不同的数据模型。一般情况下，子模式和概念模式通常采用同一数据模型。

14.3.4 物理设计

数据库物理设计的任务是选择一种最适合应用环境的物理结构来实现数据库的逻辑结构。数据库物理设计的主要目标是提高数据库系统处理效率和充分利用数据的存储空间。在目前的大多数数据库系统中，提高系统的处理效率一直是一个最主要的目标，也是用户最为关切的问题。

目前数据库物理设计方法可分为两类：第一类是根据一般的原则和需求说明来选择方案，即使用启发式来进行设计；第二类是用启发式方法初选一批较好的方案，再用代价比较法从中选出一个最好的方案。第一类方法主要用于人工设计，而第二类方法主要用于计算机辅助设计。

数据库物理设计是结合具体选用的 DBMS 进行的，它既涉及存取设备又与应用密切相关。物理设计主要解决以下问题：

(1) 确定文件的组织方式和存取方式；
(2) 确定对哪些数据项建立索引，以利于提高处理效率；
(3) 确定数据的簇集，即将哪些数据存放在一起，有利于性能的提高；
(4) 数据的压缩，以利于减少数据所占存储空间；
(5) 缓冲区的设置和管理方式；
(6) 数据库在存储介质上的分布，即哪些文件分配在哪些存储器上比较合理。

限于篇幅，我们仅介绍物理设计的主要内容和遵循的原则。

1. 文件存储结构的选择

一般 DBMS 都为设计者提供了多种不同的文件存储结构。例如网状模型数据库系统一般都提供了顺序和散列方式两种记录存储结构；层次数据库 IMS 系统提供了层次顺序存取方法(HSAM)、层次索引顺序访问方法(HISAM)、层次索引直接存取方法(HIDAM)和层次直接存取方法(HDAM)四种存储结构；INGRES 系统提供了堆文件、有序堆文件、hash 文件、ISAM 文件、B 树索引文件以及它们的压缩形式共十种存储结构。具体选择何种文件存储结构是根据应用的要求来确定的。经常使用检索而很少使用更新操作的数据或成批处理的数据则可以采用顺序存储结构。经常需要随机查询的应用要求，宜采用散列方式的存储结构。如果数据常以关键字进行查询，则应增加索引或排序的结构。存储结构的选择，主要是在存取时间、空间利用率和维护代价三者之间进行权衡。

2. 决定存取路径

数据库中的一个文件的记录之间以及不同文件的记录之间都存在一定的联系，同时数据库必须支持多个用户的多种应用，因此数据库必须提供数据的多个存取入口，即为同一数据提供多条存取路径。

层次型数据库中，可建立层次模型的父子关系，从而构成相应的层次路径。网状型数据库中，对于记录的存取可以规定经由关系的首记录或是根据关系的当前值进行。关系数据库中，可通过建立索引提供不同的存取路径。哪些数据项应建立索引、建立多少个索引以及是建立单码索引还是多码索引，要根据具体的应用要求来确定。

3. 建立数据簇集

数据簇集的含义是把有关的数据集中在一个物理块内或物理上相邻的区域，以提高对这些数据的访问速度。例如有一学生关系，并在其上按年龄建立索引。如果某一年龄关键字对应的元组散布在多个物理块中时，若要查询该年龄的学生元组，就必须对多个物理块进行 I/O 操作。如果将该年龄的学生元组放在一个物理块内或相邻物理块内，则获得多个合乎查询条件的元组时，会显著地减少 I/O 操作的次数。

现代 DBMS 允许按照某一簇集关键字来存放元组，即将具有同一簇集关键字的元组尽可能放在一起。这样簇集关键字不必在每个元组中重复存储，只要在一组中存放一次即可。当改用其他属性或属性组作簇集关键字或改变元组和簇集关键字时，DBMS 会自动对相应的元组进行移动，以构成新的簇集关系。

4. 分配存储空间

为了便于数据管理，许多 DBMS 为设计者提供一些进行数据存储空间分配的参数，以供进行存储空间分配时使用。这些参数包括区段和页块的大小、溢出空间的大小、分布参数的大小、缓冲区的大小、装填因子和数据是否压缩等。

存储空间分配会影响数据库的性能。例如页块大，则在顺序存储或一次处理多个记录时处理效率高，但在进行随机查询时，因取出一个页块包含的数据量大，存取时间也会增大，降低了处理效率。又如，装填因子取得小，则每页的自由空间就大，便于同一记录型数据的集中存放，但又造成数据占用空间多、空间利用不充分的问题。因此，存储分配要依据数据的主要特点，在存取速度和占用空间之间进行权衡，从而确定相应的参数值，以获得较佳的系统响应时间和占用空间性能。

物理设计中，存在许多控制参数可供选择，因此从不同的角度出发可产生出多种选择方案，这时需要对这些方案进行比较和性能测试，以便最终产生一个较优的方案。

14.3.5 数据库的建立和测试

在完成了数据库的物理设计之后，设计人员就可以着手建立数据库了。这一阶段将完成在计算机上建立数据库结构、装入数据、装入应用程序、试运行和测试等主要工作。这一阶段相当于软件开发的编码和测试阶段。

1. 建立数据库结构

设计人员利用 DBMS 提供的数据描述语言严格地描述逻辑设计和物理设计的结果，写出数据库的各级源模式，经过编译、调试产生各级目标模式。DBMS 将根据目标代码表示的目标模式建立实际的数据库结构，然后便可组织数据入库。

2. 装入数据

数据库结构的建立确定了数据库的框架，而要建立数据库还必须加载大量的数据。由于数据库的数据量一般都很大，并且这些数据分散在一个企业(或组织各部门)的数据文件或原始凭证中，其格式、规格一般不符合数据库的要求，而且还存在大量的重复，所以装入数据的第一步工作，就是对这些数据进行整理、分类和按一定规则进行转换，以产生出数据库所需要的数据。

由于应用环境千差万别和源数据各不相同，因此这种数据的转换，不存在普遍的转换规则。DBMS 通常也不提供通用的数据转换软件来完成这一工作。若使用人工来完成不仅效率低，而且容易出现差错，所以通常需要编写多个应用程序，利用计算机来完成数据的整理、分类和转换。

为了保证装入数据库的数据的准确性和一致性，数据的整理、分类和转换过程中，需要使用多种数据检验技术，来对数据进行多次检验。确认数据正确无误后，才可进行装入数据的第二步工作——向数据库装入数据。

装入数据一般由编写的装入程序或 DBMS 提供的实用程序完成，可分批进行，先装入少量数据供调试使用，经过调试，系统基本稳定后，再装入大批量的数据。

3. 装入应用程序

为了便于用户使用数据库和满足实际应用的需要，设计人员通常要编写一些相应的应用程序。应用程序的设计、编码和调试工作应和数据库的设计同时进行。应用程序经过检验无误后方可装入数据库系统之中。

4. 试运行和测试

在数据装入数据库和应用程序装入数据库系统后，系统便可运行应用程序，执行各种操作，测试应用程序功能和系统的性能，检验整个系统是否达到设计要求。

测试阶段要对系统的功能和性能做全面检查，积累和记录试运行的资料，产生测试报告。这包括测试的项目与结果、试运行和性能测试中发现的问题以及解决方法等，并将它们整理存档，供正式运行和以后改进时参考。同时该阶段还应编写系统的技术说明书和使用说明书,在正式运行时随系统一起移交给用户。

14.3.6 数据库的运行和维护

数据库的建立和测试完成之后,便进入了数据库的运行和维护阶段。为了充分发挥数据库系统的功能和延长数据库系统的生命周期,设计人员需要不断地对数据库系统进行调整、修改和扩充新的功能,即对数据库进行维护。这种维护不仅是保证数据库正确工作的必要条件,而且是设计工作的继续和提高。这一阶段的主要工作之一是数据库的重组织和重构造。

1. 数据库重组织

数据库重组织是指保持数据库原有的逻辑结构和物理结构不变,通过改变数据的存储位置来对数据重新组织和存放。数据库在经过一段时间运行后,由于经过多次更新操作,其物理组织比初始建立时更坏,从而使数据库的性能下降。这一现象发生的原因主要有以下几点:

(1) 存储空间分配零散化。数据库系统初始分配存储空间时,无论是对表或索引都留有一定的自由空间,供其发展。当空闲空间用完之后,再到其他存储区去申请,就会产生一些零碎空间,同时数据库在做删除操作时,也会释放一些零碎的存储空间,多次进行更新和删除操作,必然使数据存储空间分配零散化。这样在访问一些数据时,系统需要在不同的存储区之间跳来跳去,增加了 I/O 开销,降低了效率。

(2) 废块和废元组增加。在执行删除一个元组的操作时,数据库系统一般只在该元组的存储位置上打一个删除标志,而不进行物理删除,经过多次这样的操作后,废块和废元组增多,导致存储空间浪费和系统性能下降。

(3) 簇集特性变坏。在簇集表初建时,具有相同簇集关键字的元组在物理上是放在一起的,但随着新元组的插入和留作发展的自由空间逐步用完,新插入的元组被链接到其他存储区,物理上不再邻接,从而导致系统性能下降。

因此,在数据库运行阶段,DBA 要监测系统的性能,定期进行数据库的重组织。数据库的重组织涉及大量的数据搬移,常用的办法是先卸载,然后再加载。数据库的重组织要占用系统资源,花费一定的时间和人力,重组织工作不可能频繁进行。数据库什么时候进行重组织,是否只对部分数据进行重组织,要根据 DBMS 的特性和实际应用决定。

2. 数据库重构造

应用环境的改变,用户需求的改变和新应用的出现,要求对原有数据库系统进行修正和扩充。这种修正和扩充将改变原有数据库的逻辑结构和物理结构,因此称为数据库重构造。数据库重构造是在已运行的数据库上改写数据库的模式和存储模式。这种重构造往往会影响与之有关的数据和应用程序,这些数据和应用程序也要做相应的修改。

数据库的重构造和重组织是不同的,重组织可以边组织边运行,而重构造则不能进行边重构边运行。因为重构造是一个可能产生错误和有待验证的过程。重构造涉及所有数据库用户。

14.3.7 数据库保护

数据库管理着大量有用的信息。如何保证数据库中的数据安全、可靠是数据库系统必须解决的重要问题。

数据库系统运行过程中，常常由于系统硬件软件故障、操作人员的错误或疏忽、并发操作控制不当、自然灾害、或蓄意窃取和破坏从而导致数据库中的数据错误、丢失、泄密和毁坏，因此在数据库设计中要采取相应的措施来确保数据库中的数据安全可靠。一个数据库系统的数据安全可靠是衡量数据库系统性能的重要指标之一。

数据库保护主要涉及数据的安全性、完整性、并发控制和数据库恢复这几方面的内容，下面分别进行介绍。

1. 安全性

数据库的安全性涉及数据的安全保密问题，是指保护数据库以防止不合法的使用，避免数据的泄密、更改和破坏。

在数据库系统中安全性措施是一级一级层层设置的，一般包括用户标识与确认、DBMS的存取控制、操作系统一级的文件保密和数据库一级的密码存取。

1) 用户标识与确认

为了防止非法用户使用系统，系统中设置了一个合法用户登记表，保存用户的标识信息以供用户进入系统时进行核对，只有通过系统确认的合法用户才能进入系统。可供使用的检验方法很多，下面介绍几种常用的方法：

(1) 用户号标识。用户要进入数据库系统，首先键入自己的标识号，经系统检验合法后才可进入下一步，否则发出警告，并且拒绝执行命令。

(2) 口令证实。在确认用户号标识后，为了进一步确认用户，可以设置口令，这种口令只有用户本人和系统知道，用户在终端上键入的口令不在终端上显示，口令符合后才能进入系统。

(3) 随机数检验。用户每次要进入系统时，需要使用系统提供的一个随机数和约定的随机函数，来算出具体的函数值，送入计算机，检验合格后才能进入系统。

(4) 指纹、声音识别。预先将用户的指纹、声音存入系统，用户要进入系统时每次需将自己的指纹和声音送入专门的识别装置进行检验，检验合格后，才能进入系统。

2) 存取控制

进入数据库系统的用户，还要根据预先定义好的用户权限进行存取控制，即限制用户只能存取他有权存取的数据。用户权限控制包括操作对象、操作权限和存取路径控制。

(1) 操作对象控制：不同的用户只能操作自己子模式中的数据类型。

(2) 操作权控制：对数据的操作有检索、修改、删除、输入、上锁、开锁等。系统在向用户授权时，指出每类用户可以进行哪些操作。

(3) 存取路径控制：限制用户按某些存取路径进行数据存取。

3) 数据加密

装入数据库的数据可使用加密算法和密钥进行加密，使其转换为密码方式再进行存储。这样只有具有解密程序的合法用户才能将加密数据转换回原始数据。非法用户即使窃取了数据也无法利用。

在具体实施时，可以采用多种安全保护措施。但任何安全措施都是相对的，只能根据具体的应用对象，权衡安全要求和所需花费的代价来选取适当的安全措施。

2. 完整性

数据库的完整性是指数据的正确性和相容性。数据的正确性，是指数据满足语义上的一些结束条件，是有意义的。例如一个人的出生月份只能在 1～12 之间，若取 13 则无意义，因为在现实中不存在 13 这个月份。数据的相容性是指在多个用户、多个程序共用数据库的条件下，保证更新时不出现与实际不一致的情况和同一数据在不同副本中不一致的现象。

数据的完整性受到破坏的主要原因如下：

(1) 操作员或终端用户的错误或疏忽；

(2) 并发控制不当；

(3) 系统硬件、软件故障。

从以上的破坏原因可以看出，合法用户的错误操作是破坏数据完整性的主要原因之一，因此应采取一定的措施防止这些操作对数据完整性产生影响。数据库完整性是通过一组完整性规则来保障的。

完整性规则由触发程序条件、完整性约束和违约响应三部分组成。

程序条件给出了进行完整性约束检查的条件。例如，在向数据库中插入一个数据记录时，应该检查关键字约束；在更新操作时，应检查数据的更新一致性。这里的插入和更新操作都是触发程序的条件。

完整性约束是为保护数据的正确性和完整性所做的各种检查或数据应满足的约束条件。根据约束的不同，完整性约束可分为以下几类：

(1) 域的约束和关系完整性约束。

域的约束给出了对数据项的数据类型、取值范围、精度、程度等内容的规定，例如规定职工名必须是字符型(汉字)，最多四个汉字；职工年龄的取值应是大于 16 和小于等于 60 的整数；等等。

关系完整性约束是指两个或两个以上的数据间联系的一种约束，例如规定任一关系存在一个或多个候选关键字，任一个关键字唯一地确定关系的一个元组，主关键字的分量必须非空和一个关系的外关键字一定是相应的另一个关系的主关键字属性值集的子集等。

(2) 静态约束和动态约束。

静态约束是指处于数据库每一确定状态时，数据应满足的约束条件。它只涉及数据库的确定状态是否正确，而动态约束是指数据库从一种状态转换为另一种状态时，新、旧值之间应满足的约束条件，例如，当更新职工工资时，要求新工资值不低于旧工资值。

(3) 立即执行约束和延迟执行约束。

立即执行约束是指在执行用户事务时，对事务中一条更新语句执行完后，马上对此数据所应满足的约束条件进行完整性检查，如果满足约束，在语义上是正确的，则更新有效。

延迟执行约束是指执行完整个事务后，再对约束性条件进行完整性检查，如果满足约束条件，才能提交结果，例如并发控制的约束便是这一方面的例子。

违约响应是指在违反完整性约束时，应进行何种处理，是拒绝操作、指出错误，还是进一步改正错误等。

完整性控制主要通过以下的途径来实施：

(1) 充分利用 DBMS 提供的完整性定义语句；

(2) 在逻辑模式设计中，加强完整性的程序设计；

(3) 编写程序进一步提高数据库的完整性。

3. 并发控制

数据库是一种共享资源，同一个系统中常有多个事务或应用并发地运行。如果不进行适当的控制则很容易造成数据的不一致。数据库的并发控制可采用操作系统中并发控制的相应方法来解决。

4. 数据库恢复

虽然在设计中采用了前面所述的防范措施，可以保证数据库系统在正常条件下正确运行，但一些故障和偶然事故如电源的突然掉电、系统软件的突然损坏、器件的老化等，仍可造成数据库的损坏，因此设计人员需要考虑在数据库遭到破坏后，如何尽快将它恢复的问题。恢复的基本原理是利用存储在别处的冗余信息，部分或全部重建数据库。

数据库的恢复常采用以下的一些措施。

1) 数据库转储

数据库转储就是把整个数据库的数据拷贝到磁带或其他磁盘上保存起来。转储的数据文本通常称为后备副本或后援副本。由于数据库是不断变化的，因此转储工作也应根据数据更新的情况周期性地进行。一旦出现故障导致数据库破坏时，可用后备副本来进行恢复，把数据库恢复到转储前的状态，从而减少损失。

要对整个数据库周期地整体转储，不仅转储的工作量很大，而且由于转储期间不允许对数据库进行任何操作，降低了数据库的可用性。因此常采用部分转储的方法，即只转储那些上次转储后被更新过的数据页，这种转储方法在数据库活动频繁且经常需要更新数据的情况下是很有效的。

2) 日志文件

数据库管理系统把对数据库所做的更新都记录在一个文件上，这个文件称为日志文件。当数据库发生故障时可利用日志文件和后备副本将数据库恢复到故障前的正确状态。

3) 设置检查点

系统正常运行时，可按一定时间间隔设置检查点。在检查点上对数据库的状态进行检查，并将运行日志缓冲区的内容强行填入日志文件。检查点提供了数据库运行是否正常的一个时间标志。当新的检查点设立后，可以抹去旧的。当系统发生故障时，利用检查点的信息可以对数据库进行恢复。

14.4 常见数据库操作

关系数据库具有成熟和完善的事务管理功能，能够较好地保证数据库的一致性。由于关系数据库过分强调数据一致性而导致对数据的读写效率较低，不适用于海量数据的存取，但关系数据库依然是使用最广泛的数据库类型。常见关系数据库包括 MySQL 数据库、SQL Server 数据库、Oracle 数据库和 DB2 数据库。

14.2.3　SQL 语言

关系数据库语言是建立在关系运算的基础上，具有数据定义、数据查询、数据更新、数据控制等功能的非过程化语言。这种语言一般只要求用户说明目的和要求，而不必说明怎样去做，便于用户使用。迄今为止，人们已经研究了几十种关系数据库语言。这里主要介绍结构化查询语言(Structured Query Language，SQL)。

SQL 是一种结构化查询语言，它是在最初使用的 System R 数据库管理系统中的查询语言 SEQUEL(Structured English Query Language)的基础上发展而来的。SQL 作为关系数据库语言具有以下特点：

(1) 功能强。SQL 集数据定义语言 DDL、数据操纵语言 DML 和数据控制语言 DCL 为一体，能够完成数据库定义、数据库建立、数据库使用和数据库维护的多种功能，并且还具有保障数据安全的措施，是一种完备的、功能极强的关系数据库语言。

(2) 简洁易学。SQL 语言仅使用 SELECT、CREATE 等几个动词，便可完成核心功能，并且其语法简单，类似于英语表达格式，所以易于学习和推广使用。

(3) 使用方式灵活。SQL 语言，既可以作为自含型语言供用户在终端上直接与系统进行交互，又可作为宿主型语言，嵌入某种高级语言中使用，以方便数据处理。

正是由于 SQL 具有以上特点，所以它受到用户的欢迎。SQL 在 1986 年 10 月被美国国家标准局 ANSI 批准作为美国数据库的语言标准。此后也得到了国际标准化组织(ISO)的批准，作为国际标准。SQL 的标准化产生了深远的影响，不仅各数据库产品公司相继推出各自的 SQL 软件或与 SQL 的接口软件，而且一些计算机厂商还将 SQL 引入软件开发工具，推出了许多新型的软件开发工具。例如，Gupta Technologies 公司将 SQL 的检索功能和 Microsoft Windows 的图形功能相结合，推出了第四代软件开发工具 SQL Windows。因此，SQL 也成为目前世界上最流行的关系数据库语言。据估计，SQL 在未来相当长的一段时间内，将作为数据库的主流语言发挥其重要作用。

下面我们将从数据定义、数据操作和数据控制方面，以及宿主型 SQL 对 SQL 进行介绍。

1．数据定义

SQL 的数据定义部分包括对基本关系(基表)、视图和索引进行定义、修改和删除。

(1) 基表定义：SQL 使用 CREATE TABLE 语句来定义一个表。基表定义的格式为

　　CREAT　TABLE　表名
　　(域名1 数据类型1　[NOT NULL][，域名2 数据类型2　　[NOT NULL]]…)
　　[IN　　数据库空间名]

选项[IN　数据库空间名]中，如果给出数据库空间名，则生成的基表放在给出的数据库空间中，否则放入用户专用的数据库空间。

SQL 的主要数据类型有以下几种：

① INTEGER：二字节的二进制整数；

② SMALLINT：一字节的二进制整数；

③ DECIMAL(m，[n])：十进制数，其中 m 规定数的位数，n 规定小数位数，$1 \leqslant m \leqslant 15$，$0 \leqslant n < 14$；

④ FLOAT：四字节浮点数；

⑤ CHAR(n)：长度为 n 的定长字符串，n≤254；

⑥ VARCHAR(n)：变长字符串，最大长度为 n，n≤254。

[例 14.2] 一个简单的学生课程数据库由三个关系组成，如图 14.18 所示。定义图中的关系 STU，并放入名为 SAMPLE 的数据空间中。

学号S#	姓名SN	年龄SA	系别SD
19201	张 岭	20	信息
19205	王 刚	21	信息
29234	刘 璐	18	电子
39206	王 凡	19	计算机
49105	李 刚	21	机械

(a) 学生(STU)

课程代号C#	课程名CN	先修课程PC
C101	电子线路	电路原理
C201	数据处理	数字电路
C301	操作系统	微机原理
C401	工业控制	电路原理
C102	编译码	信息论

(b) 课程(C)

学号S#	课程代号C#	成绩G
19201	C101	A
19205	C201	B
29234	C201	A
39206	C301	A
49105	C401	B
19205	C301	B
19201	C102	A
39206	C201	A
19205	C401	A
49105	C201	B
39206	C101	B
19201	C201	B
19201	C301	A
19201	C401	B

(c) 选课(SC)

图 14.18 简单的学生课程数据库

解：CREATE TABLE STU

(S# CHAR(6) NOT NULL，SN CHAR(10) NOT NULL，SA INTEGER NOT NULL，SD CHAR(8) NOT NULL)

(2) 视图定义：完成在一个或多个基表或视图上定义视图的功能。视图定义语句格式为

CREATE VIEW 视图名 [(域名表)] AS (SELECT 语句)

其中，SELECT 语句是 SQL 的查询语句。SELECT 语句确定视图的域的顺序、数据类型和用于产生视图的基表和视图的名称。[(域名表)]选项省略时，则定义的视图中的域名和顺序与 SELECT 语句中的相同。

[例 14.3] 在图 14.18 的关系 STU 和 SC 上建立一个选修了 C101 课程的学生成绩表视图 T_1。

解：CREATE VIEW T_1

AS SELECT S#，SN，G

FROM STU，SC

WHERE STU.S#=SC.S# AND SC.C#='C101'

(3) 索引定义：用于对基表建立索引以提供对基表的存取路径。索引定义格式为

CREATE [UNIQUE] INDEX 索引名 ON 基表名

$$\text{域名1} \begin{bmatrix} \text{ASC} \\ \text{DESC} \end{bmatrix} \left[, \text{域名 2} \begin{bmatrix} \text{ASC} \\ \text{DESC} \end{bmatrix} \right] \cdots \left[\text{PCTFREE=} \begin{Bmatrix} 10 \\ \text{整数} \end{Bmatrix} \right]$$

使用索引定义语句可对基表的一个或多个域建立索引，但最多不超过 16 个域；ASC 和 DESC 表示索引是按升序还是降序排列，缺省时为升序。选项 UNIQUE 表示索引值是唯一的，即建立索引的域中的各个域值互不相同。在不满足唯一性的域上无法建立 UNIQUE 索引。若无 UNIQUE 选项则表示建立索引的域中的域值可取相同值。PCTFREE 选项表明在建立索引时为该索引所预留的自由空间百分比，缺省时为 10%。

索引由用户定义，但索引的使用与否由系统根据需要自动决定。

[例 14.4] 对图 14.18 中的关系 STU 的 S#域建立名为 SNO 的索引。

解： CREATE UNIQUE INDEX SNO ON STU(S#)

(4) 基表删除：SQL 的基表删除语句完成将一个已存在的基表连同在其上所建立的所有视图和索引一起删除的功能。基表删除语句格式为

DROP TABLE 基表名

[例 14.5] 将图 14.18 中的基表 STU 删除。

解： DROP TABLE STU

(5) 视图删除：完成删除一个视图的功能。视图删除语句的格式为

DROP VIEW 视图名

[例 14.6] 将例 14.3 中的视图 T_1 删除。

解： DROP VIEW T_1

(6) 索引删除：完成删除一个索引的功能。索引删除语句的格式为

DROP INDEX 索引名

[例 14.7] 删除例 14.4 所建立的索引。

解： DROP INDEX SNO

(7) 基表修改：SQL 提供了增加基表的域和修改域的数据类型及长度的功能。增加的域放在已有基表的右端，每个元组在新增加的域上的值为空。基表修改语句的格式为

$$\text{ALTER} \quad \text{TABLE} \quad \text{表名} \quad \left\{ \begin{array}{l} \text{ADD} \\ \text{MODIFY} \end{array} \right\} \quad \text{域名} \quad \text{数据类型}$$

[例 14.8] 在基表 STU 上增加一个域名为性别(SE)的域，其数据类型为 CHAR(4)。

解： ALTER TABLE STU ADD SE CHAR(4)

[例 14.9] 将基表 STU 上的 S#域的字符串长度改为 10。

解： ALTER TABLE STU MODIFY S# CHAR(10)

2．数据操作

SQL 的数据操纵包括数据的查询、插入、删除、修改。

(1) 查询。

查询通常又称为检索，是数据库操作中最常用的一种操作。它的语句格式为

$$\text{SELECT} \quad \left[\begin{array}{l} \text{ALL} \\ \text{DISTINCT} \end{array} \right] \left\{ \begin{array}{l} * \\ \text{选择域表} \end{array} \right\}$$

FROM 基表名

$$\left[\text{WHERE } 条件表达式\right]$$

$$\left[\text{GROUP BY } \langle域名\rangle \left[\text{HAVING } 各种表达式\right]\right]$$

$$\left[\text{ORDER BY } \langle域名\rangle \begin{Bmatrix} \text{ASC} \\ \text{DESC} \end{Bmatrix}\right]$$

格式说明：

① SELECT 后到 FROM 前的部分通常称为目标表，这是对查询结果的描述。

② ALL：将所有符合条件的元组输出，无论其值重复与否。

③ DISTINCT：对检索出的重复元组，只输出一次。

④ "*"：表示选择基表的所有域。

⑤ 选择域表：由一个或多个逗号分隔开的数据项组成。每个数据项可以是域名、常量、内部函数或表达式，给出输出元组在该域上的具体取值。

常用的内部函数：AVG([DISTINCT]域名)，求该域上的已有值的平均值。当选择 DISTINCT 选项时，对重复值不重复计数；SUM([DISTINCT]域名)，求该域上的已有值的和，当使用 DISTINCT 选项时，只计算不同值的和；MAX(域名)和 MIN(域名)分别指出该域已有值的最大和最小值；COUNT([DISTINCT]域名)计算目标表中该域不同域值的个数。在计算内部函数时，若域值为空则被忽略，若所有域值都为空值，则内部函数的返回值也为空，但 COUNT 的返回值为 0。

⑥ FROM 子句：该子句给出了所查询的基表名，当使用多个基表时，中间用逗号分隔。

⑦ WHERE 子句：指出被选择的元组应满足的条件。

⑧ 条件表示式：含有算术运算符(+、−、*、/)、比较运算符(=、>=、>、<、<=、≠)、逻辑运算符(AND、OR、NOT)的表达式，或是以下形式之一给出：

a.〈域名〉 [NOT] NULL：域值是否为空；

b.〈表达式 1〉 [NOT] BETWEEN 〈表达式 2〉AND 〈表达式 3〉：表达式 1 是否在表达式 2 和表达式 3 之间；

c.〈表达式〉 [NOT] IN (目标域表)：表达式的值是否是目标域表中的一个值；

d.〈域名〉[NOT] LIKE 〈'字符串'〉：域名是否与字符串相同。字符串中可使用通配符"−"和"%""−"表示任一字符，"%"表示任一串字符。

⑨ GROUP 子句：对目标表中的元组按子句指定的域进行分组。

⑩ HAVING 子句：它是 GROUP 的一个可选子句，用于在分组查询中指定下一层分组条件。

⑪ ORDER 子句：对目标表中的元组按子句指定的域(这个域应出现在目标表中)进行排序。ASC 指明为升序，DESC 为降序，缺省为升序。

在查询过程中，一般是用 WHERE 子句限定元组形式，然后再进行分组，最后用 HAVING 子句对组进行限定。

SELECT 语句功能丰富，使用灵活，下面举例进行说明。

[例 14.10] 依据图 14.18 所示数据库，检索选修 C101 课程的学生名。

解：SELECT SN

　　　FROM STU, SC

WHERE   STU. S#=SC.S#   AND   SC.C#='C101'

[例 14.11]   依据图 14.18 所示数据库，检索信息系选修 C101 课程学生的平均成绩。

解：SELECT 'SD 信息', AVG(G)

FROM STU, SC

WHERE STU.S#=SC.S#   AND   SC.C#='C101'   AND   SD='信息'

在此例中，由于目标表内出现了内部函数 AVG，所以不能再出现一般的域名 SD，而要用一个常量'SD 信息'代之。但如果使用 GROUP 子句则在目标表中可使用域名 SD，如下例所示。

[例 14.12]   依据图 14.18 所示数据库，检索各系选修 C101 课程学生的平均成绩。

解：SELECT SD, AVG(G)

FROM STU, SC

WHERE STU.S#=SC.S#   AND   SC.C#='C101'

GROUP BY SD

[例 14.13]   依据图 14.18 所示数据库，对所有学生按年龄分组，找出人数多于 500 的年龄组，并按年龄升序排列。

解：SELECT SA, COUNT(*)

FROM STU

GROUP BY SA

HAVING COUNT(*)>500

ORDER BY SA

[例 14.14]   依据图 14.18 所示数据库，在 STU 表中检索信息系王姓学生情况。

解：SELECT   *

FROM STU

WHERE   SN='王%' AND SD='信息'

[例 14.15]   依据图 14.18 所示数据库,检索同时选修了 C101 和 C201 课程的学生学号。

解：SELECT T_1.S#

FROM SC T_1, SC T_2

WHERE T_1.C#='C101' AND T_2.C#='C201' AND T_1.S#=T_2.S#

此例是表自身的链接。为了区别链接中 SC 出现两次，引入 T_1 和 T_2 标号。标号的引入使得实际链接时 SC 表可作为两个表来使用。

[例 14.16]   依据图 14.18 所示数据库，检索成绩为 A 的学生情况。

解：SELECT   *

FROM STU

WHERE S# IN (SELECT S#

FROM SC

WHERE SC.G=A)

此例中，WHERE 后的条件表达式中出现了另一个查询，这另一个查询称为子查询或嵌入的查询块。在有子查询嵌套的情况下，执行时先得到最内层的查询结果，逐层向外执行，最后得到要查询的值。

(2) 插入。

SQL 的插入语句可完成插入一个元组的几个域值、插入一个元组或插入多个元组的功能。插入语句的格式为

$$\text{INSERT INTO 表名[域名1 [, 域名2] ···]} \left\{ \begin{array}{l} \text{VALUES(常量1[,常量2]···)} \\ \langle \text{SELECT语句} \rangle \end{array} \right\}$$

[例 14.17] 依据图 14.18 所示数据库，将学号为 19205 的学生所选修的课程代号为 C401 的课程所得成绩 B 插入关系 SC。

解：INSERT INTO　SC　VALUES ('19205', 'C401', 'B')

[例 14.18] 依据图 14.18 所示数据库，将信息系选修 C101 课程的学生成绩单检索出来并放在表 T_1 中。

解：INSERT INTO T_1

　　　SELECT STU.S#, STU.SN, SC.C#, SC.G

　　　FROM STU, SC

　　　WHERE STU.S#=SC.S#∧SC.C#='C101'∧STU.SD='信息'

在数据插入时，如果一个元组中存在未给出常量的数据项，则这个数据项取空值。

(3) 数据删除。

SQL 的删除语句完成表中的全部元组和部分元组的删除。其语句格式为

　　DELETE　FROM　表名

　　[WHERE　条件表达式]

[例 14.19] 删除图 14.18 的 SC 表中的全部元组。

解：DELETE FROM SC

[例 14.20] 删除图 14.18 的学生王凡所选修的课程代号为 C201 的课程所得成绩。

　　DELETE　FROM　SC

　　WHERE SC.C#='C201'∧SC.S#=(SELECT　S#

　　　　　　　　　　　　　　　FROM　STU

　　　　　　　　　　　　　　　WHERE　STU.SN='王凡')

(4) 修改。

SQL 的修改语句完成对元组中某些域值的修改。其语句格式为

　　UPDATE　〈 表名 〉

　　SET　域名 1=表达式 1 [, 域名 2=表达式 2]···

　　[WHERE　条件表达式]

在修改的元组中未指出的域名所对应的域值不变。

[例 14.21] 将图 14.18 的学生王凡所选修的课程代号为 C201 的课程所得成绩改为 B。

解：UPDATE　SC

　　SET　SC.G=B

　　WHERE　SC.S#=(SELECT　S#

　　　　　　　　　　FROM　STU

　　　　　　　　　　WHERE　STU.SN='王凡')∧SC.C#='C201'

[例 14.22]　将图 14.18 的 STU 表中的学号为 19205 的学生年龄增加 1 岁。

解：UPDATE　STU

SET　STU.SA=STU.SA+1

WHERE　STU.S#='19205'

上述的插入、删除和修改操作每次仅可对一个表实施，这样有可能破坏数据的完整性。例如，在 SC 表中插入一个元组时，无法保证该元组中的 S#存于 STU 表中；从 C 表中删除一个元组，也无法保证 SC 表中与该元组有关的记录同时被删除；修改 C 表中的课程代号 C#，也无法保证 SC 表做同样的修改。为保证数据的完整性，在 SQL/DS 中引入了"逻辑工作单元"(即事务)的概念，来使相关联的操作同时进行。

查询、插入、删除和修改操作应用于视图时，受到一定的限制。对由单个基表导出的视图，可进行插入和修改操作，但不能进行删除操作；对由多个表导出的视图，则不允许进行插入、删除和修改操作。

3. 数据控制

SQL 的控制功能主要包括安全性控制、一致性控制和并发控制等内容。

(1) 安全性控制：为了保证数据库中的数据的安全与保密，SQL 采取了一系列措施，其中主要是建立了一套授权机制来防止非法用户对数据库数据的使用和破坏。SQL 中的授权包括，对数据库数据和系统资源的使用和向用户授予 DBA 权限；对表和视图的操作；对程序的操作权。下面分别进行介绍。

① 向用户授予或撤销对数据、资源的使用权和 DBA 特权。这种授权供 DBA 或具备 DBA 特权的用户使用。授权格式为

$$
\text{GRANT} \left\{ \begin{array}{l} \text{CONNECT} \\ \text{RESOURCE} \\ \text{DBA} \end{array} \right\} \text{TO} \langle 用户名表 \rangle
$$

[IDENTIFIED BY 〈口令表〉]

其中 CONNECT 是对数据库的使用权，用户被授予该权后才能进入数据库系统。RESOURCE 权是用户对于 PUBLIC 数据库空间的使用权，用户获得 RESOURCE 权后可使用 PUBLIC 空间来建立自己的新表。未获 RESOURCE 权的用户，必须在 DBA 给他申请私用空间后，才能在私用空间中建表，在进行 RESOURCE 授权时，不使用 IDENTIFIED 子句。DBA 的权限包括，授予其他用户 CONNECT 权、RESOURCE 权和 DBA 特权或撤销这些授权；申请、变更和撤销数据库空间；定义、变更或删除任何用户的表、索引、视图等；对数据库的安全性、完整性控制和并发性控制；对数据库的任一基表进行各种操作，运行各个程序；对系统目录的管理。通常向用户授予 DBA 特权是非常谨慎的。

[例 14.23]　向名为 USER1 的用户授予 CONNECT 权，用户的口令为 tty1。

解：GRANT CONNECT TO USER1 IDENTIFIED BY tty1

[例 14.24]　向名为 USER1 的用户授予 RESOURCE 权。

解：GRANT RESOURCE TO USER1

撤销授权语句的格式为

$$\text{REVOKE} \begin{cases} \text{CONNECT} \\ \text{RESOURCE} \\ \text{DBA} \end{cases} \text{FROM} \langle 用户名表 \rangle$$

REVOKE 语句撤销的授权必须是通过 GRANT 语句授予用户的权力,但用户自己具有的权力是不能撤销的。例如基表创建者对基表拥有各种操作的权力,即使 DBA 也不能取消这种权力。另外,DBA 的 DBA 特权不能被撤销。

② 向用户授予或撤销对表和视图的操作权。这种授权由 DBA 或建立表和视图的用户使用。授权语句格式为

$$\text{GRANT} \begin{cases} \langle 操作权名表 \rangle \\ \text{ALL[PRIVILEGES]} \end{cases} \text{ON} [\langle 创建者名 \rangle.] \begin{cases} \langle 表名 \rangle \\ \langle 视图名 \rangle \end{cases}$$

$$\text{TO} \begin{cases} \text{PUBLIC} \\ \langle 被授权用户名表 \rangle \end{cases} \text{[WITH GRANT OPTION]}$$

其中,操作权名表包括 ALTER、INDEX、SELECT、INSERT、UPDATE[⟨域名表⟩]、DELETE 六种,ALTER 和 INDEX 操作不能用于视图;ALL 指所有六种操作权,ALL 不能用于视图授权,当选择 TO 后面的 PUBLIC 时所授予的操作权为所有用户共享;WITH GRANT OPTION 选项的选择表明被授权的用户,可将自己得到的操作权再授予其他用户。

[**例 14.25**] 依据图 14.18 所示数据库,向名为 USER1 的用户授予对 STU 表的查询和对 SA 表修改操作权,并允许 USER1 将他获得的权限授予其他用户。

解:GRANT SELECT, UPDATE (SA) ON STU

TO USER1 WITH GRANT OPTION

撤销授权语句格式为

$$\text{REVOKE} \begin{cases} \langle 操作权名表 \rangle \\ \text{ALL[PRIVILEGES]} \end{cases} \text{ON} [\langle 创建者名 \rangle.] \begin{cases} \langle 表名 \rangle \\ \langle 视图名 \rangle \end{cases}$$

$$\text{FROM} \begin{cases} \langle 用户名表 \rangle \\ \text{PUBLIC} \end{cases}$$

[**例 14.26**] 撤销例 14.25 中向用户 USER1 授予的对 STU 表的查询和修改操作权。

解:REVOKE SELECT, UPDATE ON STU

FROM USER1

虽然授权时 UPDATE 后带有域名表,但在撤销授权时 UPDATE 后不必给出域名表。由于撤销了授予 USER1 的查询和修改操作权,所以也取消了他相应的再向其他用户的授予权。如果 USER1 已将上述操作权授予了其他用户,则被授权的用户的相应权力也一并被撤销。

③ 向用户授予或撤销对程序的运行权。这种授权由 DBA 或程序创建者使用。授权的语句格式为

GRANT RUN ON [⟨创建者名⟩.]⟨程序名⟩

$$\text{TO} \begin{cases} \text{PUBLIC} \\ \langle 被授权用户名表 \rangle \end{cases} \text{[WITH GRANT OPTION]}$$

[**例14.27**] 将名为USER1的用户创建的TEST程序的运行权授予名为USER2的用户,并允许 USER2 将他获得的权限授予其他用户。

解：GRANT　RUN　ON　USER1.TEST

　　TO　USER2　WITH　GRANT　OPTION

撤销授权的语句格式为

$$\text{REVOKE RUN ON} \quad [\langle创建者名\rangle.]\langle程序名\rangle \text{ FROM} \left\{ \begin{array}{l} \langle用户名表\rangle \\ \text{PUBLIC} \end{array} \right.$$

[例 14.28]　撤销 USER2 在例 14.27 中获得的授权。

解：REVOKE　RUN　ON　USER1.TEST

　　FROM　USER2

(2) 完整性控制：为防止数据库出现语义上不正确的数据，SQL 提供了用于完整性控制的语句 ASSERT 和 TRIGGER，另外还使用事务概念来保证数据的完整性。

① ASSERT 语句。这是完整性断言定义语句，它定义了数据插入和修改时，数据必须满足的条件。其语句格式为

$$\text{ASSERT} \langle断言名\rangle \text{ ON} \left[\begin{array}{cc} \text{DELETION} & \text{ON} \\ \text{UPDATE} & \text{OF} \end{array} \right] \langle表名\rangle : \langle完整性约束条件\rangle$$

[例 14.29]　对图 14.18 所示 STU 表，限定学生的年龄为 15 岁到 30 岁。

解：取断言名为 A_1，则有

ASSERT A_1 ON STU: SA>=15 AND SA<=30

[例 14.30]　规定图 14.18 所示 SC 表中的 S#值应是表 STU 中已存在的 S#值。

解：取断言名为 A_2，则有

ASSERT A_2 ON SC: SC.S# IN(SELECT S# FROM STU)

② TRIGGER 语句。这是触发因子定义语句，用于实现多表同时插入、删除和修改功能。其语句格式为

DEFINE TRIGGER 〈触发因子名〉　ON UPDATE OF 〈表名 1〉(〈域名表〉):

(UPDATE〈表名 2〉　SET 〈域名〉=NEW. 〈域名〉,〈域名〉=NEW. 〈域名〉…

定义触发因子可对多表中的多个域同时修改。

[例 14.31]　如图 14.18 所示，在修改 STU 表中的 S# 的同时修改 SC 表中的 S#。

解：取触发因子为 T_1，则有

DEFINE TRIGGER T_1 ON UPDATE OF STU (S#):

(UPDATE SC SET S#=NEW.S#)

完整性断言和触发因子的删除可使用 DROP 语句来完成。

③ 事务。事务又称为"逻辑工作单元"，它通常指为完成一个特定的任务而组合在一起的一组操作。对数据库的操作仅当事务提交给系统后才最后生效。每向系统提交一次事务或撤销一个事务就称为一个事务结束。事务提交有两种方式：自动提交和手工提交。

自动提交：每条操作数据库的 SQL 命令都构成一个完整的事务，当命令执行完后，立刻自动提交给数据库。这种方式使用

　　SET　AUTOCOMMIT　ON

命令进入。

手工提交：这种工作方式使用

　　SET　AUTOCOMMIT　OFF

命令进入。系统启动时就处于这种方式。在这种方式下，事务由用户自己提交。提交事务的命令为

COMMIT　[WORK]

这个命令的执行意味着一个事务的结束，并且认为是成功的。这时可进入一个新的事务。当用户发现自己对数据库的操作有误并且这些操作尚未作为事务提交时，则可撤销这些操作，撤销事务的命令为

ROLLBACK　[WORK]

这个命令的执行也意味着一个事务的结束，但它是失败的。在这个事务之前的任何操作并不受影响。

事务的概念是一个完备的数据库系统所必须具备的。

4．宿主型 SQL

SQL 作为宿主型语言嵌入其他宿主语言中使用，可以给数据的处理带来方便，也弥补了 SQL 在进行复杂数据处理时的不足。SQL 作为宿主型语言在 C 语言中使用时，必须解决以下问题：

(1) 使 SQL 语言区别于主语言。在所有的 SQL 语句前均标以"EXEC SQL"，对应的语句结束符是"；"。在程序编译时，首先经过预编译，将嵌入的 SQL 语句转换为主语言合法的命令和库函数调用格式，然后再由主语言的编译程序处理，成为可执行的目标文件。

(2) 完成数据库与主语言之间的数据传送。这通过在 SQL 语言程序中的说明节中设置主语言变量(简称主变量)来实现。说明节的格式为

EXEC SQL　　BEGIN　　DECLARE　　SECTION；
主变量名 1　　类型　　长度
　　⋮
EXEC SQL　　END　　DECLARE SECTION；

说明节后的主变量可以在 SQL 语句中使用，为区别数据库中的域名与主变量，主变量引用时必须在主变量前加"："。

[例 14.32]　设置相应的主变量完成图 14.18 所示 STU 表的元组输入。

解：主语言程序
　　⋮
EXEC SQL BEGIN DECLARE SECTION；
　　char　　sno[6]；
　　char　　sname[10]；
　　int　　sage；
　　char　　sdept[8]；
EXEC SQL END DECLARE SECTIDN；
　　⋮
主语言程序
　　⋮
EXEC SQL INSERT INTO STU(S#, SN, SA, SD)
　　　　VALVES (:sno, :sname, :sage, :sdept)；

⋮

主语言程序

⋮

(SQLCA)

(3) 设置接收数据库系统反馈信息的 SQL 通信区(SQL CA)。在程序运行时，每执行完一个 SQL 语句后，数据库系统便将反映执行情况的信息送入 SQL 通信区。SQL CA 由一组特定的主变量构成。SQL CA 的结构如表 14.5 所示。

表 14.5　SQL CA 结构

主 变 量 名	数 据 类 型	功 能 描 述
SQLCAID	长度为 8 的字符串	用于建立系统与本程序的联系
SQLCABC	31 位二进制整数	存放 SQL CA 的长度
SQLCODE	31 位二进制整数	用于反映 SQL 语句执行的信息： SQLCODE=0，表示执行成功； SQLCODE=100(>0) (100 为文件结构)，表示执行语句正常，结束还可以给出专门的警告条件； SQLCODE<0，表示执行语句出现各种异常情况，应终止程序，进行适当处理
SQLERRM	最大长度为 70 的可变符号串	供数据库系统内部使用，产生有关功能的信息
SQLERRP	长度为 8 的字符串	当 SQLCODE 为负值时，给出执行出错程序的名字
SQLERRD	6 个 31 位的二进制整数的数组	描述数据库系统内部状态
SQLWARND	8 个字符组成 SQLWARN0～SQLWARN7	SQLWARN0~SQLWARN7 分别放置一个字符，给出在处理语句期间所遇到的各种警告条件
SQLEXT	长度为 8 的字符串	留作数据库系统自己使用

SQL CA 的建立是通过在程序的适当位置加入如下语句：

    EXEC SQL INCLUDE SQL CA

来实现的。在预处理以上语句时，将返回 SQL CA 的实际结构。

当 SQLCODE 非零和 SQLWARND 中的字符为"W"时，则要用 WHENEVER 语句进行相应的处理。WHENEVER 语句的格式为

$$\text{WHENEVER} \left\{ \begin{array}{l} \text{SQLERROR} \\ \text{SQLWARNING} \\ \text{NOT FOUND} \end{array} \right\} \left\{ \begin{array}{l} \text{STOP} \\ \text{CONTINUE} \\ \text{GO TO} \langle 标号 \rangle \end{array} \right\}$$

当 SQLCODE<0 时，出现执行错误(SQLERROR)；当 SQLWARND 为"W"时，出现警告性错误(SQL WARNING)，停止程序执行(STOP)或使程序继续运行(CONTINUE)，还可使程序转到标号所标识的程序段去执行(GOTO〈标号〉)；当 SQLCODE=100 时，出现找不到要处理的数据情况(NOT FOUND)，可使程序继续执行(CONTINUE)或转入相应的程序段去执行(GOTO〈标号〉)。

WHENEVER 语句是说明性语句，可在一个程序中出现多次，一般出现在一组可执行语句之前。

(4) 实现与数据库系统的连接。在执行程序的可执行 SQL 语句之前需要使用一条 CONNECT 语句来建立程序和数据库系统之间的连接。数据库系统验证 CONNECT 语句提供的用户名和口令是否合法，以决定程序是否对数据库进行操作。CONNECT 语句的格式为

      CONNECT　〈用户名〉　IDENTIFIED BY　〈口令〉

(5) 位置指针(CURSOR)设置和使用。宿主语言一般每次仅处理一个记录，而 SQL 语句每次可能产生或处理一组记录。这样需要一种能够逐个存取记录组的机构来协调宿主语言与 SQL 语句之间的不同处理方式。这种机构是通过设置和使用位置指针来具体实现的。SQL 中与位置指针有关的语句共有四个，它们分别对应于位置指针的定义、打开、拨动和关闭。

① 定义位置指针。SQL 中使用一个说明语句来定义位置指针。该语句的格式为

    DECLARE〈位置指针名〉CURSOR FOR SELECT　语句

    [FOR UPDATE OF　域名 1, 域名 2…]

FOR SELECT 子句是定义位置指针语句的一个必不可少的组成部分，通过 SELECT 语句将指针的范围限定在 SELECT 查询结构的范围内。与交互式的 SQL 不同，宿主型 SQL 的 SELECT 语句后可跟 INTO 子句，以便将检索到的一个元组结果直接送入 INTO 子句后的主变量中。这要求 SELECT 中域名数目应与 INTO 后主变量名的数目相一致。但如果检索到多个元组时，那么 SELECT 语句不能使用 INTO 子句。如果 SELECT 查询结果用于更新，则必须包括 FOR UPDATE 子句。定义位置指针语句不能同时有 ORDER BY 和 FOR UPDATE 语句。定义位置指针语句中的 SELECT 语句不能使用 INTO 子句。

[例 14.33]　依据图 14.18，为选修 C101 课程的学生表设置一个位置指针 v_1。

解：EXEC SQL　DECLARE　v_1　CURSOR

         FOR　SELECT　SN

           FROM　STU, SC

           WHERE　STU.S#=SC.S# AND SC.C#='C101'

② 打开位置指针。定义了位置指针后，指针处于关闭状态，当要使用位置指针时还必须进行打开位置指针的操作。打开位置指针的语句格式为

    OPEN〈位置指针名〉

打开位置指针实际上是执行位置指针定义中的 SELECT 语句，并将位置指针指向所得到的一组记录的第一个记录前，但并未从记录组中取出任何数据。

③ 拨动位置指针。这个语句的功能是先使位置指针前进到下一个记录，再取出位置指针所指记录并送入主变量。该语句格式为

    FETCH〈位置指针名〉　INTO : 〈主变量名表〉

INTO 后的〈主变量名表〉要与在 DECLARE CURSOR 中的 SELECT 语句的域相对应。位置指针只能前进不能后退。若要重新指向前面的记录，必须关闭位置指针，然后打开，再拨动才能实现。当位置指针指向查询结果记录集的结尾时，系统返回 SQLCODE=100 的代码。

④ 关闭位置指针。位置指针不再使用时，应关闭位置指针。关闭位置指针的语句格式为

  CLOSE〈位置指针名〉

如果一个 SQL 语句中只涉及一个记录的查询结果集，则不需要使用位置指针。在 UPDATE 语句和 DELETE 语句中引用位置指针时，通常使用如下子句来表明位置指针当前位置：

  WHERE CURRENT OF〈位置指针名〉

相应的语句格式为

  DELETE FROM 〈表名〉 WHERE CURRENT OF〈位置指针名〉

  UPDATE〈表名〉SET〈域名 1=表达式 1，域名 2=表达式 2…〉

    WHERE CURRENT OF〈位置指针名〉

下面举一个综合的例子来说明位置指针的设置和使用。

[例 14.34] 从图 14.18 所示 SC 表中取学号为"19205"的学生所选的课程代号和成绩，并将其学号修改为"19301"。

解：
```
#include "stdio.h"
EXEC SQL BEGIN DECLARE SECTION;
        char        cno[6];
        char        grade[2];
    VARCHAR        user[10];
    VARCHAR        pwd[10];
EXEC   SQL   END   DECLARE   SECTION;
EXEC   SQL   INCLUDE SQLCA;
main ( )
{       printf("Input user's name:");
        scanf ("%s", user.arr);
        user.len=strlen(user.arr);
        printf("\nInput user's password:");
        scanf("%s", pwd.arr);
        pwd.len=strlen(pwd,arr);
        EXEC   SQL CONNECT : user    IDENTIFIED BY: pwd;
        printf("connected user:%s    to system \n", user.arr);
        while (SQLCODE=0)
        {      EXEC SQL DECLARE C1 CURSOR FOR
               SELECT    C#,G
```

```
FROM    SC
WHERE S#='19205'
FOR UPDATE OF S#;
EXEC SQL OPEN C1;
EXEC SQL FETCH    C1    INTO: cno,: grade;
EXEC SQL UPDATE    SC    SET S#='19301'
    WHERE CURRENT OF C1;
printf("\n (#=%s, G=%s", cno, grade);
EXEC SQL COMMIT WORK;
    }
}
```

程序说明部分的 VARCHAR 是 SQL 提供的变字长字符串类型。VARCHAR user[10] 等价于

```
struct {    usigned short int len;
            usigned char arr[20]
            } user
```

14.4.2　MySQL 数据库

MySQL 是一款安全、跨平台、高效的，并与 PHP、Java 和 Python 等主流编程语言紧密结合的数据库系统。该数据库系统是由瑞典的 MySQLAB 公司开发、发布并支持的，是由 MySQL 的初始开发人员 David Axmark 和 Michael Monty Widenius 于 1995 年建立的，目前属于 Oracle 旗下产品。MySQL 是一种开源关系数据库，用户可以免费使用，并制定用户个性化的数据库，完成相应个性化的配置和开发。MySQL 使用的是上一节介绍的标准 SQL 语言进行数据操作的，具有良好的移植性和扩展性，可以在多个操作系统平台上运行，支持多种开发语言。因此，MySQL 数据库多年来一直在"最受欢迎数据库平台"清单中排名第一，深受个人和中小型企业的喜爱。

人们可以登录 MySQL 官网，找到 MySQL Workbench 的下载链接，完成安装程序的下载，并进行本地安装。

本书选择了 Python 编程语言实现对 MySQL 数据库的操作。目前，支持 Python 操作 MySQL 的接口有 MySQLdb 和 PyMySQL 两种。考虑到 MySQLdb 已不再支持更高版本的 Python(仅支持到 Python 3.4 版本)，所以本书建议使用 PyMySQL 作为操作 MySQL 的接口。

首先，确定已在 Python 环境中安装 PyMySQL，指令如下：

```
pip install PyMySQL
```

其次，创建一个简单的表，SQL 语句如下：

```
CREATE TABLE 'users' (
    'id' int(11) NOT NULL AUTO_INCREMENT,
    'email' varchar(255) COLLATE utf8_bin NOT NULL,
    'password' varchar(255) COLLATE utf8_bin NOT NULL,
```

```
        PRIMARY KEY ('id')
    ) ENGINE=InnoDB DEFAULT CHARSET=utf8mb4 COLLATE=utf8mb4_bin
    AUTO_INCREMENT=1 ;
```

接着，使用 pymysql 接口完成对一个表的添加和查询操作，并打印数据：

```python
import pymysql.cursors                    #导入 PySQL 接口
# 连接数据库
connection = pymysql.connect(host='localhost',
                             user='user',
                             password='passwd',
                             database='db',
                             charset='utf8mb4',
                             cursorclass=pymysql.cursors.DictCursor)
with connection:
    with connection.cursor() as cursor:
        # 添加一个新数据
        sql = "INSERT INTO 'users' ('email', 'password') VALUES (%s, %s)"
        cursor.execute(sql, ('xduser@xidian.edu.cn', 'secret'))    #执行添加操作
    #默认情况下，连接不是自动提交的
    connection.commit()
    with connection.cursor() as cursor:
        # 查询单个数据
        sql = "SELECT 'id', 'password' FROM 'users' WHERE 'email'=%s"
        cursor.execute(sql, (' xduser@xidian.edu.cn ',))    #执行查询操作
        result = cursor.fetchone()
    print(result)        #打印数据
```

最后，打印结果如下：

```
{'id': 1, 'password': 'secret'}
```

14.4.3　SQL Server 数据库

SQL Server 数据库是由 Microsoft 微软公司开发设计的一套关系数据库管理系统，是世界主流数据库之一。SQL Server 数据库具有使用方便、可伸缩性好、相关软件集成程度高等优点，在个人电脑上或者大型多处理器的服务器等多种平台均可流畅运行。此外，SQL Server 数据库的引擎为关系型数据和结构化数据提供了更可靠安全的存储功能，适用于高可用和高性能的数据平台。

本书选择了 Python 编程语言实现对 MySQL 数据库的操作，并采用 pymssql 作为 Python 数据库接口。

pymssql 简单易用，在 Python 环境中安装 pymssql，指令如下：

```
pip install pymssql
```

使用 pymssql 接口完成对一个表的查询操作，并打印数据：

```
import pymssql              #导入 pymssql 接口
#创建 sql server 连接
conn = pymssql.connect('主机 IP', '用户名', '用户密码', 'tempdb')
#创建数据库操作游标
cursor = conn.cursor(as_dict=True)
#执行 SQL 语句，查询数据
cursor.execute('SELECT * FROM persons WHERE salesrep=%s', 'John Doe')
for row in cursor:
    print("ID=%d, Name=%s" % (row['id'], row['name']))      #打印查询结果

conn.close()                                          #关闭数据库连接
```

14.4.4　Oracle 数据库

Oracle 数据库是由美国甲骨文 Oracle 公司开发的数据库软件产品，具有安全性高、稳定性强、存储数据量大等优点。目前，Oracle 数据库是世界上使用广泛的商业数据库管理系统，可以在所有主流平台上运行，支持各种工业标准，采用完全开放策略，为客户提供适合的解决方案。

本书选择了 Python 编程语言实现对 Oracle 数据库的操作，并采用 cx-Oracle 作为 Python 数据库接口。

首先，在 Python 环境中安装 cx-Oracle，指令如下：

```
pip install cx-Oracle
```

Python 使用 cx-Oracle 接口操作 Oracle 数据库的示例如下：

```
import cx-Oracle              #导入 cx-Oracle 包
#连接数据库
conn=cx_Oracle.connect('用户名/密码@服务器 IP/数据库名称')
#建立 cursor 指针(下面操作都通过此指针进行)
cur=conn.cursor()
#操作数据库
exe=cur.execute('SQL 语句')
fet=exe.fetchall()           #一次取完所有数据
fet=exe.fetchone()           #一次取一行数据
cur.close()                  #关闭光标
conn.close()                 #关闭数据库连接
```

14.4.5　国产数据库

近些年，国产数据库取得了飞速发展，特别是在 2013 年棱镜门事件发生后，我国一直在不遗余力地推动国产数据库发展。例如 PingCAP 公司的 TiDB 数据库、华为的 GaussDB

数据库、南大通用的 Gbase 数据库、腾讯的 TDSQL 数据库以及阿里巴巴的 OceanBase 数据库。国内数据库软件市场呈现了充分竞争、百花齐放的景象。

TiDB 数据库是国内最受欢迎的开源分布式关系数据库之一。TiDB 数据库是支持在线事务处理与在线分析处理(Hybrid Transactional and Analytical Processing, HTAP)的融合型分布式数据库产品，是云原生的分布式数据库，具备水平扩容或者缩容、金融级高可用、实时 HTAP、兼容 MySQL 5.7 协议和 MySQL 生态等重要特性。目标是为用户提供一站式OLTP(Online Transactional Processing)、OLAP (Online Analytical Processing)、HTAP 解决方案。TiDB 适合高可用、强一致要求较高、数据规模较大等各种应用场景。

值得注意的是，TiDB 数据库连接器为客户端提供了连接数据库服务端的方式，API 提供了使用MySQL 协议和资源的底层接口,这意味着TiDB 兼容MySQL 的所有连接器和API。我们可以使用连接和操作 MySQL 的方式来对 TiDB 数据库进行同样的操作。

习　　题

1. 什么是信息模型？什么是数据模型？常见的数据模型有哪几种？
2. 当使用下列表结构时，可能会遇到什么问题？

结 构 表

学　号	姓　名	年　龄	课程号	课程名	成　绩
0405001	张强	20	101	高等数学	84
0405002	李宁	19	106	大学英语	72
0405003	高大山	18	101	高等数学	91
…	…	…	…	…	…

3. 学生管理数据库中有 3 张表，学生表 S(S#, SN, SEX, AGE, DEPT)、课程表 C(C#, CN)和学生选课表 SC(S#, C#, GRADE)。其中，S#为学号，SN 为姓名，SEX 为性别，AGE 为年龄，DEPT 为系别；C#为课程号，CN 为课程名；GRADE 为成绩。

(1) 用 SQL 检索所有比"李斌"年龄大的学生姓名、年龄和性别；

(2) 分析以下 SELECT 语句的作用：

```
SELECT   S#
FROM     SC
WHERE    GRADE=( SELECT  MAX    （GRADE ))
                 FROM    SC
                 WHERE   C#='005' ) ;
```

(3) 分析以下 SQL 语句：

```
SELECT   S.SN，SC.C#，SC.GRADE
FROM     S,SC
WHERE    S.S#=SC.S#;
```

将其转换成关系表达式。

4. 尝试动手编程实现基于 Python 语言连接访问 MySQL 数据库,并进行简单的读写操作。

第 15 章　互联网软件开发实践

本章首先介绍互联网 Web 编程基础、互联网 Web 框架和移动应用 APP 开发等相关知识，帮助读者快速入门互联网应用软件的开发；然后结合之前所学的知识，提供了一个基于 Python 语言、MySQL 数据库、Flask 框架、ECharts 图表和 Android 技术的软件实践案例：疫情数据采集及可视化软件。该案例基于瀑布模型，采用规范化的开发步骤，即遵循从开发背景开始，然后完成需求分析、总体设计、编程实现和测试运行的软件开发过程。

15.1　互联网 Web 编程基础

W3C(万维网联盟)是 Web 技术领域最具权威和影响力的国际中立性技术标准组织。网页 Web 主要由三部分组成：结构(Structure)、表现(Presentation)和行为(Behavior)。W3C 标准是这三部分对应的一系列标准的集合：结构化标准语言主要包括 HTML 和 XML，表现标准语言主要包括 CSS，行为标准主要包括文档对象模型和 ECMAScript。本书选择了 HTML、CSS、JavaScript 和 JSON 进行简要介绍。

15.1.1　HTML

HTML 是一种表示网页信息的符号标记语言，本质是通过一套标记方法来描述某个具体的网页。我们通常使用 Web 浏览器访问网站，其实就是解释 HTML 文档的过程，并通过标记式的指令，将影像、声音、图片、文字、动画等内容显示出来。

HTML 的主要特点如下：

(1) 简易性：版本的升级采用超集方式，从而更加灵活方便；

(2) 可扩展性：采取子类元素的方式，为系统扩展带来保证；

(3) 平台无关性：可以广泛使用在各类平台上；

(4) 通用性：是一种简单、通用的全置标记语言。

HTML 的基本结构如下，主要包含各种网页所需的标签(例如 doctype、head、title、body 和 meta 等)：

```
<!DOCTYPE html>
<html lang="en">
<head>
    <meta charset="UTF-8">
    <title>HTML 的基本结构</title>
```

```html
    </head>
    <body>
        <h1>主标题</h1>
        <p>段落 1</p>
        <p>段落 2</p>
        <a href="http://www.baidu.com/" target="_blank">链接指向"百度搜索"首页</a>
        <ul>
            <li>HTML</li>
            <li>CSS</li>
            <li>JavaScript</li>
            <li>JSON</li>
        </ul>


        <input type="text" placeholder="请输入内容" />
    </body>
    </html>
```

语句说明如下：

(1) <!DOCTYPE html>：告诉标准通用标记语言解析器要使用什么样的文档类型定义(DTD)来解析文档，DOCTYPE 标签是一种标准通用标记语言的文档类型声明；

(2) <html> </html>：HTML 页面的根标签，<html>与</html>标签限定了文档的开始点和结束点，在它们之间是文档头部和文档主体；

(3) <head> </head>：定义 HTML 文档的一些主题信息，例如文档的标题(title)和少量关键信息，可以包含脚本、样式、meta 信息以及其他关键的信息；

(4) <meta charset="UTF-8">：指明当前网页采用 UTF-8 编码；

(5) <title> </title>：定义网页的标题，网页标题会显示在浏览器的标签栏；

(6) <body> </body>：定义网页中的主体部分，包括网页可见的所有内容，例如段落、标题、图片、链接等；

(7) <h1> </h1>：定义标题；

(8) <p> </p>：定义段落；

(9) <a> </a>：定义链接；

(10) <ul> </ul>：定义列表；

(11) <li> </li>：定义列表项；

(12) <input type="text" />：定义一个输入框。

由于 HTML 文档属于文本文件，所以可以使用任何文本编辑器来创建和修改 HTML 文件，将 HTML 文档保存为.html 或者.htm 格式便可以直接在浏览器中打开并浏览其中的内容。例如上面的示例代码，将其保存在一个名为 index.html 的文件中，双击即可在浏览器中看到运行结果，如图 15.1 所示。

图 15.1 运行显示页面

15.1.2 CSS

随着网站越来越复杂，如果开发人员不停地将新的 HTML 标签和属性(如字体颜色、属性等)添加到 HTML 中，会使得文档的内容和表现(布局、字体、颜色、背景等)完全耦合在一起。一旦开发人员需要对网页表现进行修改，就得修改网页的内容，这必将使站点的维护越来越困难。

CSS 指的是层叠样式表(Cascading Style Sheets)，主要负责描述如何在屏幕、纸张或其他媒体上显示 HTML 元素。为了设计出美观、易维护升级的网站，开发人员可以使用 CSS，让网页的表现和内容完全分离，从而使得网站的维护工作变得更容易，不会因为内容的改变而影响表现，也不会因为表现的改变而影响内容。CSS 代码可以在任何文本编辑器中打开和编辑，读者初次接触 CSS 时会感到很简单，接下来本节将介绍 CSS 基本语法。

样式是 CSS 最小语法单元，每个样式包含两部分内容：选择器和声明(规则)，如图 15.2所示。

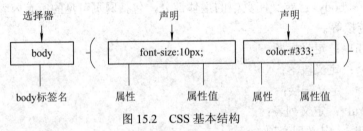

图 15.2 CSS 基本结构

1) 选择器(Selector)

选择器(Selector)负责告诉浏览器页面中的对象是由哪些样式决定的。浏览器在解析这个样式时，由选择器来确定渲染对象的显示效果。这些对象可以是某个标签、类、所有网页对象或 ID 值等。

2) 声明(Declaration)

声明(Declaration)的内容主要是告诉浏览器如何去渲染选择器指定的对象。

声明一般包括两部分：属性和属性值，并用分号来标识一个声明的结束，在一个样式中最后一个声明可以省略分号。声明可以有一个或者多个。

所有声明要求放置在一对大括号内，然后整体紧邻选择器的后面。

① 属性(Property)，是 CSS 提供的设置好的样式选项，例如字体或者颜色。

② 属性值(Value)，用来显示属性效果的参数。它包括数值和单位或者关键字。

这里给出一个 CSS 示例：定义网页文档字体<body>和</body>之间的字体大小为 10 像素，字体颜色为深灰色，段落<p>和</p>之间的文本的背景色为紫色。

具体代码如下：

```
body
{
    font-size: 10px;
    color: #CCCCCC;
}
p {
    background-color: #FF00FF;
}
```

15.1.3 JavaScript

JavaScript 是互联网上最流行的脚本语言，用于控制网页的行为。相比 Python 等其他编程语言，JavaScript 主要是由浏览器进行解释执行。JavaScript 的知识点很多，本书主要介绍 JavaScript 的基本语法，读者如果想深入学习，可以参考专业书籍。

使用 JavaScript 的方法有两种：直接插入代码和外部引入 js 文件。

(1) 直接插入代码。在 HTML 文件中添加<script></script>标记，然后在标记中插入 JavaScript 代码，对网页的作用是弹窗，示例如下：

```
<!DOCTYPE html>
<html lang="en">
<head>
    <meta charset="UTF-8">
    <title>JavaScript 示例</title>
    <script language="javascript" type="text/javascript">
        alert("弹窗提醒");
    </script>
</head>
<body>
</body>
</html>
```

(2) 外部引入 js 文件。把 JavaScript 代码保存为 js 文件，然后在 HTML 文件中调用，例如为了使用 ECharts 工具(一种可视化图表工具，文后会有进一步介绍)，可外部调用 echarts.js 文件，示例如下：

```
<!DOCTYPE html>
```

```
<html lang="en">
<head>
    <meta charset="UTF-8">
    <title>JavaScript 示例</title>
    <script src="/static/js/echarts.js">
    </script>
</head>
<body>
</body>
</html>
```

JavaScript 对字母大小写是有严格的区分，此外，JavaScript 会忽略关键字、变量名、数字、函数名等元素之间的空格、换行符和制表符。下面从变量、运算符、表达式、语句、函数、事件和对象等方面介绍一下 JavaScript 的基本语法。

(1) 变量。

一个变量的定义如下：

```
var x = "some value";
```

x 的类型为 String(字符串)，JavaScript 支持的常用类型还有

object：对象；

array：数组；

number：数字；

boolean：布尔值，只有 true 和 false 两个值；

null：一个空值，唯一的值是 null；

undefined：没有定义和赋值的变量。

(2) 运算符。

运算符就是完成操作的一系列符号，包括以下七类：赋值运算符(=，+=，−=，*=，/=，%=，<<=，>>=，|=，&=)、算术运算符(+，−，*，/，++，−−，%)、比较运算符(>，<，<=，>=，==，===，!=，!==)、逻辑运算符(||，&&，!)、条件运算(?:)、位移运算符(|，&，<<，>>，~，^)和字符串运算符(+)。

如果进行运算的两个元素的数据类型不同，则首先将他们转换成相同的类型。

(3) 表达式。

运算符和操作数的组合称为表达式，通常分为四类：赋值表达式、算术表达式、布尔表达式和字符串表达式。

(4) 语句。

语句是编写程序的指令，包括赋值语句、switch 选择语句、while 循环语句、for 循环语句、for each 循环语句、do while 循环语句、break 循环中止语句、continue 循环中断语句、with 语句、try…catch 语句、if 语句(if…else，if…else if….)、let 语句。

(5) 函数。

函数由关键字 function 定义，使用方式如下：

```
function myFunction(params) {
```

```
        //执行的语句
         return TRUE;

        }
```

使用 function 关键字定义的函数在一个作用域内是可以在任意处调用的，而用 var 关键字定义的函数要在定义后才能被调用。函数名 myFunction 是调用函数时引用的名称，注意字母大小写的区分。params 表示传递给函数使用或操作的参数值，return 语句用于返回函数执行结果的值。

(6) 事件。

事件是指用户与网页发生交互时产生的操作。事件可以由用户引发、页面发生改变，或者是 Ajax 的交互事件。如鼠标点击事件就是由用户的动作所引发的。

Ajax 可以实现客户端与服务器端的异步通信，完成网络页面的局部刷新。创建 Ajax 的步骤如下：

① 创建 xmlhttprequire 对象，创建一个异步调用对象；

② 创建一个新的 HTTP 请求，并指定该 HTTP 的请求方法、url 及验证信息；

③ 设置响应 HTTP 请求状态变化的函数；

④ 发送 HTTP 请求；

⑤ 获取异步调用返回的数据；

⑥ 使用 JavaScript 和 DOM 实现局部更新。

(7) 对象。

JavaScript 支持面向对象的设计。

15.1.4   JSON

JSON 是 JavaScript 对象表示法，用于存储和交换文本信息。因为 JSON 具有更小、更快、易解析等优点，所以 JSON 在网络传输中运用广泛。JSON 使用 JavaScript 语法来描述数据对象，但独立于语言和平台。

JSON 有两种数据结构：对象结构和数组结构。

(1) 对象结构。

对象结构是使用大括号"{}"括起来的，大括号内是由 0 个或多个用英文逗号分隔的"关键字:值"(key:value)对。

语法如下：

```
        var jsonObj =
        {
            "键名 1":值 1,
            "键名 2":值 2,
            ……
            "键名 n":值 n
        }
```

其中，jsonObj 指的是 JSON 对象。对象结构是以"{"开始，到"}"结束。"键名"和"值"之间用英文冒号构成对，两个"键名:值"之间用英文逗号分隔。这里的"键名"是字符串，但"值"可以是数值、字符串、对象、数组或逻辑 true 和 false。

(2) 数组结构。

数组结构是用中括号"[]"括起来，中括号内部是由 0 个或多个以英文逗号分隔的值。语法如下：

```
var arr =
[
    {
        "键名 1":值 1,
        "键名 2":值 2
    },
    {
        "键名 3":值 3,
        "键名 4":值 4
    },
    ……
]
```

其中，arr 指的是 JSON 数组。数组结构是以"["开始，到"]"结束，这一点跟 JSON 对象不同。在 JSON 数组中，每一对"{}"相当于一个 JSON 对象，而且语法一样。

对 JSON 的对象结构和数组结构的读取、写入、修改、删除和遍历等操作，请参考专业书籍。

15.2　互联网 Web 框架

互联网 Web 技术的快速发展，导致互联网 Web 的开发项目越来越复杂。为了缩短开发时间，开发人员需要运用好 Web 框架。

Web 框架(Web Framework)，是指专门针对 Web 开发的一套软件架构。它提供了一套开发和部署网站的方式，很多规范化的功能不再需要开发人员自己去完善，使用 Web 框架提供的功能就可以完成开发。

所以，Web 框架的本质就是一个代码库，它提供用于构建可靠、可扩展和可维护的 Web 程序的基本模式，使 Web 的开发更快，更轻松。Web 框架的存在是为了使开发人员更容易制作 Web 程序，可以将其视为一种创建快捷方式的方法，防止编写重复性的代码。例如，开发人员可能已经编写了一个代码来处理 Web 应用程序的数据采集和分析，为了防止每次创建网站或 Web 服务时都要从头开始重写该代码，开发人员可使用相应的 Web 框架。Web 框架会有效降低开发人员的工作量。

Web 框架在其代码中可通过扩展功能，以完成运行 Web 应用所需的日常操作。这些操作涉及以下常见的功能：

(1) 设定网址路由；

(2) 输入表单管理和验证；

(3) 设置 HTML、XML、JSON 和其他带有模板引擎的产品;

(4) 通过对象关系映射器(ORM)配置数据库连接和数据操作;

(5) 针对跨站点请求伪造(CSRF)、SQL 注入、跨站点脚本(XSS)和其他频繁恶意攻击的 Web 安全;

(6) 会话存储库和检索。

目前 Python 主流的框架有重量级的 Django 和轻量级的 Flask 等。重量级的 Django，从字面上就可知，该框架具有"重量级"的代码量，即意味着 Django 可以为开发人员提供大量的功能。但很多时候，如果仅仅是开发一个简单的网站，很多功能不需要。此时开发人员还使用 Django，会导致很多不必要的功能也部署上来了。所以，开发简单的网站，采用轻量级的 Flask 是更好的选择。而且，在 Flask 的基础上，Web 框架也支持扩展更多的功能。

接下来简单介绍 Django 框架和 Flask 框架。

15.2.1 Django 框架

1. 简介

Django 是一个开放源代码的 Web 框架，由 Python 语言写成。它最初是用于管理劳伦斯出版集团旗下的一些以新闻内容为主的网站的，即是 CMS(内容管理系统)软件。

Django 采用了 MTV 的框架模式，即模型(Model)、视图(View)和模板(Template)。模型是用来处理数据库的业务逻辑，对数据库进行添加、删除、查找等操作;视图在接收 URL 分发的请求后要进行业务处理，操作模型实现对数据库的存取，选择模板返回给用户，或者将用户指定数据更新到模板中;模板主要功能是提供用于显示的界面模板。

2. 安装

与其他数据库一样，我们可以直接使用 pip 方式来安装 Django。

```
pip install django==版本号
```

如果安装命令的末尾不添加版本号，pip 会默认安装当前最新版本的 Django，若是要安装指定版本的 Django，则需要将命令后边的版本号改为指定的版本号。

鉴于目前 PyCharm 在 Python 程序开发中的欢迎程度，我们可以下载一个专业版的 PyCharm 安装到本地，然后用于开发 Python 程序。

值得注意的是，PyCharm 在新建项目的过程中就默认使用了虚拟环境，也就是每个 Python 项目之间环境是互相隔离的，这样可保证各种第三方库在该项目开发使用时的独立地位，便于后续的移植和管理。不过这样做的缺点在于，如果使用的第三方库很多，会导致项目体积越来越大。

3. 创建 Django 项目

使用 PyCharm 创建 Django 项目，首先需要打开 PyCharm，然后依次点击 File→New Project→Django，弹出界面如图 15.3 所示。

接着，在 Location 中设置项目的路径与项目名，如果创建项目的同时需要创建虚拟环境，那么需要选择 New environment using 选项，当系统中安装了多个版本的虚拟环境时，可以在 Base interpreter 中根据需求设置相应的虚拟环境。如果之前已经建立好虚拟环境，则选择 Previously configured interpreter。

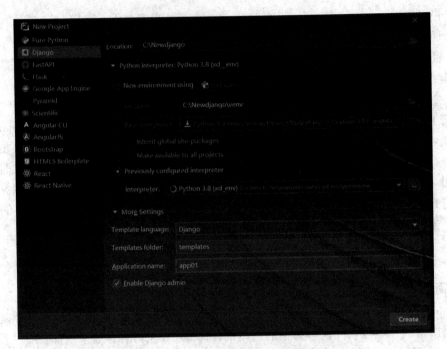

图 15.3　Django 新项目创建界面

通过 PyCharm 方式创建一个 Diango 项目，其目录结构如图 15.4 所示。

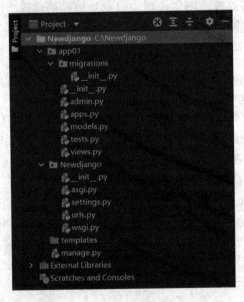

图 15.4　Django 项目目录组成

图 15.4 中，Newdjango 文件夹是 Django 创建的一个 APP，APP 简单来说相当于 Django 项目的一个功能模块，一个项目中有许多功能，每个功能均以 APP 的形式呈现，使得每个功能之间彼此独立，以方便对项目功能的维护与保存。models.py 是创建的数据库模型，用来进行数据库操作的文件；views.py 是用来接收从 URL 分发的请求并根据请求进行相应业务逻辑处理的文件；Newdjango\Newdjango 文件夹是 Django 的项目配置文件夹，其中的

settings.py 用来进行项目的静态资源、数据库连接、模板文件资源等的配置；urls.py 文件将浏览器发送来的请求，经过其中的路由列表筛选后分发到相应的视图业务逻辑处理方法中；manage.py 文件是 Django 项目的管理文件，在 PyCharm 的终端中通过指令使用这个文件可以对 Django 项目进行操作，其常用的操作指令如下所示：

```
python manage.py runserver          #启动 Python 项目
python manage.py startapp           #创建 APP 程序
python manage.py makemigrations     #模型变化迁移， 告诉数据库模型发生改变
python manage.py migrate            #将创建的数据库模型应用到数据库
python mange.py cretesuperuser      #创建管理员用户
```

4. 设定访问路由

这个路由设定非常关键，关系到能否成功访问各个业务模块。此时主要使用三个文件，一个是 Newdjango 核心子模块里的 urls.py 全局路由文件，一个是业务模块里的 urls.py 局部路由文件，一个是业务模块里的 views.py 视图设置文件。

这里我们倒着来，先进入业务模块 app01，由于 app01 目录里并无 urls.py 文件，需要先创建一个，然后在里面输入如下内容：

```
from app01 import views   # 导入视图 views
from django.conf.urls import url

urlpatterns = [
        url('^index/', views.index),   # 默认访问 app01 业务的首页
]
```

上述 urls.py 文件里有一个 urlpatterns 列表，这里可以存放该业务的所有路由设定，用于访问 app01 业务的 index 页面。下面我们在 views 视图文件里添加一下该函数：

```
from django.http import HttpResponse
# Create your views here.
def index(request):
        msg = "Hello World"
        return HttpResponse(msg)
```

这里定义了一个 Index 函数，用于返回一段话。由于上述代码是 Web 请求，因此这里还使用 Django 提供的 Http 协议服务。Index 函数，使用 HttpResponse 响应函数，传入 msg 变量。

这样业务模块里的简单路由就设定好了，最后一步还需要回到核心子模块里的全局路由设定 urls.py 文件里，将业务模块添加进去：

```
from django.conf.urls import include, url

urlpatterns = [
        url('app01/', include('app01.urls')),
]
```

上述代码中使用了 include 函数，在 include 函数里添加业务模块 urls 文件所在路径即可。如 app01.urls 这是对象的使用方法，app01 为业务模块包，urls 为该包里的对象，这是实际存在的。

经过这三步操作后，在浏览器地址上输入：http://127.0.0.1:8000/app01/index，就可以看到页面上有设定的显示，如图 15.5 所示。

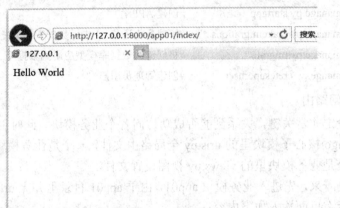

图 15.5　路由分发

这样对于业务模块的访问路由构造就完成了。

5. 访问 HTML 页面

有了路由设定基础后，访问 HTML 页面的请求也是放在 views 视图里来处理的。此时回到全局设定 setting.py 文件里，可以看到有一个参数为 TEMPLATES 的模板，里面的 DIRS 参数就是模板所在的路径。

```
TEMPLATES = [
    {
        'BACKEND': 'django.template.backends.django.DjangoTemplates',
        'DIRS': [],      #视图文件存放位置的设定
        'APP_DIRS': True,
        'OPTIONS': {
            'context_processors': [
                'django.template.context_processors.debug',
                'django.template.context_processors.request',
                'django.contrib.auth.context_processors.auth',
                'django.contrib.messages.context_processors.messages',
            ],
        },
    },
]
```

如果我们设定在 Django 站点目录新建一个 templates 子目录，用于存放网页文件，这里的 DIRS 参数就可以设定如下：

```
'DIRS': [BASE_DIR+"templates",],      #其中的 BASE_DIR 为项目根目录路径
```

接下来就可以新建这个 templates 目录，并在里面创建一个网页文件 index.html，内容示例如下：

```
<!DOCTYPE html>
<html lang="en">
<head>
    <meta charset="UTF-8">
    <title>NewDjango</title>
</head>
<body>
<p>欢迎访问，这是基于 html 的页面</p>
</body>
</html>
```

在 app01 业务模块里再添加一层路径，即 app01 业务的子页面，例如：http://127.0.0.1: 8000/ app01/add。在 app01 模块的 urls 中设定如下：

```
from app01 import views  # 导入视图 views
from django.conf.urls import url


urlpatterns = [
    url('^index/', views.index),  # 默认访问 app01 业务的首页
    path('add', views.sell, name='add'),  # 增加访问路径
]
```

接下来回到 app01 目录的 views 视图文件，修改其渲染方式为 render：

```
from django.shortcuts import render
from django.http import HttpResponse


def index(request):
    msg = "Hello World"
    return HttpResponse(msg)
def sell(request):
    msg={}     #定义了一个字典
    msg['data']=" "     #设置了键名为 data，值为后面的语句
    return render(request,'index.html',msg)   #使用 render 渲染方式
```

render 渲染方式一般包括三个参数，第一个为请求方式 request，第二个为模板网页文件，第三个为携带的参数，第三个参数如果没有变量传递可以不给。上述设置完成并保存后，就可以在浏览器上访问了，图 15.6 所示的是不带参数的显示。

综上所述，一个简单的站点就搭建完成了。Django 框架在业务解耦方面确实要好一些，同时会自动创建许多必要的文件，明显提高了开发效率。

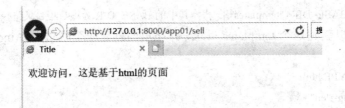

图 15.6　HTML 页面访问

15.2.2　Flask 框架

1. 简介

Flask 是目前十分流行的 Web 框架，可采用 Python 编程语言来实现相关功能。Flask 被称为微框架(Microframework)，"微"是指 Flask 旨在保持代码简洁且易于扩展。Flask 框架的主要特征是核心构成比较简单，但具有很强的扩展性和兼容性。

Flask 主要包括 Werkzeug 和 Jinja2 两个核心函数库，它们分别负责业务处理和实现安全方面的功能，这些函数为 Web 项目开发过程提供了丰富的基础组件。

2. 安装

使用以下指令安装 Flask 框架：

```
pip install flask
```

输入指令查看版本：

```
import flask
print(flask.__version__)
# 2.0.1
```

3. 最小应用

使用 PyCharm 创建 Flask 新项目，如图 15.7 所示。

示例代码如下：

```
from flask import Flask      # 导入 Flask 类库


app = Flask(__name__)        # 创建应用实例
@app.route('/')              # 视图函数(路由)


def hello_world():   # put application's code here
    return 'Hello World!'
```

```
# 启动服务
if __name__ == '__main__':
    app.run()
```

图 15.7 Flask 新项目创建界面

上述代码首先导入了 Flask 类；接着创建一个该类的实例，第一个参数是应用模块或者包的名称，__name__ 是一个适用于大多数情况的快捷方式；函数返回需要在浏览器中显示的信息。

应用程序保存为 app.py，一般不要使用 flask.py 作为应用名称，这会与 Flask 本身发生冲突。服务启动默认使用 5000 端口，在浏览器中打开 http://127.0.0.1:5000/，我们可以看到 Hello World! 字样，如图 15.8 所示。

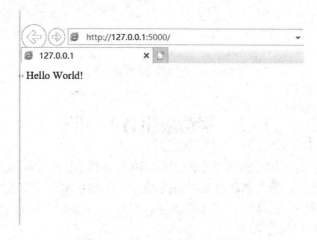

图 15.8 最小应用的 Flask 页面

现代 Web 框架使用路由技术来帮助用户记住应用程序 URL。Flask 中的 route()装饰器用于将 URL 绑定到函数，例如：

```
@app.route('/hello')
def hello_world():
    return 'hello world'
```

把 URL 的一部分标记为<variable_name>就可以在 URL 中添加变量，标记部分会作为关键字参数传递给函数，例如：

```
from flask import Flask
app = Flask(__name__)


@app.route('/hello/<username>')
def hello(username):
    return f 'Hello {username}!'


if __name__ == '__main__':
    app.run(debug = True)
```

上面的例子，若在浏览器中输入 http://localhost:5000/hello/xidian，则 xidian 将作为参数提供给 hello()函数，即 username 的值为 xidian。浏览器中的输出如图 15.9 所示。

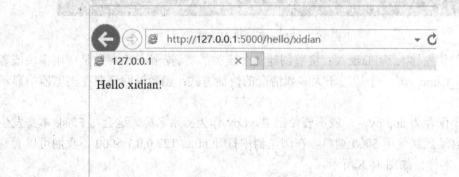

图 15.9　有参数传递的 Flask 页面

15.3　移动应用 APP 开发

移动互联网是移动网和互联网融合的产物，继承了移动随时、随地、随身和互联网开放、分享、互动的优势。随着移动互联网的发展，移动应用 APP 的开发需求也与日俱增，读者有必要了解和学习一些移动应用 APP 技术。目前，移动应用 APP 主要包括三种类型：Web APP、原生 APP 和混合 APP。

1. Web APP

Web APP 是一种可以通过 Web 访问的应用程序，其优势是用户只需要有浏览器即可，不需要在移动终端上安装软件，就可以很容易地使用网站提供的应用服务。相比一般的 Web 网站，Web APP 针对的是主流的移动终端(Android、iOS 手机)，而且 Web APP 不仅具有浏览展示能力，例如基于 HTML 技术的文字、视频和图片展示等，Web APP 还强调为用户提供特定"功能"。该"功能"主要基于网页编程技术实现，且依赖移动终端的浏览器运行。Web APP 具有开发成本低，维护更新简单等优点，而且支持云修复，免除了用户下载更新的烦琐过程。但是 Web APP 的用户体验不足，过于依赖网络质量，容易造成页面跳转迟钝甚至卡壳，页面交互动态效果不灵活。所以，如果核心功能需求不多，侧重于信息查询，浏览等基础功能，可以选择 Web APP。

在开发 Web APP 时，考虑到移动终端操作系统内置的浏览器主要基于 webkit 内核。所以开发人员可以使用 HTML 或 HTML5、CSS3、JavaScript 技术做 UI 布局，使其在网站页面上实现传统的 C/S 架构软件功能，服务端则使用 Java、php、ASP 等技术。

2. 原生 APP

原生 APP 是在智能移动终端的操作系统基础上用原生程序编写的应用程序，原生 APP 的可扩展性强于 Web APP，可以直接调用移动终端的硬件设备，比如语音、短信、GPS、蓝牙、重力感应和摄像头等。此外，原生 APP 的运行速度快，稳定性好，拥有较好的用户体验和交互界面，但缺点是开发工作量较大。开发原生 APP 时，原生 APP 只能用于特定移动终端操作系统，需要根据运行的移动终端操作系统采用不同的开发语言。

移动终端操作系统包括 Android、iOS 和鸿蒙等，每个系统对开发人员的要求不一样。以 Android APP 开发为例，开发人员除了掌握 Java 语言，还要熟悉 Android 环境和机制。

3. 混合 APP

混合 APP 是指半 Web 半原生的混合类移动应用 APP，同时采用 Web APP 技术和原生 APP 技术进行开发，用户需要下载安装使用。混合 APP 兼具原生 APP 良好的用户交互体验和 Web APP 跨平台开发的优势。因为在开发过程中混合 APP 使用了 Web 技术，一套代码可以支持各种系统的使用，所以开发成本和难度大大降低。混合 APP 是现在主流的移动应用 APP，大型的 APP，如淘宝、微信采用的都是混合 APP。

在开发混合 APP 时，大部分采用的策略是以 Web 为主体，然后穿插使用原生 APP 的功能。其中，以 Web 为主体的 APP，用户体验好坏主要取决于底层中间件的交互和跨平台的能力。国内外有很多优秀的开发工具，如国外的 APPmAkr、APPmobi，国内的 APICloud 等。

接下来，为了让读者进一步了解如何成为一名合格的移动应用开发人员，这里以 Android 系统下的移动应用开发为例，列举一些 Android 工程师应当掌握的知识，如表 15.1 所示，有兴趣的读者可以根据相关知识进行深入的学习。

表 15.1 Android 开发工程师应掌握的知识

分类	能力目标
基础部分	具备扎实的 Java 语言基础,掌握面向对象思想
	掌握 Android 四大组件(Activity、Service、BroadcastReceiver 和 ContentProvide)
	熟练使用集合、I/O 流及多线程断点上传下载和线程池的使用
	熟悉掌握 RecyclerView,ListView 等重要控件的使用和优化,以及(AsyncTask)异步任务加载网络数据
	熟练掌握 Android 中的多点触控,熟悉 Android 下 View 的事件分发机制与并能处理滑动事件冲突处理
	熟悉掌握 MVC 模式,使用市面上主流技术的 Android 开发常用框架
界面 UI	熟练使用 Android 下常用的布局设计
	熟悉 Android 中的动画、选择器、样式和主题的使用
	熟练并能独立解决市面上各种 Android 机型屏幕的适配
网络通信	熟悉 Android 下的 Handler 消息机制
	熟悉 XML/JSON 数据解析和生成 JSON/XML,以及 Android 下 SQLiter 数据库存储方式
	熟练使用 ContentProvider 来获取和更改手机系统中通讯录、短信的数据
	熟悉 Android 下混合开发、原生 APP 和 HTML5 的使用,及它们和 js 交互、数据通信
	熟悉界面间的数据传递、进程间通信
	熟悉 Android 下网络通信技术,对 Socket 通信、TCP/IP、Http 有一定的了解并能熟练使用
其他	熟悉使用支付宝、微信支付的 SDK 和银行的卡 SDK 的接入,为 APP 增加支付模块
	熟练使用 Android 下的 GPS 定位(接入百度地图定位 SDK 实现定位、标记、搜索等功能)
	熟悉 Android 的二维码开发:生成码、解析码、扫描码的开发
	熟悉 Android 环境下的各类传感器开发
	熟练掌握 Android 手机中的 3G、蓝牙、WiFi 的网络通信机制

注:相关知识查阅《Android 开发从入门到精通》《Android 开发详解》等书籍。

15.4 疫情数据采集及可视化软件案例

综合上述知识,本节主要介绍一个涉及 MySQL 数据库技术、Flask 框架、ECharts 图表技术和 Android 技术的软件实践案例:疫情数据采集及可视化软件。该案例基于瀑布模型,从开发背景开始,然后进行需求分析、总体设计、编程实现和测试运行的软件开发过程,遵循了规范化的开发步骤。

15.4.1 需求分析

根据世界卫生组织的定义，COVID-19 是由一种名为 SARS-CoV-2 的新型冠状病毒引起的肺炎疾病。此次新冠肺炎疫情，逐渐变成一场全球性大瘟疫，是全球自第二次世界大战以来面临的最严峻危机。截至 2022 年 5 月 16 日，全球已有 200 多个国家和地区累计报告超过 5.19 亿名确诊病例，导致超过 626 万名患者死亡。

新冠肺炎的最大特点就是传播速度快，传染性强，而且人群普遍易感。社会对疫情数据及信息实时性的需求非常迫切，各级政府部门已通过各种渠道及时发布了相关数据。同时，开发人员可以通过采集网络上的疫情相关数据，并利用分析手段为公众提供疫情趋势的可视化展示。因此，为了更好地配合政府开展防疫措施，疫情数据采集及可视化软件的构建是必不可少的。

单一图表已无法满足公众对新冠肺炎疫情的关注需求，为了方便公众获得全国新冠疫情的最新形势和发展趋势，疫情数据采集及可视化软件应具备以下功能：

(1) 展示全国疫情的实时数据，包括截至当日统计的全国新增确诊、现存确诊、累计确诊和累计死亡人数；

(2) 展示全国各省份/直辖市/地区疫情的统计数据，包括截至当日统计的各省份/直辖市/地区现存确诊人数；

(3) 展示全国疫情过往每日的历史新增数据，包括近 2 个月的每日全国新增确诊、新增治愈和新增死亡人数；

(4) 展示全国疫情过往每日的历史累计数据，包括近 2 个月的每日统计全国累计确诊、累计治愈和累计死亡人数；

(5) 展示新增确诊病例数排名前五地区的疫情数据，包括截至当日统计的新增确诊、新增治愈和新增死亡人数；

(6) 展示累计确诊病例数排名前五地区的疫情数据，包括截至当日统计的累计确诊、累计治愈和累计死亡人数。

15.4.2 总体设计

1. 基本架构

疫情数据采集及可视化软件是一个基于 Python、 MySQL、Flask、ECharts 等技术打造的软件，基本架构包括：

(1) 通过 AKShare 库进行网络数据采集；

(2) 通过 Python 与 MySQL 数据库进行交互；

(3) 基于 Flask 框架构建软件应用，实现前端和后端的数据交互；

(4) 开发基于 ECharts 的数据可视化网页，为用户提供疫情数据的丰富可视化展示；

(5) 开发基于 Android 的移动应用 APP，实现管理员随时随地访问和管理后台数据库。

该软件的基本架构如图 15.10 所示。

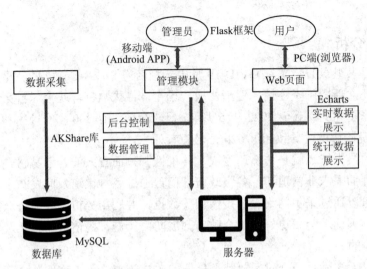

图 15.10　基本框架示意图

2. 功能模块设计

根据软件在需求分析阶段提出的功能需求，开发人员可进一步完成软件功能模块的设计工作。图 15.11 描述了功能模块设计示意图，本软件的功能模块包括：

(1) 数字展示模块：展示全国疫情新增实时数据；

(2) 折线图展示模块：分别展示全国疫情过往每日的历史新增数据和历史累计数据；

(3) 柱形图展示模块：分别展示新增和累计确诊病例数排名前五地区的疫情数据；

(4) 地图展示模块：按全国各地区(省/直辖市/地区)详细展示截至当日统计的全国各地区现存的确诊人数；

(5) 后台数据库管理模块：提供管理用户界面登录以及对数据库的查询、修改和删除功能。

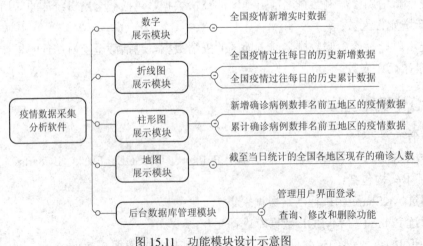

图 15.11　功能模块设计示意图

3. 交互流程设计

疫情数据采集及可视化软件的交互流程主要涉及数据展示和数据采集两部分。

如图 15.12 所示，数据展示的交互流程如下：

(1) 前端页面需要通过 Ajax 提交数据请求；

(2) 调用 Flask 框架的接口；

(3) 使用 Pymysql 库向 MySQL 数据库请求数据并完成数据的读取；

(4) 判断获取数据是否成功，如果成功，使用 ECharts 完成数据展示，否则显示数据获取失败。

如图 15.13 所示，数据采集的交互流程如下：

(1) 后端会定期发起数据更新的请求；

(2) 调用 Flask 框架的接口；

(3) 使用 AKShare 库调用相关接口，并在目标网站上采用网络爬虫完成网络数据采集，并判断获取数据是否成功；

(4) 若获取数据成功，将目标网站上的数据写入 MySQL 数据库；

(5) 将网络数据采集的结果写入日志文件，写入成功或者失败等相关信息。

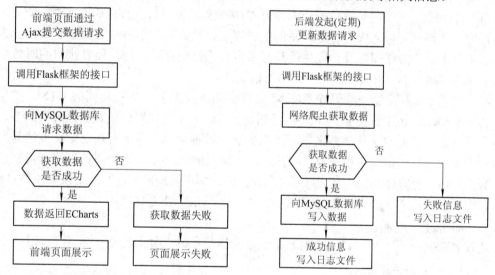

图 15.12　数据展示交互流程图　　　　图 15.13　数据采集交互流程图

15.4.3　编程实现

在完成交互流程设计之后，开发人员要根据交互流程图进行软件编程。其中，使用 Ajax 提交数据请求、使用 Flask 框架等交互过程在本章已有简单介绍，本书不再展开。下文将介绍获取网络数据、与 MySQL 数据库交互、基于 ECharts 的数据可视化展示和基于 Android 开发的后台数据库管理等内容的编程实现方法。由于篇幅限制，代码部分并没有在书中完全体现，读者可进一步参考本书提供的源代码。感兴趣的读者可以进一步深入学习专业书籍，如《Javascript 高级程序设计》(马特·弗里斯比，人民邮电出版社，2020)《HTML+CSS+JavaScript 网页设计从入门到精通》(王爱华，清华大学出版社，2017)《Flask Web 开发实战：入门、进阶与原理解析》(李辉，机械工业出版社，2018)等。

1. 获取网络数据

获取网络数据的常见方法是网络爬虫，其本质就是通过代码形式对于网络上的数据进行自动化抓取，例如获取全国近 1 年的新冠肺炎的疫情相关数据，如果通过人工收集效率则十分低下。网络爬虫主要有三种方式：

(1) 网站 API 接口抓取。这是最为直接的方法，通过调用网站提供的 API 接口可以直接获取所需数据。缺点是提供 API 接口支持的网站很少，或者其 API 接口不对外公开。即使网站向公众提供 API 接口，不少网站还会限制 API 调用的次数和频率等。所以，网站 API 接口爬取的方法受限较多。

(2) 基于 HTML 数据抓取。这种方法较为麻烦，通过访问目标网站的网页代码，分析和抓取有用的 HTML 数据。虽然这个方法不受网站 API 调用的限制，但目标网站的网页一旦发生结构变化，就必须更新爬虫抓取代码，否则爬虫功能会失效。所以，对个人而言，基于 HTML 数据抓取的方法上手难度大，而且维护成本高。

(3) 利用第三方接口库的 HTML 数据抓取。这种方法本质也是基于 HTML 实现对目标网站的数据抓取，但使用者不需要亲自动手实现爬虫代码的编程，减小了上手难度。该方法由第三方(科技企业、科研单位或个人爱好者)将数据的抓取过程打包成库文件，使用者只用几行调用代码就可以完成对目标网站的数据抓取，从而有助于使用者专注于数据分析。该方法依赖于第三方接口库是否提供用户想要爬取网站的接口支持，而且接口的时效性也依赖于第三方接口库的开发人员是否能够及时更新。

考虑到书本篇幅限制及编码难度，本书的软件案例采用第三方接口库的 HTML 数据抓取。其中，AKShare 库是基于 Python 的数据接口库，主要面向财经类数据，可对股票、期货等金融产品的数据实现从数据采集、数据清洗到数据落地。而随着新冠肺炎疫情暴发，AKShare 库也开始提供疫情相关数据的接口。可以采用 AKShare 库提供的新冠肺炎疫情的事件数据接口，更方便和快速地在网易 163、丁香园等主流疫情信息网站上采集疫情数据。

首先，确定已在 Python 环境中安装 AKShare，Python 指令如下：

```
pip install AKShare
```

通过 AKShare 库，在网易 163 网站上获取全国历史时点数据的 Python 指令如下：

```
import akshare as ak
covid_19_163_df = ak.covid_19_163(indicator="中国历史累计数据")
print(covid_19_163_df)
```

执行上述指令，返回的 print()部分结果如下：

	confirm	suspect	heal	dead	severe	input	storeConfirm
2022-03-22	438647	0	157432	11855	None	17052	269360
2022-03-23	441865	0	159794	12060	None	17096	270011
2022-03-24	445069	0	161905	12261	None	17161	270903
2022-03-25	447162	0	164215	12453	None	17216	270494
2022-03-26	449283	0	166661	12592	None	17253	270030
2022-03-27	451447	0	168586	12743	None	17309	270118
2022-03-28	453469	0	170177	12911	None	17370	270382
2022-03-29	455633	0	172755	13062	None	17434	269816
2022-03-30	458299	0	175627	13197	None	17470	269475
2022-03-31	460892	0	178163	13316	None	17510	269413

...

通过 AKShare 库，在丁香园网站上获取中国疫情分省统计详情的 Python 指令如下：

```
import akshare as ak
covid_19_dxy_df – ak.covid_19_dxy(indicator="中国疫情分省统计详情")
print(covid_19_dxy_df)
```

执行上述指令，返回的 print()部分结果如下：

	地区	地区简称	现存确诊	累计确诊	治愈	死亡
0	中国台湾	台湾	881182	896059	13742	1135
1	中国香港	香港	261019	331657	61277	9361
2	上海市	上海	3280	62253	58390	583
3	浙江省	浙江	646	3132	2485	1
4	北京市	北京	500	2822	2313	9
5	河南省	河南	186	3141	2933	22
6	吉林省	吉林	169	40267	40093	5
7	广东省	广东	162	7266	7096	8
8	福建省	福建	88	3138	3049	1
9	四川省	四川	60	2122	2059	3
10	青海省	青海	48	146	98	0

...

通过 AKShare 库，在丁香园网站上获取中国各地区时点数据的 Python 指令如下：

```
import akshare as ak
covid_19_163_df = ak.covid_19_163(indicator="中国各地区时点数据")
print(covid_19_163_df)
```

执行上述指令，返回的 print()部分结果如下：

	confirm	suspect	heal	dead	severe	storeConfirm
台湾	0	None	0	0	None	0
香港	0	None	0	0	None	0
湖北	0	None	0	0	None	0
上海	97	None	274	3	None	−180
吉林	0	None	0	0	None	0
广东	0	None	0	0	None	0
陕西	0	None	0	0	None	0
河南	0	None	0	0	None	0
福建	0	None	0	0	None	0
浙江	0	None	0	0	None	0

...

2. 与 MySQL 数据库交互

首先，要解决网络采集数据的数据库写入和存储。通过 AKShare 接口获取的网络数据的数据类型是 Pandas 数据帧(DataFrame)，而 Pandas 是基于 NumPy 的一种工具，纳入了大量库和一些标准的数据模型。Pandas 提供的高效操作大型数据集所需的工具中，包括了可以直接将存储在 DataFrame 中的记录写入 SQL 数据库的方法：DataFrame.to_sql()。

以下是网络采集数据写入和存储数据库的指令：

```
from sqlalchemy import create_engine
##将数据写入 mysql 的数据库，但需要先通过 sqlalchemy.create_engine 建立连接
yconnect = create_engine('mysql+pymysql://用户名:密码@localhost:3306/数据库名 charset=utf8')
xxx.to_sql('表名, yconnect, if_exists='replace', index=False)
```

其中，xxx 是 AKShare 接口返回的网络数据，数据类型是 Pandas 数据帧(DataFrame)。

然后，使用 PyMySQL 库来实现对 MySQL 的查询操作，相关的实现方法在第 14 章已经介绍，在此不再赘述。

3. 基于 ECharts 的数据可视化展示

ECharts 是百度的一个开源的数据可视化工具，是一个纯 JavaScript 的图表库，能够在 PC 端和移动设备上流畅运行，兼容当前绝大部分浏览器。在 ECharts 的官网上(如图 15.14 所示)，ECharts 示例库提供了大量直观、生动、可交互、可高度个性化定制的数据可视化图表，有助于开发者快速实现可视化需求。

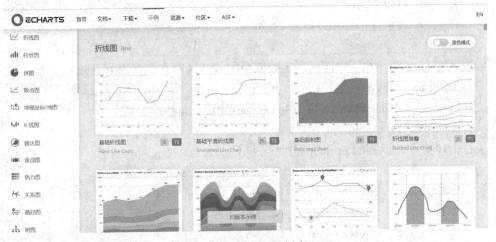

图 15.14　EChart 示例库

疫情数据采集及可视化软件采用 ECharts 提供的折线图、柱状图和中国地图的图表工具。根据官网(http://echarts.apache.org)提供的使用指南，绘制一个 ECharts 图表仅需要三个步骤：

(1) 引入 ECharts，可在官网下载 ECharts.js 到本地服务器引入，或者采用 CDN(Content Delivery Network)引入。

(2) 为 ECharts 准备一个定义了高宽的 DOM 容器。

(3) 通过 echarts.init 方法初始化一个 ECharts 实例并通过 setOption 方法生成一个简单的图标，例如柱状图。下面给出了实现代码：

```
<!DOCTYPE html>
<html>
    <head>
```

```html
<meta charset="utf-8" />
<title>ECharts</title>
<!-- 引入刚刚下载的 ECharts 文件 -->
<script src="echarts.js"></script>
</head>
<body>
    <!-- 为 ECharts 准备一个定义了宽高的 DOM -->
    <div id="main" style="width: 600px;height:400px;"></div>
    <script type="text/javascript">
        // 基于准备好的 dom，初始化 ECharts 实例
        var myChart = echarts.init(document.getElementById('main'));

        // 指定图表的配置项和数据
        var option = {
            title: {
                text: '柱状图示例'
            },
            tooltip: {},
            legend: {
                data: ['地区新增排名']
            },
            xAxis: {
                data: ['台湾', '上海', '香港', '北京', '四川']
            },
            yAxis: {
type: 'log'},
            series: [
                {
                    name: '新增确诊',
                    type: 'bar',
                    data: [65802, 97, 67, 52, 49]
                }
            ]
        };

        // 使用刚指定的配置项和数据显示图表。
        myChart.setOption(option);
    </script>
</body>
```

</html>

图 15.15 所示为 ECharts 官网提供的柱状图示例(使用中主要参考 Option 的代码内容),使用者可根据示例提供的代码快速上手。类似地,绘制折线图、中国地图等其他 ECharts 图表也是采用相同的方式。

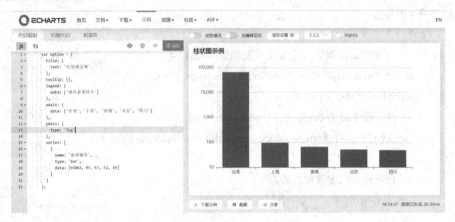

图 15.15　ECharts 的柱状图示例

4．基于 Android 开发的后台数据库管理

Android Studio 是 Google 在 I/O 大会上发布的一个新的集成开发环境,它可以让 Android 开发变得更简单,下面将简单介绍如何开发基于 Android 的移动应用 APP 实现后台数据库的日常管理任务。

(1) 在官网(https://developer.android.google.cn/studio/)完成 Android Studio 的下载和安装。第一次启动 Android Studio 需要下载 SDK 等一些东西,请耐心等待。在主页依次选择"File →New→New Project"新建项目。如图 15.16 所示,在"Phone and Tablet"选框中选择"Empty Activity"完成空白 Android 项目的创建,项目名称为"XDSqlAPP"。

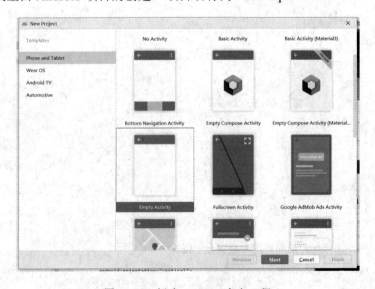

图 15.16　新建 Android 空白工程

(2) 进行 UI 界面开发。例如管理员的登录界面可以在 activity_main.xml 文件中进行编写，对应目录路径为 XDSqlAPP/app/res/layout。移动应用的 UI 开发主要涉及 HTML 或 HTML5、CSS3、JavaScript 等网页编程技术，受限本书的篇幅，这里不再展开。如图 15.17 所示，示意图展示了登录界面的开发过程。

图 15.17　管理员登录界面的开发过程

实现 Android 直连 MySQL 数据库需要导入 mysql-connector-java-5.1.7-bin.jar 包，在官网(https://dev.mysql.com/downloads/connector/j/)将 jar 包下载后，在新建项目的 app/src/main 目录下创建 libs 文件夹，将 jar 包复制到该文件夹下，然后右键选择 Add As Library 进行导入即可。以下是连接 MySQL 的实例代码，供读者参考：

```
package com.example.XDSqlAPP;

import android.util.Log;

import java.sql.Connection;

import java.sql.DriverManager;

import java.sql.PreparedStatement;

import java.sql.ResultSet;

import java.util.HashMap;

/**
 * 数据库工具类：连接数据库用、获取数据库数据
 */
public class DBUtils {
    private static String driver = "com.mysql.jdbc.Driver";        // MySQL 驱动
    private static String user = "xduser;                          // 用户名
    private static String password = "123456";                     // 密码
```

```java
private static Connection getConn(String dbName){
    Connection connection = null;
    try{
        Class.forName(driver);                  // 动态加载类
        String ip = "192.168.1.10";             // 访问地址
        connection = DriverManager.getConnection("jdbc:mysql://" + ip + ":3306/" + dbName,
            user, password);                    // 尝试建立到给定数据库 URL 的连接
    }catch (Exception e){
        e.printStackTrace();
    }
    return connection;
}
public static HashMap<String, Object> getInfoByName(String name){
    HashMap<String, Object> map = new HashMap<>();
    // 根据数据库名称，建立连接
    Connection connection = getConn("test");
    try {
        String sql = "xxx";                     // xxx 是根据实际需要的 SQL 语句，
        if (connection != null){
            PreparedStatement ps = connection.prepareStatement(sql);
            if (ps != null){
                ps.setString(1, name);
                // 执行 SQL 查询语句并返回结果集
                ResultSet rs = ps.executeQuery();
                if (rs != null){
                    int count = rs.getMetaData().getColumnCount();
                    Log.e("DBUtils","列总数：" + count);
                    while (rs.next()){
                        for (int i = 1;i <= count;i++){
                            String field = rs.getMetaData().getColumnName(i);
                            map.put(field, rs.getString(field));
                        }
                    }
                    connection.close();
                    ps.close();
                    return   map;
                }else {
                    return null;
                }
```

```
            }else {
                return  null;
            }
        }else {
            return  null;
        }
    }catch (Exception e){
        e.printStackTrace();
        Log.e("DBUtils","异常： " + e.getMessage());
        return null;
    }
    }
}
```

(3) 利用 Android Studio 完成 Android 安装包 APK 的发布，依次点击主页菜单的 Build →Generate Signed Bundle or APK，然后按照提示步骤生成 APK 文件。通过 APK 文件可以将移动应用安装在手机上，管理员可随时随地对后台数据库进行日常管理。

15.4.4　测试运行

用户可以在 PC 端浏览器访问疫情数据采集及可视化软件，该软件实现了需求分析中提到的所有功能。如图 15.18 所示，数字展示模块展示了截至当日统计的全国新增确诊、现存确诊、累计确诊和累计死亡人数，提供用户观察全国疫情的实时数据的功能。地图展示模块(因地图审定中，本书未附地图展示模块的图片)可展示截至当日统计的各省份/直辖市/地区现存的确诊人数，提供用户观察全国各省份/直辖市/地区疫情的统计数据的功能。如图 15.19 所示，折线图展示模块展示了两个内容，首先是近 2 个月的每日全国新增确诊、新增治愈和新增死亡人数，提供用户观察全国疫情过往每日的历史新增数据的功能，其次是近 2 个月的每日统计全国累计确诊、累计治愈和累计死亡人数，提供用户观察全国疫情过往每日的历史累计数据的功能。如图 15.20 所示，柱状图展示模块展示了两个内容，首先是截至当日统计的新增确诊、新增治愈和新增死亡人数，提供用户观察新增确诊病例数排名前五地区的疫情数据的功能，其次是截至当日统计的累计确诊、累计治愈和累计死亡人数，提供用户观察累计确诊病例数排名前五地区的疫情数据的功能。

图 15.18　数字展示模块

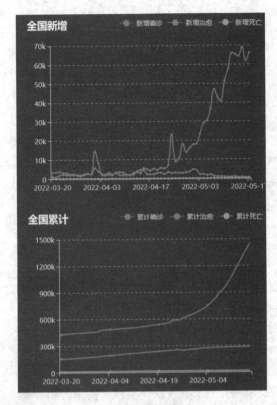

图 15.19　折线图展示模块

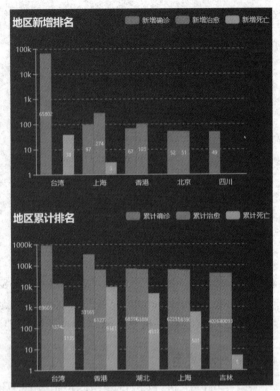

图 15.20　柱状图展示模块

习　　　题

1. 网页 Web 主要由哪些部分组成？
2. CSS 指什么？它在 Web 开发中起什么作用？
3. 互联网 Web 框架的作用是什么？目前基于 Python 的主流框架有哪些？
4. 请尝试根据本书提供的软件案例，动手编程实现疫情数据采集及可视化软件。

参 考 文 献

[1] 潘锦平，施小英，姚天昉. 软件系统开发技术(修订版). 西安：西安电子科技大学出版社，2009.

[2] 邵维忠，杨芙清. 面向对象的系统分析. 2 版. 北京：清华大学出版社，2006.

[3] 吴炜煜. 面向对象分析设计与编程. 北京：清华大学出版社，2000.

[4] 王若梅，贺晓军. 数据结构. 西安：西安电子科技大学出版社，1994.

[5] 岳丽华，丁卫群. 数据库系统概论. 北京：科学出版社，2000.

[6] [美] NORMAN R J. 面向对象系统分析与设计. 周之英，等译. 北京：清华大学出版社，2000.

[7] 韩雪燕，李楠，孙亚东，等. 软件需求分析和设计实践指南. 北京：清华大学出版社，2021.

[8] 范晓平，张京，曹黎明，等. 软件工程：方法与实践. 北京：清华大学出版社，2019.

[9] 聚慕课教育研发中心. 零基础学 Python 项目开发. 北京：清华大学出版社，2021.